Python应用编程丛书

解析 Python 网络爬虫：核心技术、Scrapy 框架、分布式爬虫

黑马程序员　编著

中国铁道出版社有限公司
CHINA RAILWAY PUBLISHING HOUSE CO., LTD.

内 容 简 介

网络爬虫是一种按照一定的规则，自动请求万维网网站并提取网络数据的程序或脚本，它可以代替人力进行信息采集，能够自动采集并高效地利用互联网中的数据，在市场的应用需求中占据着重要的位置。

本书以 Windows 为主要平台，系统全面地讲解了 Python 网络爬虫的相关知识。主要内容包括：初识爬虫、爬虫的实现原理和技术、网页请求原理、爬取网页数据、数据解析、并发下载、图像识别与文字处理、存储爬虫数据、初识爬虫框架 Scrapy、Scrapy 终端与核心组件、自动爬取网页的爬虫 CrawSpider、Scrapy-Redis 分布式爬虫。

本书适合作为高等院校计算机相关专业程序设计课程教材，也可作为 Python 网络爬虫的培训教材，以及广大编程开发者的爬虫入门级教材。

图书在版编目（CIP）数据

解析 Python 网络爬虫：核心技术、Scrapy 框架、分布式爬虫 / 黑马程序员编著. —北京：中国铁道出版社，2018. 8（2023. 12 重印）
（Python 应用编程丛书）
ISBN 978-7-113-24678-5

Ⅰ. ①解… Ⅱ. ①黑… Ⅲ. ①软件工具－程序设计 Ⅳ. ① TP311. 561

中国版本图书馆 CIP 数据核字（2018）第 142754 号

书　　名：解析 Python 网络爬虫：核心技术、Scrapy 框架、分布式爬虫
作　　者：黑马程序员

策　　划：秦绪好　翟玉峰　　　编辑部电话：（010）83517321
责任编辑：翟玉峰　彭立辉
封面设计：王　哲
封面制作：刘　颖
责任校对：张玉华
责任印制：樊启鹏

出版发行：中国铁道出版社有限公司（100054，北京市西城区右安门西街 8 号）
网　　址：http://www.tdpress.com/51eds/
印　　刷：中煤（北京）印务有限公司
版　　次：2018 年 8 月第 1 版　2023 年 12 月第 11 次印刷
开　　本：787 mm×1 092 mm　1/16　印张：17　字数：398 千
印　　数：51 001 ～ 54 000 册
书　　号：ISBN 978-7-113-24678-5
定　　价：52. 00 元

PREFACE

网络爬虫是一种按照一定的规则，自动请求万维网网站并提取网络数据的程序或脚本，它可以代替人力进行信息采集，能够自动采集并高效地利用互联网中的数据，市场的应用需求越来越大。

Python 语言的一个重要领域就是爬虫，通过 Python 编写爬虫简单易学，无须掌握太多底层的知识就可以快速上手，并且能快速地看到成果。对于要往爬虫方向发展的读者而言，学习 Python 爬虫是一项不错的选择。

为什么学习本书

随着大数据时代的到来，万维网成为了大量信息的载体，如何有效地提取并利用这些信息成为一个巨大的挑战。基于这种需求，爬虫技术应运而生，并迅速发展成为一门成熟的技术。本书站在初学者的角度，循序渐进地讲解了学习网络爬虫必备的基础知识，以及一些爬虫框架的基本使用方法，以帮助读者掌握爬虫的相关技能，使其能够独立编写自己的 Python 网络爬虫项目，从而胜任 Python 网络爬虫工程师相关岗位的工作。

本书在讲解时，采用需求引入的方式介绍网络爬虫的相关技术，同时针对多种技术进行对比讲解，让读者深刻地理解这些技术的不同之处，以选择适合自己的开发技巧，提高读者的开发兴趣和开发能力。

作为开发人员，要想真正掌握一门技术，离不开多动手练习，所以本书在讲解各知识点的同时，不断地增加案例，最大限度地帮助读者掌握 Python 网络爬虫的核心技术。

根据党的二十大精神，在探究网络爬虫时强调了网络爬虫的协议和法律风险，加强学生保护用户隐私、数据安全的意识，引导学生正确使用网络爬虫技术，注重社会责任和道德规范；在给每章设计案例时使用真实网站，注重数据的真实性和可靠性，营造良好的互联网环境。此外，编者依据书中的内容提供了线上学习的视频资源，体现现代信息技术与教育教学的深度融合，进一步推动教育数字化发展。

如何使用本书

本书基于 Python 3，系统全面地讲解了 Python 网络爬虫的基础知识，全书共分 13 章，具体介绍如下：

第 1、2 章主要带领大家认识网络爬虫，并且掌握爬虫的实现原理。希望读者能明白爬虫具体是怎样爬取网页的，并对爬取过程中产生的一些问题有所了解，后期会对这些问题提供一些合理的解决方案。

第 3~5 章从网页请求的原理入手，详细讲解了爬取和解析网页数据的相关技术，包括 urllib 库的使用、正则表达式、XPath、Beautiful Soup 和 JSONPath，以及封装了这些技术的 Python 模块或库。希望读者在解析网页数据时，可根据具体情况灵活选择合理的技术进行运用。

第 6~8 章主要讲解并发下载、动态网页爬取、图像识别和文字处理等内容。希望读者能够体会到在爬虫中运用多线程和协程的优势，掌握抓取动态网页的一些技巧，并且会处理一些字符格式规范的图像和简单的验证码。

第 9 章主要介绍存储爬虫数据，包括数据存储简介、MongoDB 数据库简介、使用 PyMongo 库存储到数据库等，并结合豆瓣电影的案例，讲解了如何一步步从该网站中爬取、解析、存储电影信息。通过本章的学习，读者将能够简单地操作 MongoDB 数据库，并在以后的工作中灵活运用。

第 10~12 章主要介绍爬虫框架 Scrapy 以及自动爬取网页的爬虫 CrawlSpider 的相关知识，通过对这几章知识的学习，读者可以对 Scrapy 框架有基本认识，为后面 Scrapy 框架的深入学习做好铺垫，同时，也可以掌握 CrawlSpider 类的使用技巧，在工作中具备独当一面的能力。

第 13 章围绕 Scrapy-Redis 分布式爬虫进行讲解，包括 Scrapy-Redis 的完整架构、运作流程、主要组件、基本使用，以及如何搭建 Scrapy-Redis 开发环境等，并结合百度百科的案例运用这些知识点。通过本章的学习，读者可在实际应用中利用分布式爬虫更高效地提取有用的数据。

在学习过程中，读者一定要亲自实践本书中的案例代码。另外，如果读者在理解知识点的过程中遇到困难，建议不要纠结于某个地方，可以先往后学习。通常来讲，通过逐渐深入的学习，前面不懂和疑惑的知识点也就能够理解了。在学习编程的过程中，一定要多动手实践，如果在实践过程中遇到问题，建议多思考，理清思路，认真分析问题发生的原因，并在问题解决后总结出经验。

致　谢

本书的编写和整理工作由传智播客教育科技股份有限公司完成，主要参与人员有吕春林、高美云、刘传梅、王晓娟、毛兆军等。全体人员在近一年的编写过程中付出了很多辛勤的汗水，在此表示衷心的感谢。

意见反馈

尽管我们付出了最大的努力，但书中仍难免会有不妥之处，欢迎各界专家和读者朋友来信提出宝贵意见，我们将不胜感激。在阅读本书时，发现任何问题或有不认同之处可以通过电子邮件与我们取得联系。

请发送电子邮件至：itcast_book@vip.sina.com。

黑马程序员

2023 年 5 月于北京

CONTENTS

目录

第 8 章 图像识别与文字处理..... 145

第 9 章 存储爬虫数据........... 159

第 10 章 初识爬虫框架 Scrapy... 175

第1章 初识爬虫

学习目标

◆了解爬虫产生的背景，能够体会到爬虫的顺势而为。

◆知道什么是爬虫。

◆了解爬虫的用途，进一步理解网络爬虫的便捷之处。

◆熟悉不同维度下网络爬虫的分类。

现阶段，互联网已成为人们搜寻信息的重要来源，人们习惯于利用搜索引擎根据关键字查找自己感兴趣的网站，那么搜索引擎是如何找到这些网站的呢？其实，搜索引擎使用了网络爬虫不停地从互联网爬取网站数据，并将网站镜像保存在本地，从而提供信息检索的功能。

网络爬虫技术经历了相当长时间的发展，用途也越来越广泛，除了各大搜索引擎都在使用爬虫之外，其他公司和个人也可以编写爬虫程序获取自己想要的数据。本章就对爬虫知识进行初步介绍，让大家对爬虫有基本的了解。

1.1 爬虫产生背景

目前的互联网已经迈入大数据时代，通过对海量的数据进行分析，能够产生极大的商业价值。如果需要大量数据，有哪些获取数据的方式？常用的方式有以下几种：

1. 企业产生的数据

企业在生产运营中会产生与自身业务相关的大量数据，例如，百度搜索指数、腾讯公司业绩数据、阿里巴巴集团财务及运营数据、新浪微博微指数等。

大型互联网公司拥有海量用户，有天然的数据积累优势。一些有数据意识的中小型企业，也开始积累自己的数据。

2. 数据平台购买的数据

数据平台是以数据交易为主营业务的平台，例如，数据堂、国云数据市场、贵阳大数据交易所等数据平台。

在各个数据交易平台上购买各行各业各种类型的数据，根据数据信息、获取难易程度的不同，价格也会有所不同。

3. 政府 / 机构公开的数据

政府和机构也会发布一些公开数据，成为业内权威信息的来源。例如，中华人民共和国国家统计局数据、中国人民银行调查统计、世界银行公开数据、联合国数据、纳斯达克数据、新浪财经美股实时行情等。这些数据通常都是各地政府统计上报，或者由行业内专业的网站、机构等提供。

4. 数据管理咨询公司的数据

数据管理咨询公司为了提供专业的咨询服务，会收集和提供与特定业务相关的数据作为支撑。这些管理咨询公司数量众多，如 IT 桔子、万得资讯、麦肯锡等。通常，这样的公司都有很庞大的数据团队，一般通过市场调研、问卷调查、固定的样本检测、与各行各业的其他公司合作、专家对话来获取数据，并根据客户需求制定商业解决方案。

5. 爬取的网络数据

如果数据市场上没有需要的数据，或者价格太高不愿意购买，那么可以利用爬虫技术，爬取网站上的数据。

无论是搜索引擎，还是个人或单位获取目标数据，都需要从公开网站上爬取大量数据，在此需求下，爬虫技术应运而生，并迅速发展成为一门成熟的技术。

1.2 爬虫的概念

网络爬虫又称网页蜘蛛、网络机器人，是一种按照一定的规则、自动请求万维网网站并提取网络数据的程序或脚本。

如果说网络像一张网，那么爬虫就是网上的一只小虫子，在网上爬行的过程中遇到了数据，就把它爬取下来。

这里的数据是指互联网上公开的并且可以访问到的网页信息，而不是网站的后台信息（没有权限访问），更不是用户注册的信息（非公开的）。

1.3 爬虫的用途

认识了网络爬虫之后，会产生一个疑问，爬虫具体能做些什么？下面通过一张图来总结网络爬虫的常用功能，如图 1-1 所示。

（1）通过网络爬虫可以代替手工完成很多事情。例如，使用网络爬虫搜集金融领域的数据资源，将金融经济的发展与相关数据进行集中处理，能够为金融领域的各个方面（如经济发展趋势、金融投资、风险分析等）提供“数据平台”。

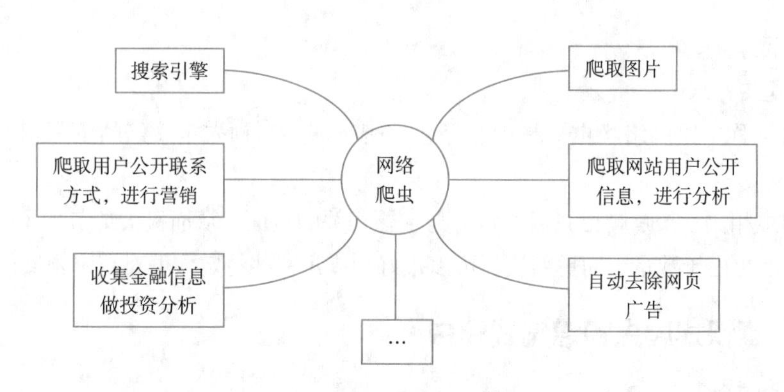

图 1-1 爬虫的常用功能

（2）浏览网页上的信息时，会看到上面有很多广告信息，十分扰人。这时，可以利用网络爬虫将网页上的信息全部爬取下来，自动过滤掉这些广告，便于对信息的阅读。

（3）想从某个网站中购买商品时，需要知道诸如畅销品牌、价格走势等信息。对于非网站管理员而言，手动统计是一个很大的工程。这时，可以利用网络爬虫轻松地采集到这些数据，以便做出进一步的分析。

（4）推销一些理财产品时，需要找到一些目标客户和他们的联系方式。这时，可以利用网络爬虫设置对应的规则，自动从互联网中采集目标用户的联系方式等，以进行营销使用。

总而言之，从互联网中采集信息是一项重要的工作，如果单纯地靠人力进行信息采集，不仅低效烦琐，而且消耗成本高。爬虫的出现在一定程度上代替了手工访问网页，实现自动化采集互联网的数据，从而更高效地利用互联网中的有效信息。

1.4 爬虫的分类

通常可以按照不同的维度对网络爬虫进行分类，例如，按照使用场景，可将爬虫分为通用爬虫和聚焦爬虫；按照爬取形式，可分为累积式爬虫和增量式爬虫；按照爬取数据的存在方式，可分为表层爬虫和深层爬虫。在实际应用中，网络爬虫系统通常是由几种爬虫技术相结合实现的。

1.4.1 通用爬虫和聚焦爬虫

通用爬虫是搜索引擎爬取系统（Baidu、Google、Yahoo 等）的重要组成部分，主要目的是将互联网上的网页下载到本地，形成一个互联网内容的镜像备份。聚焦爬虫，是“面向特定主题需求”的一种网络爬虫程序。

1. 通用爬虫

通用爬虫又称全网爬虫，它将爬取对象从一些种子 URL 扩充到整个网络，主要用途是为门户站点搜索引擎和大型 Web 服务提供商采集数据。

通用爬虫的爬行范围和数量巨大，对于爬行速度和存储空间要求较高，对于爬行页面的顺序要求相对较低。同时，由于待刷新的页面太多，通常采用并行工作方式，但需要较长时间才能刷新一次页面。

2. 聚焦爬虫

聚焦爬虫又称主题网络爬虫，是指选择性地爬行那些与预先定义好的主题相关的页面的网络爬虫。

与通用爬虫相比，聚焦爬虫只需要爬行与主题相关的页面，从而极大地节省了硬件和网络资源；保存的页面也由于数量少而更新快，可以很好地满足一些特定人群对特定领域信息的需求。

1.4.2 累积式爬虫和增量式爬虫

1. 累积式爬虫

累积式爬虫是指从某一个时间点开始，通过遍历的方式爬取系统所允许存储和处理的所有网页。在理想的软硬件环境下，经过足够的运行时间，采用累积式爬取的策略可以保证爬取到相当规模的网页集合。但由于 Web 数据的动态特性，集合中网页的被爬取时间点是不同的，页面被更新的情况也不同，因此累积式爬取到的网页集合事实上并无法与真实环境中的网络数据保持一致。

2. 增量式爬虫

增量式爬虫是指在具有一定量规模的网络页面集合的基础上，采用更新数据的方式选取已有集合中的过时网页进行爬取，以保证所爬取到的数据与真实网络数据足够接近。进行增量式爬取的前提是，系统已经爬取了足够数量的网络页面，并具有这些页面被爬取的时间信息。

与周期性爬行和刷新页面的网络爬虫相比，增量式爬虫只会在需要时爬行新产生或发生更新的页面，并不重新下载没有发生变化的页面，可有效减少数据下载量，及时更新已爬行的网页，减小时间和空间上的耗费，但是增加了爬行算法的复杂度和实现难度。

面向实际应用环境的网络蜘蛛设计中，通常既包括累积式爬取，也包括增量式爬取。累积式爬取一般用于数据集合的整体建立或大规模更新阶段；而增量式爬取则主要针对数据集合的日常维护与即时更新。

1.4.3 表层爬虫和深层爬虫

Web 页面按存在方式可以分为表层网页和深层网页。针对这两种网页的爬虫分别叫作表层爬虫和深层爬虫。

1. 表层爬虫

爬取表层网页的爬虫叫作表层爬虫。表层网页是指传统搜索引擎可以索引的页面，以超链接可以到达的静态网页为主构成的 Web 页面。

2. 深层爬虫

爬取深层网页的爬虫就叫作深层爬虫。深层网页是那些大部分内容不能通过静态链接获取的、隐藏在搜索表单后的，只有用户提交一些关键词才能获得的 Web 页面。例如，用户注册后内容才可见的网页就属于深层网页。

与表层网页相比，深层网页上的数据爬取更加困难，要采用一定的附加策略才能够自动爬取。

深层爬虫爬行过程中最重要的部分就是表单填写，包含两种类型：

（1）基于领域知识的表单填写：此方法一般会维持一个本体库，通过语义分析来选取合适的关键词填写表单。

（2）基于网页结构分析的表单填写：此方法一般无领域知识或仅有有限的领域知识，将网页表单表示成DOM树，从中提取表单各字段的值。

小　结

本章引领大家进入了爬虫的世界，首先讲解了爬虫产生的背景，然后阐述了爬虫的概念，并针对爬虫的用途和分类进行了简要介绍。通过本章的学习，读者能够对爬虫建立初步的认识。

习　题

一、填空题

1. 网络爬虫又称网页蜘蛛或________。
2. 网络爬虫能够按照一定的________，自动请求万维网网站并提取网络数据。
3. 根据使用场景的不同，网络爬虫可分为________和________两种。
4. 爬虫可以爬取互联网上________的且可以访问到的网页信息。

二、判断题

1. 爬虫是手动请求万维网网站且提取网页数据的程序。（　　）
2. 爬虫爬取的是网站后台的数据。（　　）
3. 通用爬虫用于将互联网上的网页下载到本地，形成一个互联网内容的镜像备份。（　　）
4. 聚焦爬虫是“面向特定主题需求”的一种网络爬虫程序。（　　）
5. 通用爬虫可以选择性地爬取与预先定义好的主题相关的页面。（　　）

三、简答题

1. 什么是网络爬虫？
2. 简述通用爬虫和聚焦爬虫的区别。
3. 简述使用网络爬虫的优点。

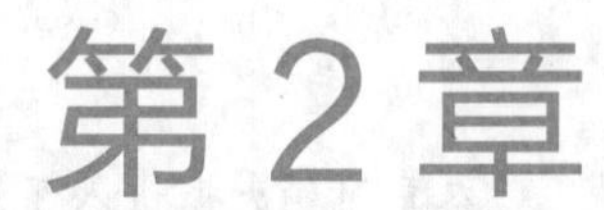

第2章 爬虫的实现原理和技术

学习目标

◆掌握通用爬虫和聚焦爬虫的工作原理，能够理解两者存在的不同。

◆熟悉爬虫爬取网页的流程，为后续框架开发埋下伏笔。

◆了解通用爬虫的网页分类，明确动态爬虫与互联网网页间的关系。

◆了解爬虫要遵守的协议及智能爬取更新网页的文件。

◆熟悉防爬虫的一些应对策略，可以根据实际情况灵活地运用。

◆了解使用 Python 语言做爬虫的优势。

在上一章，我们已经初步认识了网络爬虫，并了解了网络爬虫的应用。本章将分别对通用爬虫和聚焦爬虫的实现原理和相关技术进行介绍，让大家对这两种爬虫有更深入的了解。然后，使用带界面的八爪鱼采集器工具带领大家实现一个简单的爬虫，以加深对聚焦爬虫工作流程的认识。

2.1 爬虫实现原理

不同类型的爬虫，具体的实现原理也不尽相同，但是这些原理之间会存在很多共性。下面就以通用爬虫和聚焦爬虫为例，讲解这两种爬虫是如何工作的。

2.1.1 通用爬虫工作原理

通用爬虫是一个自动提取网页的程序，它为搜索引擎从 Internet 上下载网页，是搜索引擎的重要组成部分。

通用爬虫从一个或若干初始网页的 URL 开始，获得初始网页上的 URL，在爬取网页的过程中，不断从当前页面上抽取新的 URL 放入队列，直到满足系统的停止条件。图 2-1 所示为通用爬虫爬取网页的流程。

通用爬虫从互联网中搜集网页、采集信息，这些网页信息用于为搜索引擎建立索引提供支持，它决定着整个引擎系统的内容是否丰富，信息是否及时，因此其性能的优劣直接影响着搜索引擎的效果。

但是，用于搜索引擎的通用爬虫其爬行行为需要符合一定的规则，遵循一些命令或文件的内容，如标注为 nofollow 的链接，或者 Robots 协议（关于 Robots 协议的详细内容，参见 2.4 节）。

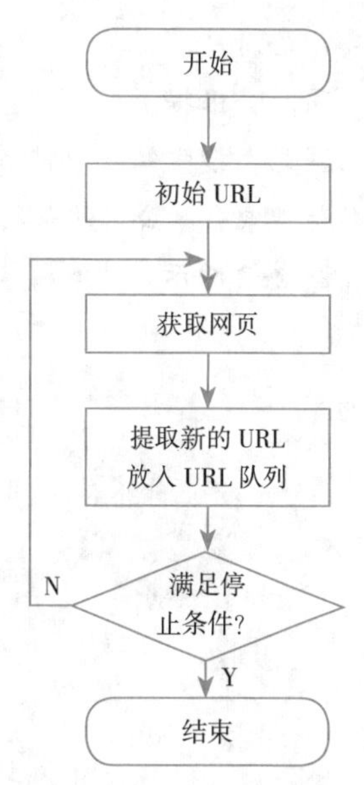

图 2-1　通用爬虫爬取网页流程

多学一招：搜索引擎的工作流程

搜索引擎是通用爬虫的最重要应用领域，也是人们使用网络功能的最强助手。下面介绍搜索引擎的工作流程，其主要包含以下几个步骤。

第一步：爬取网页

搜索引擎使用通用爬虫来爬取网页，其基本工作流程与其他爬虫类似，大致步骤如下：

（1）选取一部分种子 URL，将这些 URL 放入待爬取的 URL 队列。

（2）取出待爬取的 URL，解析 DNS 得到主机的 IP，并将 URL 对应的网页下载下来，存储至已下载的网页库中，并将这些 URL 放进已爬取的 URL 队列。

（3）分析已爬取 URL 队列中的 URL，分析其中的其他 URL，并且将 URL 放入待爬取的 URL 队列，从而进入下一个循环。

那么，搜索引擎如何获取一个新网站的 URL？

（1）新网站向搜索引擎主动提交网址（如百度 http://zhanzhang.baidu.com/linksubmit/url）。

（2）在其他网站上设置新网站外链（尽可能处于搜索引擎爬虫爬取范围）。

（3）搜索引擎和 DNS 解析服务商（如 DNSPod 等）合作，新网站域名将被迅速爬取。

第二步：数据存储

搜索引擎通过爬虫爬取到网页后，将数据存入原始页面数据库。其中的页面数据与用户浏览器得到的 HTML 是完全一样的。

搜索引擎蜘蛛在爬取页面时，也做一定的重复内容检测，一旦遇到访问权重很低的网站上有大量抄袭、采集或者复制的内容，很可能就不再爬行。

第三步：预处理

搜索引擎将爬虫爬取回来的页面，进行各种预处理，包括：提取文字、中文分词、消除噪声（如版权声明文字、导航条、广告等）、索引处理、链接关系计算、特殊文件处理……

除了 HTML 文件外，搜索引擎通常还能爬取和索引以文字为基础的多种文件类型，如 PDF、Word、WPS、XLS、PPT、TXT 文件等。在搜索结果中经常会看到这些文件类型。

但搜索引擎还不能处理图片、视频、Flash 这类非文字内容，也不能执行程序。

第四步：提供检索服务，网站排名

搜索引擎在对信息进行组织和处理后，为用户提供关键字检索服务，将用户检索的相关信息展示给用户。

同时会根据页面的 PageRank 值（链接的访问量排名）来进行网站排名，这样 PagePank 值高的网站在搜索结果中排名会靠前。当然，也可以直接付费购买搜索引擎网站排名，付费购买排名是搜索引擎公司的盈利手段之一。

图 2-2 所示为搜索引擎的工作原理和主要组成部分。

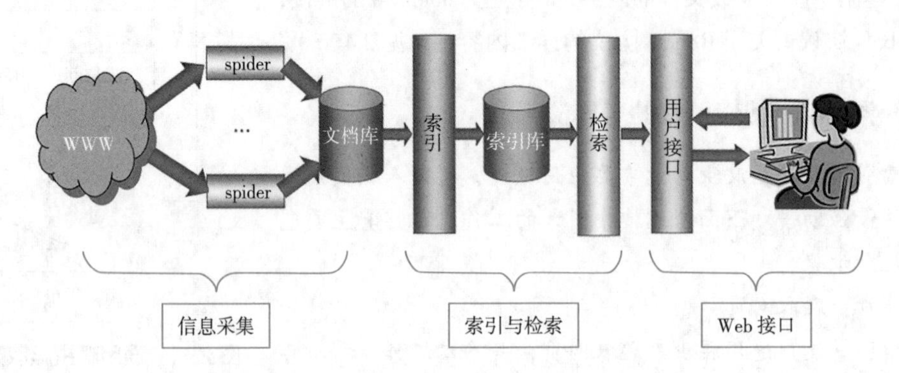

图 2-2　搜索引擎的工作原理和主要组成部分

2.1.2　聚焦爬虫工作原理

与通用爬虫相比，聚焦爬虫的工作流程较为复杂，需要根据一定的网页分析算法过滤与主题无关的链接，保留有用的链接，并将其放入等待爬取的 URL 队列。然后，它将根据一定的搜索策略从队列中选择下一步要爬取的网页 URL，并重复上述过程，直到达到系统的某一条件时停止，如图 2-3 所示。

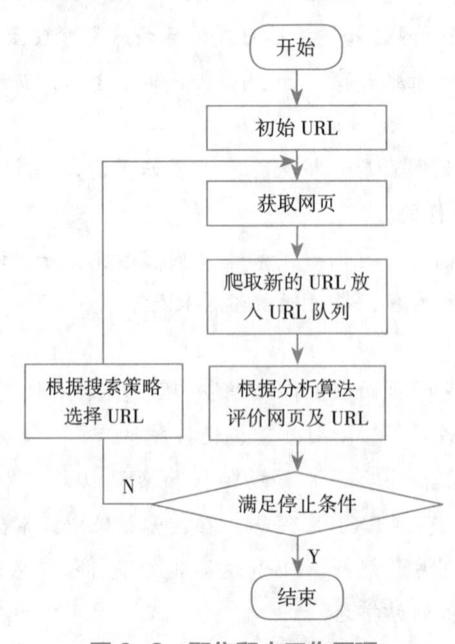

图 2-3　聚焦爬虫工作原理

相对于通用网络爬虫，聚焦爬虫还需要解决 3 个主要问题：

（1）对爬取目标的描述或定义。根据爬取需求定义聚焦爬虫的爬取目标，并进行相关的描述。

（2）对网页或数据的分析与过滤。

（3）对 URL 的搜索策略。

2.2　爬虫爬取网页的详细流程

图 2-4 所示为使用爬虫爬取网页数据的详细流程。

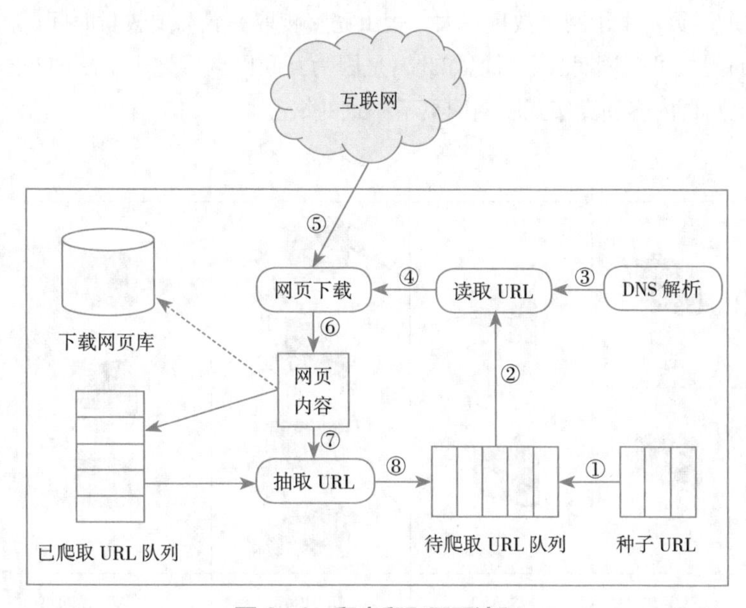

图 2-4　爬虫爬取网页流程

爬取步骤如下：

（1）选取一些网页，将这些网页的链接地址作为种子 URL。

（2）将这些种子 URL 放入到待爬取 URL 队列中。

（3）爬虫从待爬取 URL 队列（队列先进先出）中依次读取 URL，并通过 DNS 解析 URL，把链接地址转换为网站服务器所对应的 IP 地址。

（4）将 IP 地址和网页相对路径名称交给网页下载器，网页下载器负责页面内容的下载。

（5）网页下载器将相应网页的内容下载到本地。

（6）将下载到本地的网页存储到页面库中，等待建立索引等后续处理；与此同时，将下载过网页的 URL 放入到已爬取 URL 队列中，这个队列记载了爬虫系统已经下载过的网页 URL，以避免网页重复爬取。

（7）对于刚下载的网页，从中抽取出所包含的所有链接信息，并在已爬取 URL 中检查其是否被爬取过，如果还未被爬取过，则将这个 URL 放入待爬取 URL 队列中。

（8）下载被放入待爬取 URL 队列中的 URL 对应的网页，如此重复（3）~（7）步，形成循环，直到待爬取 URL 队列为空。

对于爬虫来说，往往还需要进行网页去重及网页反作弊。

2.3 通用爬虫中网页的分类

之前的 2.1 节中通过一张图描述了通用爬虫的整体流程。如果从更加宏观的角度考虑，根据动态爬取过程中的爬虫和互联网所有网页之间的关系，可以将互联网页面划分为 5 个部分，如图 2–5 所示。

（1）已下载网页：爬虫已经从互联网下载到本地进行索引的网页集合。

（2）已过期网页：由于网页数量巨大，爬虫完整爬取一轮需要较长时间，在爬取过程中，很多已经下载的网页可能过期。之所以如此，是因为互联网网页处于不断的动态变化过程中，所以易产生本地网页内容和真实互联网网页不一致的情况。

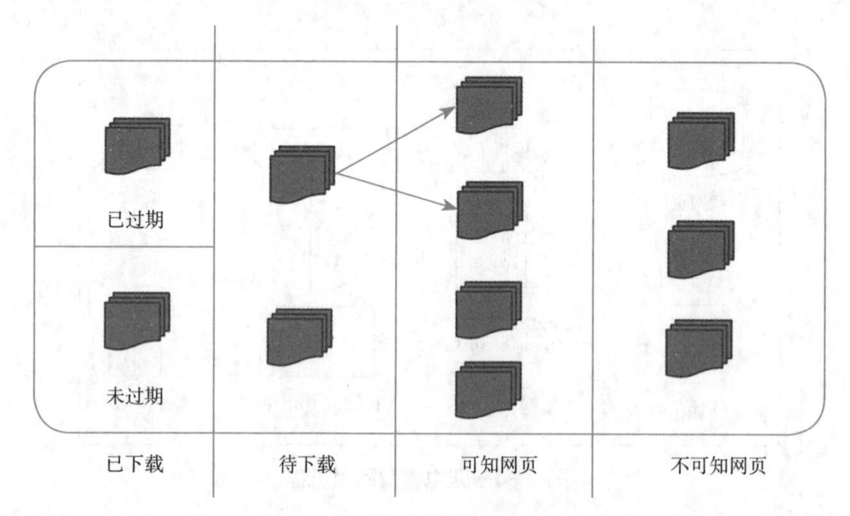

图 2–5　网页分类

（3）待下载网页：即待爬取 URL 队列中的网页，这些网页即将被爬虫下载。

（4）可知网页：这些网页还没有被爬虫下载，也没有出现在待爬取 URL 队列中，但是通过已经爬取的网页或者在待爬取 URL 队列中的网页，总能够通过链接关系发现它们，然后被爬虫爬取并索引。

（5）不可知网页：有些网页对于爬虫来说是无法爬取到的，这部分网页构成了不可知网页集合。事实上，这部分网页所占的比例很高。

2.4 通用爬虫相关网站文件

在搜索引擎爬取网站之前，需要对目标网站的规模和结构进行一定程度的了解。此时，可以通过网站自身提供的 robots.txt 和 Sitemap.xml 文件得到帮助。例如，有的网站不希望爬虫在白

天爬取网页，以免影响这些网站正常的对外公众服务，此时，爬虫需要遵循有礼貌的原则，这样才能与更多的网站建立友好关系。

2.4.1　robots.txt 文件

网站通过一个符合 Robots 协议的 robots.txt 文件来告诉搜索引擎哪些页面可以爬取，哪些页面不能爬取。Robots 协议（又称爬虫协议、机器人协议等）全称是“网络爬虫排除标准”（Robots Exclusion Protocol），是互联网界通行的道德规范，基于以下原则建立：

（1）搜索技术应服务于人类，同时尊重信息提供者的意愿，并维护其隐私权。

（2）网站有义务保护其使用者的个人信息和隐私不被侵犯。

robots.txt 文件是搜索引擎访问网站时要查看的第一个文件，它会限定网络爬虫的访问范围。当一个网络爬虫访问一个站点时，它会先检查该站点根目录下是否存在 robots.txt 文件。如果该文件存在，那么网络爬虫就会按照该文件中的内容来确定访问的范围；如果该文件不存在，那么所有的网络爬虫就能够访问网站上所有没有被密码保护的页面。

robots.txt 文件有一套通用的语法规则，它使用“#”号进行注释，既可以包含一条记录，又可以包含多条记录，并且使用空行分开。一般情况下，该文件以一行或多行 User-agent 记录开始，后面再跟若干行 Disallow 记录。下面是关于记录的详细介绍：

◆ User-agent：该项的值用于描述搜索引擎 robot 的名字。在 robots.txt 文件中，至少要有一条 User-agent 记录。如果有多条 User-agent 记录，则说明有多个 robot 会受到该协议的限制。若该项的值设为“*”，则该协议对任何搜索引擎均有效，且这样的记录只能有一条。

◆ Disallow：该项的值用于描述不希望被访问到的一个 URL，这个 URL 可以是一条完整的路径，也可以是部分路径。任何一条 Disallow 记录为空，都说明该网站的所有部分都允许被访问。在 robots.txt 文件中，至少要有一条 Disallow 记录。

◆ Allow：该项的值用于描述希望被访问的一组 URL，与 Disallow 项相似，这个值可以是一条完整的路径，也可以是路径的前缀。一个网站的所有 URL 默认是 Allow 的，所以 Allow 通常与 Disallow 搭配使用，实现允许访问一部分网页的同时禁止访问其他所有 URL 的功能。

大多数网站都会定义 robots.txt 文件，可以让爬虫了解爬取该网站存在哪些限制。例如，访问 https://www.jd.com/robots.txt 获取京东网站定义的 robots.txt 文件：

```
User-agent: *
Disallow: /?*
Disallow: /pop/*.html
Disallow: /pinpai/*.html?*
User-agent: EtaoSpider
Disallow: /
User-agent: HuihuiSpider
Disallow: /
User-agent: GwdangSpider
```

```
Disallow: /
User-agent: WochachaSpider
Disallow: /
```

通过观察可以看到，robots.txt 文件禁止所有搜索引擎收录京东网站的某些目录，例如 /pinpai/*.html?*。另外，该文件还禁止 User-agent（用户代理）为 EtaoSpider、HuihuiSpider、GwdangSpider 和 WochachaSpider 的爬虫爬取该网站的任何资源。

其他定义了 robots.txt 文件的网站案例，还可以参看：

（1）淘宝网：https://www.taobao.com/robots.txt。

（2）腾讯网：http://www.qq.com/robots.txt。

注意：

（1）robots.txt 文件必须放置在一个站点的根目录下，而且文件名必须全部小写。

（2）Robots 协议只是一种建议，它没有实际的约束力，网络爬虫可以选择不遵守这个协议，但可能会存在一定的法律风险。

2.4.2 Sitemap.xml 文件

为了方便网站管理员通知爬虫遍历和更新网站的内容，而无须爬取每个网页，网站提供了 Sitemap.xml 文件（网站地图）。如果想了解更多相关的信息，可以从 https://www.sitemaps.org/protocol.html 网页获取。

在 Sitemap.xml 文件中，列出了网站中的网址及每个网址的其他元数据，如上次更新的时间、更改的频率及相对于网站上其他网址的重要程度等，以便于爬虫可以更加智能地爬取网站。

下面是一个 Sitemap.xml 文件的示例：

```
<?xml version="1.0"?>
<urlset xmlns="http://www.sitemaps.org/schemas/sitemap/0.9">
<url>
    <loc>http://www.uedsc.com/tag/2d%e5%8f%98%e6%8d%a2</loc>
    <lastmod>2017-12-20T18:31:43+00:00</lastmod>
    <changefreq>weekly</changefreq>
    <priority>0.3</priority>
</url>
</urlset>
```

注意：尽管 Sitemap.xml 文件提供了爬取网站的有效方式，但仍需要谨慎对待，这是因为该文件经常会出现缺失或过期的问题。

2.5 防爬虫应对策略

现如今因为搜索引擎的流行，网络爬虫已成为很普及的技术，除了专门做搜索的 Google、

Yahoo、百度以外，几乎每个大型门户网站都有自己的搜索引擎。一些智能的搜索引擎爬虫的爬取频率比较合理，不会消耗过多的网站资源，但是，很多网络爬虫对网页的爬取能力很差，经常并发上百个请求循环重复爬取，这种爬虫对中小型网站造成的访问压力非常大，很可能会导致网站访问速度缓慢，甚至无法访问，因此现在的网站会采取一些防爬虫措施来阻止爬虫的不当爬取行为。

对于采取了防爬虫措施的网站，爬虫程序需要针对这些措施采取相应的应对策略，才能成功地爬取到网站上的数据。常用的应对策略包括以下几种：

1. 设置 User-Agent

User-Agent 表示用户代理，是 HTTP 协议中的一个字段，其作用是描述发出 HTTP 请求的终端信息，如操作系统及版本、浏览器及版本等，服务器通过这个字段可以知道访问网站的用户。

每个正规的爬虫都有固定的 User-Agent，因此，只要将这个字段设为知名的用户代理即可。但是，不推荐伪装知名爬虫，因为这些爬虫很可能有固定的 IP，如百度爬虫。这里，推荐若干个浏览器的 User-Agent，在每次发送请求时，随机从这些用户代理中选择一个即可。具体如下：

（1）Mozilla/5.0 (Windows NT 5.1; U; en; rv:1.8.1) Gecko/20061208 Firefox/2.0.0 Opera 9.50。

（2）Mozilla/4.0 (compatible; MSIE 6.0; Windows NT 5.1; en) Opera 9.50。

（3）Mozilla/5.0 (Windows NT 6.1; WOW64; rv:34.0) Gecko/20100101 Firefox/34.0。

2. 使用代理 IP

如果网站根据某个时间段以内 IP 访问的次数来判定是否为爬虫，一旦这些 IP 地址被封掉，User-Agent 设置就会失效。遇到这种情况，可以使用代理 IP 完成。所谓代理 IP 就是介于用户和网站之间的第三者，即用户先将请求发送给代理 IP，之后代理 IP 再发送到服务器，这时服务器会将代理 IP 视为爬虫的 IP，同时用多个代理 IP，可以降低单个 IP 地址的访问量，就能防止爬虫爬取数据的概率。

有些网站提供了一大批代理 IP，可以将其存储起来以备不时之需。不过，很多代理 IP 的寿命比较短，需要有一套完整的机制来校验已有代理 IP 的有效性。

3. 降低访问频率

如果没有找到既免费又稳定的代理 IP，则可以降低访问网站的频率，这样做可以达到与用户代理一样的效果，防止对方从访问量上认出爬虫的身份，不过爬取效率会差很多。为了弥补这个缺点，可以基于这个思想适时调整具体的操作。例如，每爬取一个页面就休息若干秒，或者限制每天爬取的页面数量。

4. 验证码限制

虽然有些网站不登录就能访问，但是它一检测到某 IP 的访问量有异常，就会马上提出登录要求，并随机提供一个验证码。遇到这种情况，大多数情况下需要采取相应的技术识别验证码，只有正确输入验证码，才能够继续爬取网站。

2.6 选择 Python 做爬虫的原因

截至目前，网络爬虫的主要开发语言有 Java、Python 和 C/C++，对于一般的信息采集需要，各种开发语言的差别不大。具体介绍如下：

1. C/C++

各种搜索引擎大多使用 C/C++ 开发爬虫，可能是因为搜索引擎爬虫重要的是采集网站信息，对页面的解析要求不高。

2. Python

Python 语言的网络功能强大，能够模拟登录，解析 JavaScript，缺点是网页解析较差。用 Python 编写程序很便捷，尤其是对聚焦爬虫，目标网站经常变换，要根据目标的变化修改爬虫程序，使用 Python 开发就显得很方便。

3. Java

Java 有很多解析器，对网页的解析支持很好，缺点是网络部分支持较差。

对于一般性的需求，无论 Java 还是 Python 都可以胜任。如果需要模拟登录，对抗防爬虫则选择 Python 更方便。如果需要处理复杂的网页，解析网页内容生成结构化数据或者需要对网页内容进行精细解析，则可以选择 Java。

本书选择 Python 作为实现爬虫的语言，其主要考虑因素如下：

（1）爬取网页本身的接口。相比其他动态脚本语言（如 Perl、Shell），Python 的 urllib2 包提供了较为完整的访问网页文档的 API；相比其他静态编程语言（如 Java、C#、C++），Python 爬取网页文档的接口更简洁。

此外，爬取网页时需要模拟浏览器的行为，很多网站对于生硬的爬虫爬取都是封杀的。这时就需要模拟 User Agent 的行为构造合适的请求，例如模拟用户登录、模拟 Session/Cookie 的存储和设置。在 Python 中有非常优秀的第三方包支持，如 Requests 或 Mechanize 等。

（2）网页爬取后的处理。爬取的网页通常需要处理，如过滤 HTML 标签、提取文本等。Python 的 Beautiful Soup 提供了简洁的文档处理功能，能用极短的代码完成大部分文档的处理。

其实以上功能很多语言和工具都能完成，但是用 Python 能够处理最快、最干净。

（3）开发效率高。因为爬虫的具体代码需要根据网站不同而修改，而 Python 这种灵活的脚本语言特别适合这种任务。

（4）上手快。网络上 Python 的教学资源很多，便于大家学习，出现问题也很容易找到相关资料。另外，Python 还有强大的成熟爬虫框架的支持，如 Scrapy。

Python 语言本身也一直在发展，目前的稳定版本是 Python 3，它与 Python 2 有着较大的区别。为了更好地适应未来的发展，本书使用 Python 3 开发爬虫项目。

2.7 案例——使用八爪鱼工具爬取第一个网页

八爪鱼采集器是一款通用的网页数据采集器，可以通过规则配置，简单且高效地将网页上的数据转化为结构化数据，以 Excel、数据库等形式导出。

八爪鱼采集器具有以下优点：

（1）功能强大。八爪鱼采集器是一款通用爬虫，可应对各种网页的复杂结构（如瀑布流等），如防采集措施（登录、验证码、封 IP），实现 99% 的网页数据爬取。

（2）操作简单。模拟人浏览网页的操作，通过输入文字、点击元素、选择操作项等一些简单的操作，即可完成规则配置，无须编写代码，对没有技术背景的用户极为友好。

（3）流程可视化。真正意义上实现了操作流程可视化，用户可打开“流程”按钮，直观可视操作流程，并对每一步骤进行高级选项的设置。

为了让人们快速、形象地了解爬虫的整个工作过程，下面就使用八爪鱼采集器工具采集天猫网某个品牌的商品信息，包括商品标题、商品价格、商品评价、商品销量、商品库存、商品人气值，为后续使用 Python 开发爬虫程序打下基础。实现步骤介绍如下：

1. 确定目标数据

（1）访问网址 https://www.taobao.com，进入某电商平台首页，在页面上方的搜索栏中输入“李宁 男鞋”，然后单击“搜索”按钮，如图 2-6 所示。

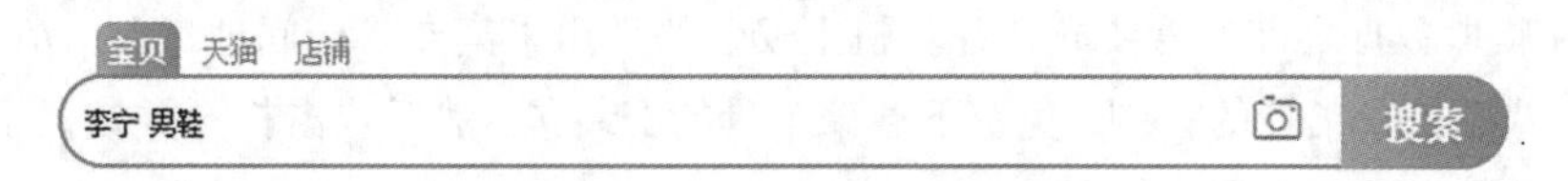

图 2-6　输入搜索关键字

页面会显示网站上搜索出的与李宁牌男鞋相关的商品列表，如图 2-7 所示。

图 2-7　李宁旗舰店列出的男鞋商品

（2）单击其中一个商品的链接，进入商品详情页面，如图 2-8 所示。

商品详情页面上显示的商品名称、价格、月销量和累计评价就是所要爬取的目标数据。

图 2-8 商品详情页面

2. 安装和登录八爪鱼采集器

（1）在爬取数据之前，需要先在计算机上安装八爪鱼采集器。访问地址 http://www.bazhua-yu.com/ 进入八爪鱼采集器的官网，免费下载该工具的安装包；然后双击打开并按提示安装即可。安装过程比较简单，这里不再赘述。

（2）打开安装到本地计算机的八爪鱼采集器，会弹出注册 / 登录的界面，如图 2-9 所示。

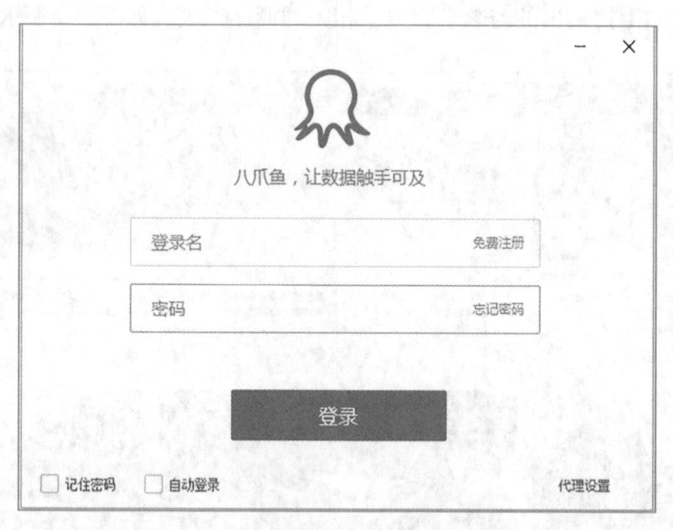

图 2-9 八爪鱼采集器注册 / 登录界面

（3）单击“免费注册”按钮注册一个账号。注册完成以后，在登录界面输入刚注册的用户名和密码，单击“登录” 按钮进入八爪鱼采集器的操作界面，如图 2-10 所示。

3. 使用八爪鱼采集器采集网页信息

由八爪鱼的操作界面可知，该软件提供了两种采集模式：简易采集和自定义采集。其中，简易采集模式下存放了国内一些主流网站采集规则，当需要采集相关网站时可以直接调用，节省了制作规则的时间和精力；而自定义采集模式是八爪鱼高级用户使用最多的一种模式，它需要自行配置采集规则，通过模拟人浏览网页的操作对网页数据进行爬取，能够实现对全网98%以上网页数据的采集。

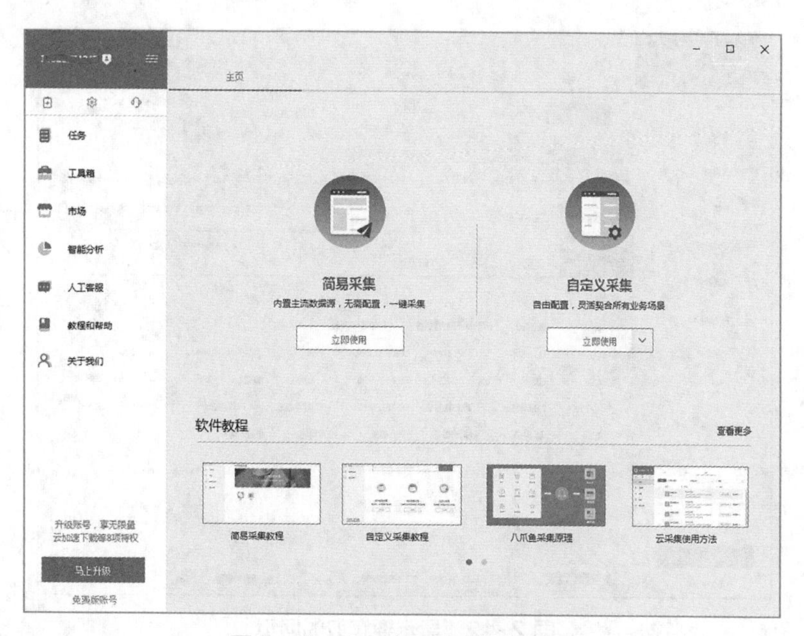

图2–10 八爪鱼采集器操作界面

下面介绍如何在八爪鱼采集器中自定义采集淘宝网上的商品信息。实现步骤如下：

（1）创建采集任务。在八爪鱼操作界面中，单击自定义采集下的“立即使用”按钮，进入新建任务窗口，将商品列表页的网址（即图2–7对应的网页地址栏的地址）复制粘贴到编辑区域中，如图2–11所示。

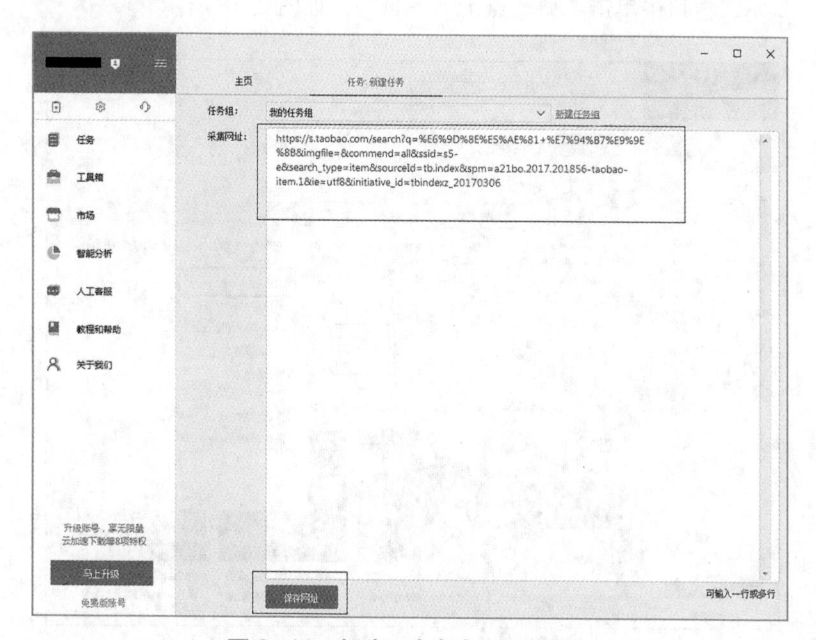

图2–11 新建一个自定义采集任务

之后，单击“保存网址”按钮，则八爪鱼采集器窗口会访问该网址并显示对应的网页界面，如图 2–12 所示。

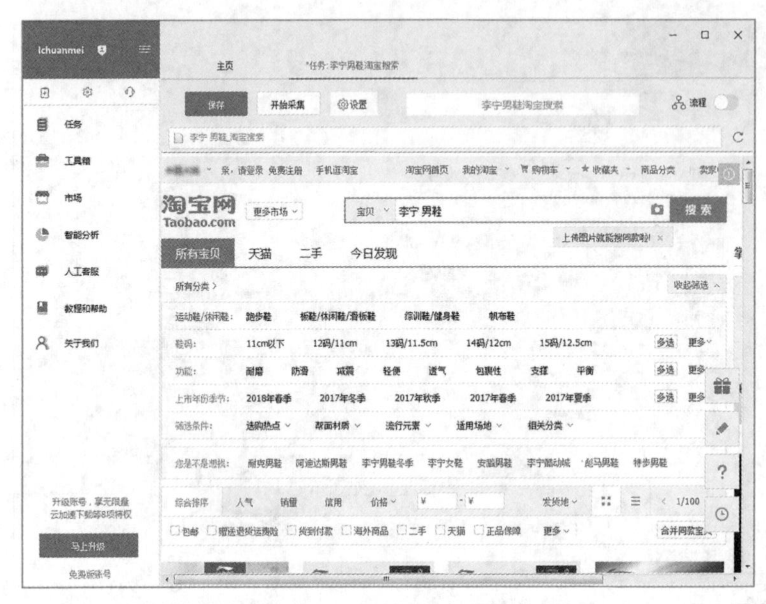

图 2–12 显示要爬取的网页

（2）创建翻页循环。在浏览器中，当浏览完当前页面的商品之后，可以翻页继续浏览。为了让采集器能够模仿这一系列动作，需要为其增加一个翻页循环，在当前页面的内容爬取完毕后，自动翻页并继续爬取下一页的数据，直到将所有页数都爬取完或被手动终止才结束。

在图 2–12 所示的网页中，下拉滑块至页面中控制翻页的位置。右击“下一页”按钮，在弹出的“操作提示”窗口中单击“循环点击下一页”，如图 2–13 所示。

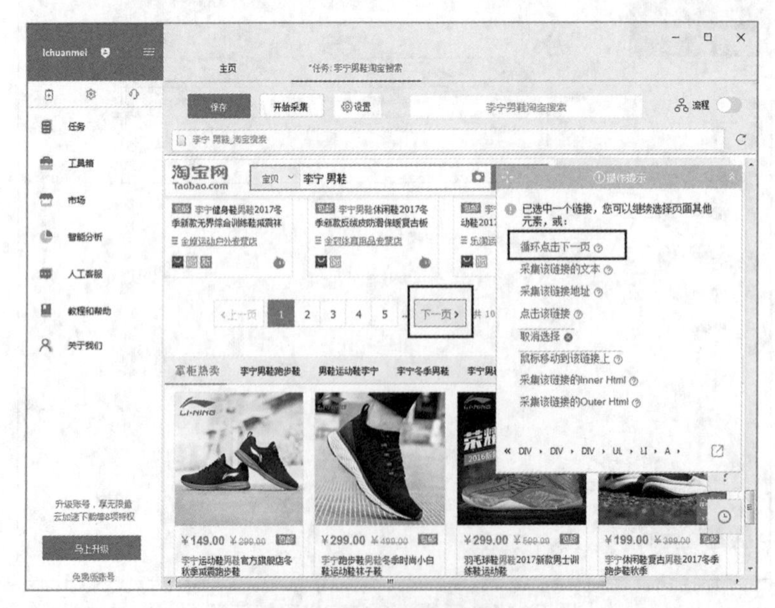

图 2–13 创建翻页循环

此时，单击打开窗口右上角的“流程”开关，可以看到界面上方出现了流程窗口和操作窗口，显示了刚才输入的操作流程图和详细信息，如图 2–14 所示。

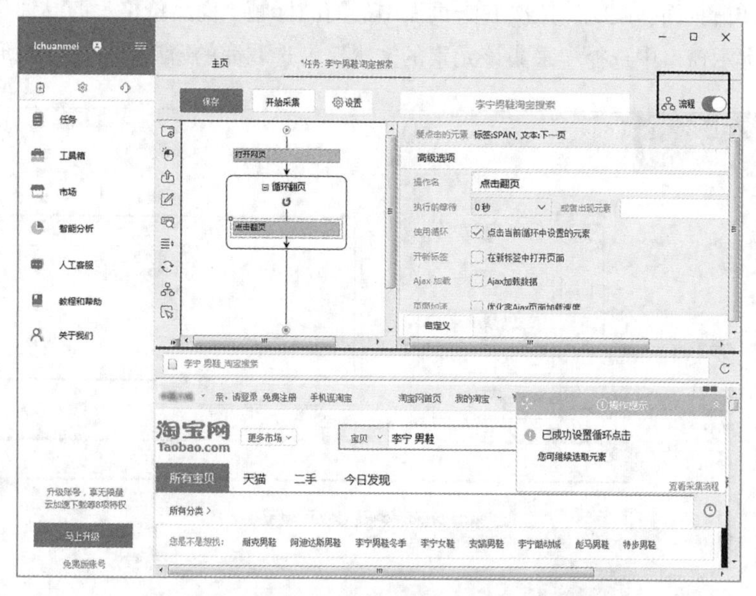

图 2–14　界面显示操作的流程图和详细信息

（3）创建列表循环。要想获取每个商品所对应的详细信息，还需要逐一单击当前页面中每个商品的链接。为了能让采集器模仿单击商品详情链接并打开该链接对应的网页的操作，需要建立一个列表循环，让八爪鱼收集器拿到所有的链接后依次打开。

滑动滚动条至能看到页面中第一个商品的位置，右击第一个商品链接，系统会自动识别页面中与它相似的链接。在右侧的操作提示窗口中，单击“选中全部”选项，如图 2–15 所示。

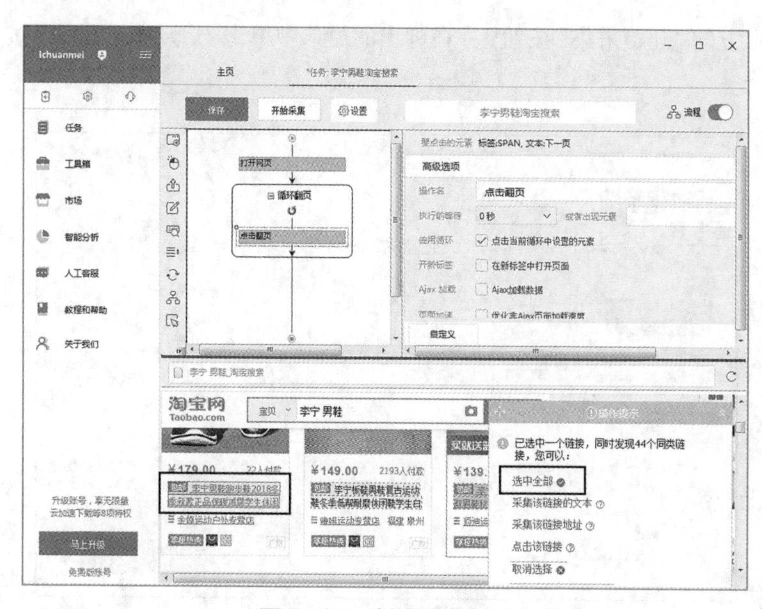

图 2–15　创建列表循环

之后，在出现的操作提示窗口中再单击“循环点击每个链接”选项即可。

（4）提取商品信息。在创建列表循环以后，系统会自动访问第一个商品的链接地址，进入到该商品的详情页面。此时，依次右击页面中的商品标题、商品价格、商品评价、商品销量，在各自出现的提示窗口中选择“采集该元素的文本”，选取完的窗口如图 2-16 所示。

图 2-16　采集所有元素的文本

可以看到，在操作详细信息窗口中列出了选取的字段，选中相应的字段，可以对字段进行自定义命名。

单击界面上方的“开始采集”按钮，并在弹出的窗口中单击“启动本地采集”按钮，如图 2-17 所示。

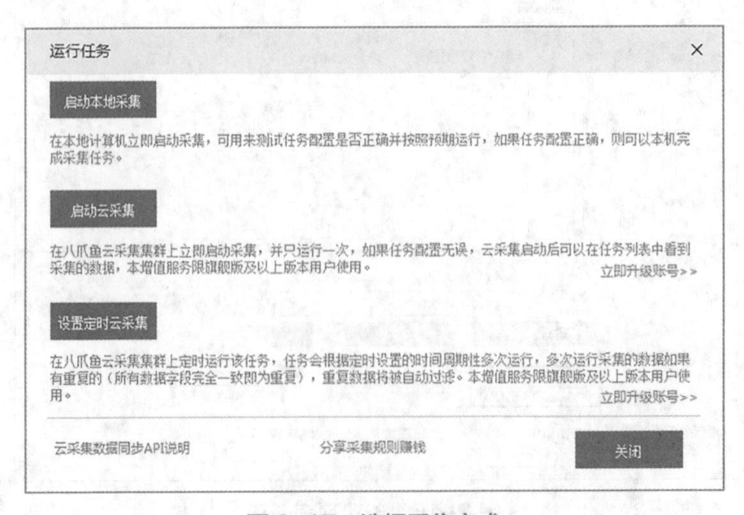

图 2-17　选择采集方式

采集任务开始后，会弹出一个新窗口显示该任务的爬取进度和爬取结果，如图 2-18 所示。

图 2-18　爬虫提取到的数据

通过以上操作，能够成功地采集到界面中需要的商品信息。由于界面有限，这里只展示了部分爬取信息。

在采集完成以后，会弹出提示选择导出数据的格式，选择相应的格式将结果导出即可。

本节介绍的八爪鱼采集器工具只是一个界面化案例，并非本书的重点内容。如果想了解更多的内容，可以参考官网提供的使用手册自行研究，这里就不再赘述。希望通过这个案例的学习，读者可以对爬虫的操作流程有大致的印象。

小　　结

本章针对爬虫技术做了进一步讲解，首先介绍了通用爬虫和聚焦爬虫的工作原理，在此基础上又介绍了爬虫爬取网页的流程，从而对爬虫的工作有大致印象，接着介绍了通过爬虫的网页分类和相关网站文件，然后又扩展介绍了防爬虫的一些应对策略，以及选择 Python 做爬虫的优点，最后通过一个八爪鱼工具的使用案例，模拟网络爬虫如何从网站中爬取网页的流程。

通过本章的学习，希望读者能明白爬虫具体是怎样爬取网页的，并对爬取过程中产生的一些问题有所了解，如网站受限等，后期会针对这些问题提供一些合理的解决方案。

习　　题

一、填空题

1. ________是通用爬虫最重要的应用领域。
2. ________文件是搜索引擎访问网站时要查看的第一个文件。

3. 网站提供了________文件，可以方便网站管理员通知爬虫遍历和更新网站的内容。
4. User-Agent 表示________，用于描述发出 HTTP 请求的终端信息。
5. 为防止对方从访问量上认出爬虫的身份，可以________访问网站的频率。

二、判断题

1. robots.txt 文件一定要放置在一个站点的根目录下。（　　）
2. robots.txt 文件中至少要有一条 User-Agent 记录。（　　）
3. robots.txt 文件没有实际的约束力。（　　）
4. 爬虫爬取网页的行为都很正当，不会受到网站的任何限制。（　　）
5. 针对采用了防爬虫措施的网站，爬虫是无计可施的。（　　）

三、简单题

1. 简述通用爬虫和聚焦爬虫爬取网页的流程。
2. 请举出一些针对防爬虫的应对策略。

第3章 网页请求原理

学习目标

没有实践
就没有发言权

◆熟悉浏览器加载网页的过程。

◆掌握基于HTTP协议的请求原理，能够理解HTTP请求和响应的格式。

◆熟悉Fiddler抓包工具，会使用Fiddler捕获浏览器的会话。

使用网络爬虫爬取数据，了解网页的请求原理是非常有必要的。本章结合浏览网页的过程，介绍基于HTTP请求的原理，并分享一个有用的HTTP抓包工具Fiddler。

3.1 浏览网页过程

网络爬虫爬取数据的过程可以理解为模拟浏览器操作的过程，我们有必要了解浏览网页的基本过程。例如，在浏览器的地址栏输入网址http://www.baidu.com，按【Enter】键后会在浏览器中显示百度的首页。那么，这段网络访问过程中到底发生了什么？

简单来说，浏览网页的过程可分为以下4个步骤：

（1）浏览器通过DNS服务器查找域名对应的IP地址。

（2）向IP地址对应的Web服务器发送请求。

（3）Web服务器响应请求，发回HTML页面。

（4）浏览器解析HTML内容，并显示出来。

浏览网页过程的示意图如图3-1所示。

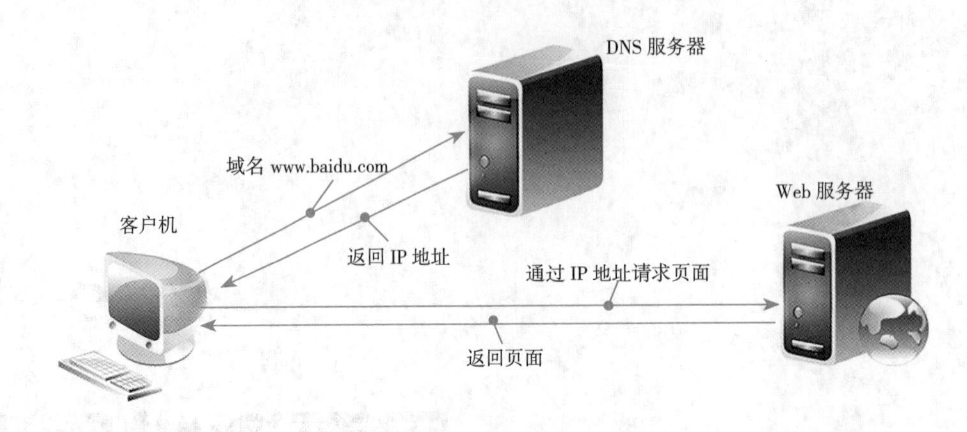

图 3-1 浏览网页的过程示意图

3.1.1 统一资源定位符

统一资源定位符（Uniform Resource Locator，URL）是互联网上标准资源的地址，互联网上每个文件（即资源）都有唯一的 URL，它包含了文件的位置以及浏览器处理方式等信息。

URL 地址由协议头、服务器地址、文件路径三部分组成。例如，一个典型的 URL 地址 http://127.0.0.1:8080/subject/pythonzly/index.shtml，其组成部分如图 3-2 所示。

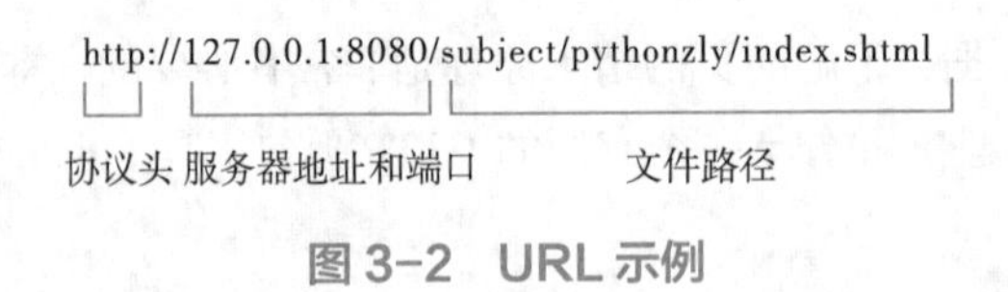

图 3-2 URL 示例

1. 协议头

协议头（Protocol Head）指定使用的传输协议，用于告诉浏览器如何处理将要打开的文件。不同的协议表示不同的资源查找以及传输方式。网络上常用的协议如表 3-1 所示。

表 3-1 URL 常见的协议

常见协议	代表类型	示 例
File	访问本地计算机的资源	file:///Users/itcast/Desktop/basic.html
FTP	访问共享主机的文件资源	ftp://ftp.baidu.com/movies
HTTP	超文本传输协议，访问远程网络资源	http://image.baidu.com/channel/wallpaper
HTTPS	安全的 ssl 加密传输协议，访问远程网络资源	https://image.baidu.com/channel/wallpaper
Mailto	访问电子邮件地址	mailto:null@itcast.cn

其中，最常用的是 HTTP 协议和 HTTPS 协议，分别由协议头 http 和 https 指定。

2. 服务器地址和端口

服务器地址（Hostname 或 IP）指存放资源的服务器的主机名或者 IP 地址，其目的在于标识互联网上的唯一一台计算机，并通过这个地址找到这台计算机。

端口（Port）是在地址和冒号后面的数字，用于标识一台计算机上运行的不同程序。每个网络程序都对应一个或多个特定的端口号，例如 HTTP 程序的默认端口号为 80，HTTPS 程序的默认端口号为 443。

IP 地址用来给 Internet 上的每台计算机一个编号，但是 IP 地址不容易记忆，而且服务器的物理 IP 地址是有可能发生改变的。为此，人们又发明了域名来替代 IP 地址访问服务器的网站。例如，使用百度公司所在的 IP 地址 http://180.97.33.107 可以打开百度的首页，但是这个地址不易记忆，不如使用域名网址 http://www.baidu.com 访问方便。

3. 路径

路径（Path）是由 0 个或者多个“/”符号隔开的字符串，一般用于指定本次请求的资源在服务器中的位置。

3.1.2 计算机域名系统

DNS 是计算机域名系统（Domain Name System 或 Domain Name Service）的缩写，它可以把域名转化为对应的 IP 地址。

域名服务器保存该网络中所有主机的域名和对应的 IP 地址，并具有将域名转换为 IP 地址的功能。

在之前介绍 URL 时提到过，人们习惯用域名来访问网站。此时，浏览器需要首先访问域名服务器，从域名服务器查找该域名对应服务器的 IP 地址，然后再向该 IP 地址对应的 Web 服务器发送资源请求。

一般一个域名的 DNS 解析时间在 10~60 ms。

注意：一个域名必须对应一个 IP 地址，而一个 IP 地址可能对应零到多个域名。即一个 IP 地址可能没有申请域名，也可能同时对应多个域名。

3.2 HTTP 网络请求原理

浏览器的主要功能是向服务器发出请求，并在窗口中显示选择的网络资源。HTTP 是一套计算机通过网络进行通信的规则，它由两部分组成：客户端请求消息和服务器端响应消息，通信过程如图 3-3 所示。

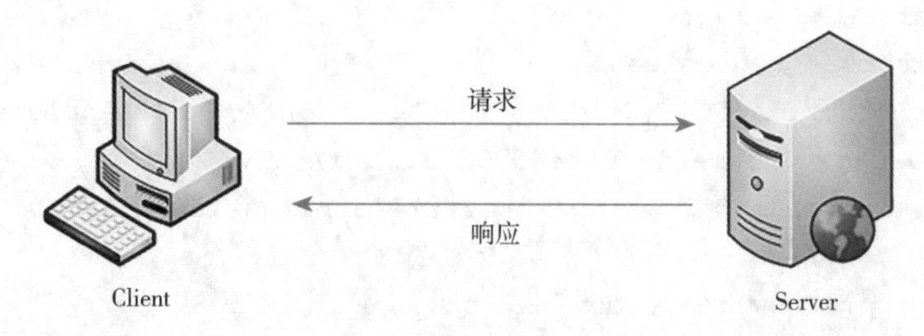

图 3-3　HTTP 通信过程

3.2.1 分析浏览器显示完整网页的过程

当用户在浏览器的地址栏中输入一个 URL 地址并按【Enter】键之后，浏览器会向 HTTP 服务器发送 HTTP 请求。常用的 HTTP 请求包括 GET 和 POST 两种方式。

例如，当在浏览器输入 URL“http://www.baidu.com”，浏览器发送一个 Request 请求去获取 http://www.baidu.com 的 HTML 文件，服务器把包含了该文件内容的 Response 对象发送回浏览器。

浏览器分析 Response 对象中的 HTML 文件内容，发现其中引用了很多其他文件，包括 Images 文件、CSS 文件、JS 文件等。浏览器会自动再次发送 Request 去获取这些图片、CSS 文件，或者 JS 文件。

当所有的文件都下载成功后，浏览器会根据 HTML 语法结构，将网页完整地显示出来。

3.2.2 客户端 HTTP 请求格式

在网络传输中 HTTP 协议非常重要，该协议规定了客户端和服务器端请求和应答的标准。HTTP 协议能保证计算机正确快速地传输超文本文档，并确定了传输文档中的哪一部分，以及哪部分内容首先显示（如文本先于图形）等。

根据 HTTP 协议的规定，客户端发送一个 HTTP 请求到服务器的请求消息，由请求行、请求头部、空行以及请求数据四部分组成。图 3-4 所示为请求消息的一般格式。

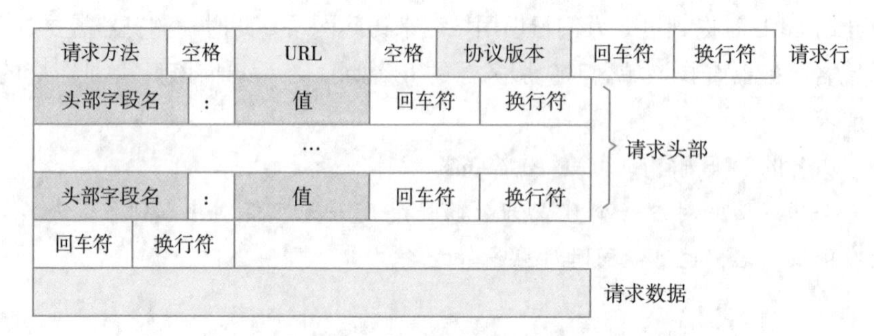

图 3-4 请求消息的一般格式

下面结合一个典型的 HTTP 请求示例，详细介绍 HTTP 请求信息的各个组成部分。示例内容如下：

```
GET https://www.baidu.com/ HTTP/1.1
Host: www.baidu.com
Connection: keep-alive
Upgrade-Insecure-Requests: 1
User-Agent: Mozilla/5.0 (Windows NT 10.0; Win64; x64) AppleWebKit/537.36
(KHTML, like Gecko) Chrome/54.0.2840.99 Safari/537.36
Accept: text/html,application/xhtml+xml,application/xml;q=0.9,image/
webp,*/*;q=0.8
Referer: http://www.baidu.com/
Accept-Encoding: gzip, deflate, sdch, br
```

```
Accept-Language: zh-CN,zh;q=0.8,en;q=0.6
Cookie: BAIDUID=04E4001F34EA74AD4601512DD3C41A7B:FG=1; BIDUPSID=04E40
01F34EA74AD4601512DD3C41A7B; PSTM=1470329258; MCITY=-343%3A340%3A; H_PS_
PSSID=1447_18240_21105_21386_21454_21409_21554; BD_UPN=12314753; sug=3;
sugstore=0; ORIGIN=0; bdime=0; H_PS_645EC=7e2ad3QHl181NSPbFbd7PRUCE1Llufzxrc
FmwYin0E6b%2BW8bbTMKHZbDP0g; BDSVRTM=0
```

1. 请求行

上例中第 1 行为请求行，包含了请求方法、URL 地址和协议版本，代码如下：

```
GET https://www.baidu.com/ HTTP/1.1
```


其中，GET 是请求方法，https://www.baidu.com/ 是 URL 地址，HTTP/1.1 指定了协议版本。

不同的 HTTP 版本能够使用的请求方法也不同，具体介绍如下：

（1）HTTP 0.9：只有基本的文本 GET 功能。

（2）HTTP 1.0：完善的请求 / 响应模型，并将协议补充完整，定义了 GET、POST 和 HEAD 3 种请求方法。

（3）HTTP 1.1：在 1.0 基础上进行更新，新增了 5 种请求方法：OPTIONS、PUT、DELETE、TRACE 和 CONNECT 方法。

（4）HTTP 2.0（未普及）：请求 / 响应首部的定义基本没有改变，只是所有首部键必须全部小写，而且请求行要独立为 :method、:scheme、:host、:path 等键值对。

不同请求方法的含义如表 3-2 所示。

表 3-2 请求方法

序 号	方 法	描 述
1	GET	请求指定的页面信息，并返回实体主体
2	POST	向指定资源提交数据进行处理请求（如提交表单或者上传文件），数据被包含在请求体中。POST 请求可能会导致新的资源的建立和已有资源的修改
3	HEAD	类似于 GET 请求，只不过返回的响应中没有具体内容，用于获取报头
4	PUT	这种请求方式下，从客户端向服务器传送的数据取代指定的文档内容
5	DELETE	请求服务器删除指定的页面
6	CONNECT	HTTP 1.1 协议中预留给能够将连接改为管道方式的代理服务器
7	OPTIONS	允许客户端查看服务器的性能
8	TRACE	回显服务器收到的请求，主要用于测试或诊断

其中，最常用的请求方法是 GET 和 POST，两者的区别在于：

（1）GET 是从服务器上获取指定页面信息，POST 是向服务器提交数据并获取页面信息。

（2）GET 请求参数都显示在 URL 上，服务器根据该请求所包含 URL 中的参数来产生响应内容。由于请求参数都暴露在外，所以安全性不高。

（3）POST 请求参数在请求体当中，消息长度没有限制而且采取隐式发送，通常用来向 HTTP 服务器提交量比较大的数据（如请求中包含许多参数或者文件上传操作等）。POST 请求的参数不在 URL 中，而在请求体中，在安全性方面，比 GET 请求要高。

2. 请求报头

请求行下是若干个请求报头，下面介绍常用的请求报头及其含义。

（1）Host（主机和端口号）：指定被请求资源的 Internet 主机和端口号，对应网址 URL 中的 Web 名称和端口号，通常属于 URL 的 Host 部分。

（2）Connection（连接类型）：表示客户端与服务器的连接类型。通常情况下，连接类型的对话流程如下：

① Client 发起一个包含 Connection:keep-alive 的请求（HTTP 1.1 使用 keep-alive 为默认值）。

② Server 收到请求后：

◆如果 Server 支持 keep-alive，回复一个包含 Connection:keep-alive 的响应，不关闭连接。

◆如果 Server 不支持 keep-alive，回复一个包含 Connection:close 的响应，关闭连接。

③ 如果 Client 收到包含 Connection:keep-alive 的响应，则向同一个连接发送下一个请求，直到一方主动关闭连接。

注意：Connection:keep-alive 在很多情况下能够重用连接，减少资源消耗，缩短响应时间。例如，当浏览器需要多个文件时（如一个 HTML 文件和多个 Image 文件），不需要每次都去请求建立连接。

（3）Upgrade-Insecure-Requests（升级为 HTTPS 请求）：表示升级不安全的请求，会在加载 HTTP 资源时自动替换成 HTTPS 请求，让浏览器不再显示 HTTPS 页面中的 HTTP 请求警报。

HTTPS 是以安全为目标的 HTTP 通道，所以在 HTTPS 承载的页面上不允许出现 HTTP 请求，一旦出现就会提示或报错。

（4）User-Agent（浏览器名称）：标识客户端身份的名称，通常页面会根据不同的 User-Agent 信息自动做出适配，甚至返回不同的响应内容。

（5）Accept（传输文件类型）：指浏览器或其他客户端可以接受的 MIME（Multipurpose Internet Mail Extensions，多用途因特网邮件扩展）文件类型，服务器可以根据它判断并返回适当的文件格式。

Accept 报头的示例如下：

```
Accept: */*                 //表示什么都可以接收
Accept: image/gif           //表明客户端希望接受 GIF 图像格式的资源
Accept: text/html           //表明客户端希望接受 html 文本
//表示浏览器支持的 MIME 类型分别是 html 文本、xhtml 和 xml 文档、所有的图像格式资源
Accept: text/html,application/xhtml+xml;q=0.9,image/*;q=0.8
```

其中：

◆ q：表示权重系数，范围是 0 =< q <= 1。q 值越大，请求越倾向于获得其“;”之前的类型表示的内容。若没有指定 q 值，则默认为 1，按从左到右排序；若被赋值为 0，则表

示浏览器不接受此内容类型。

◆ text：用于标准化地表示文本信息，文本信息可以是多种字符集和多种格式。

◆ Application：用于传输应用程序数据或者二进制数据。

MIME 文件类型非常丰富，本书并未全部列举，感兴趣的读者可以自行了解。

（6）Referer（页面跳转来源）：表明产生请求的网页来自于哪个 URL，用户是从该 Referer 页面访问到当前请求的页面。这个属性可以用来跟踪 Web 请求来自哪个页面，是从什么网站来的等。

有时下载某网站的图片时，需要对应 Referer，否则无法下载图片，那是因为做了防盗链。原理就是根据 Referer 去判断 URL 是否是本网站的地址，如果不是，则拒绝；如果是，就可以下载。

（7）Accept-Encoding（文件编解码格式）：指出浏览器可以接受的编码方式。编码方式不同于文件格式，其作用是压缩文件并加速文件传递速度。浏览器在接收到 Web 响应之后先解码，然后再检查文件格式，许多情形下可以减少大量的下载时间。例如：

```
Accept-Encoding:gzip;q=1.0, identity; q=0.5, *;q=0
```

如果有多个 Encoding 同时匹配，按照 q 值顺序排列，本例中按顺序支持 gzip、identity 压缩编码，支持 gzip 的浏览器会返回经过 gzip 编码的 HTML 页面。

如果请求消息中没有设置这个报头，通常服务器假定客户端不支持压缩，直接返回文本。

（8）Accept-Language（语言种类）：指出浏览器可以接受的语言种类，如 en 或 en-us 指英语，zh 或 zh-cn 指中文，当服务器能够提供一种以上的语言版本时要用到。

如果目标网站支持多个语种，可以使用这个信息来决定返回什么语言的网页。

（9）Accept-Charset（字符编码）：指出浏览器可以接受的字符编码。例如：

```
Accept-Charset:iso-8859-1,gb2312,utf-8
```

常用的字符编码包括：

◆ iso-8859-1：通常称为 Latin-1。Latin-1 包括书写所有西方欧洲语言不可缺少的附加字符，英文浏览器的默认值是 iso-8859-1。

◆ gb2312：标准简体中文字符集。

◆ utf-8：Unicode 的一种变长字符编码，可以解决多种语言文本显示问题，从而实现应用国际化和本地化。

如果在 HTTP 请求消息中没有设置这个域，默认情况下，客户端可以接受任何字符集，返回的是网页 charset 指定的编码。

（10）Cookie（Cookie）：浏览器用这个属性向服务器发送 Cookie。Cookie 是在浏览器中寄存的小型数据体，它可以记载和服务器相关的用户信息，也可以用来实现模拟登录。

（11）Content-Type（POST 数据类型）：指定 POST 请求中用来表示的内容类型。例如：

```
Content-Type=Text/XML; charset=gb2312:
```

上述示例指明了该请求的消息体中包含的是纯文本的 XML 类型的数据，字符编码采用 gb2312。

3.2.3 服务端 HTTP 响应格式

HTTP 响应报文由四部分组成，分别是状态行、响应报头、空行和响应正文，如图 3-5 所示。

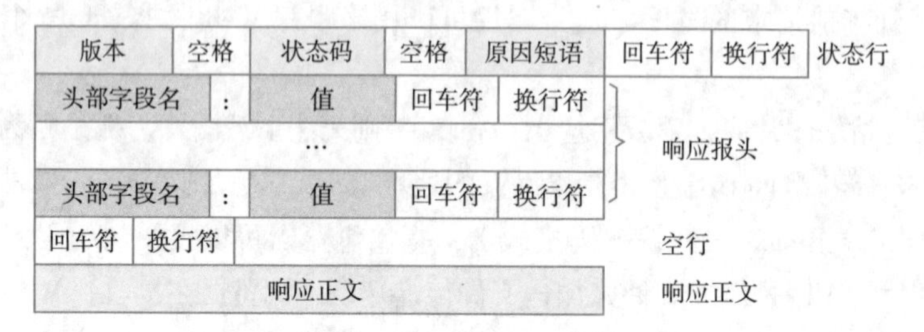

图 3-5 HTTP 响应报文

一个 HTTP 响应的典型示例如下：

```
HTTP/1.1 200 OK
Server: Tengine
Connection: keep-alive
Date: Wed, 30 Nov 2016 07:58:21 GMT
Cache-Control: no-cache
Content-Type: text/html;charset=UTF-8
Keep-Alive: timeout=20
Vary: Accept-Encoding
Pragma: no-cache
X-NWS-LOG-UUID: bd27210a-24e5-4740-8f6c-25dbafa9c395
Content-Length: 180945

<!DOCTYPE html PUBLIC "-//W3C//DTD XHTML 1.0 Transitional//EN" ....
```

下面详细介绍 HTTP 响应中的响应报头和状态码的含义。

1. 响应报头

理论上所有的响应报头信息都应该是回应请求头的，但是服务端为了效率和安全，包含其他方面的考虑，会添加相对应的响应头信息。常用的响应报头和取值如下：

（1）Cache-Control: must-revalidate, no-cache, private：这个报头值告诉客户端，服务端不希望客户端缓存资源，在下次请求资源时，必须要重新请求服务器，不能从缓存副本中获取资源。

Cache-Control 是响应头中很重要的信息，当客户端请求报头中包含 Cache-Control:max-age=0 请求，明确表示不会缓存服务器资源时，Cache-Control 作为回应信息，通常会返回 no-cache，意思就是说“那就不缓存呗”。

当客户端在请求头中没有包含 Cache-Control 时，服务端往往会根据不同的资源指定不同的缓存策略。例如，oschina 缓存图片资源的策略就是 Cache-Control：max-age=86400，意思是从当前时间开始，在 86400 秒的时间内，客户端可以直接从缓存副本中读取资源，而不需要向服务器请求。

（2）Connection: keep-alive：该报头回应客户端的 Connection: keep-alive，告诉客户端服务器的 TCP 连接也是一个长连接，客户端可以继续使用这个 TCP 连接发送 HTTP 请求。

（3）Content-Encoding:gzip：该报头的取值告诉客户端，服务端发送的资源是采用 gzip 编码的，客户端看到这个信息后，应该采用 gzip 对资源进行解码。

（4）Content-Type: text/html;charset=UTF-8：这个报头值告诉客户端资源文件的类型及字符编码。客户端需要使用 UTF-8 格式对资源进行解码，然后对资源进行 HTML 解析。通常人们会看到有些网站出现乱码，往往就是服务器端没有返回正确的编码。

（5）Date: Sun, 21 Sep 2016 06:18:21 GMT：该报头表示服务端发送资源时的服务器时间，GMT 是格林尼治所在地的标准时间。HTTP 协议中发送的时间都是 GMT 的，这主要是解决在互联网上，不同时区在相互请求资源时的时间混乱问题。

（6）Expires:Sun, 1 Jan 2000 01:00:00 GMT：这个响应报头也是跟缓存有关的，告诉客户端在这个时间前，可以直接访问缓存副本。很显然这个值可能存在问题，因为客户端和服务器的时间不一定是相同的。所以，这个响应报头没有 Cache-Control: max-age=* 这个响应报头准确，因为 max-age=date 中的 date 是个相对时间，不仅更好理解，也更准确。

（7）Pragma:no-cache：这个报头的含义等同于 Cache-Control。

（8）Server: Tengine/1.4.6：这个报头表示服务器对应的版本，仅用于告诉客户端和服务器相关的信息。

（9）Transfer-Encoding: chunked：该响应报头告诉客户端，服务器发送资源的方式是分块发送的。一般分块发送的资源都是服务器动态生成的，在发送时还不知道发送资源的大小，所以采用分块发送。每一个块都是独立的，独立的块都能标识自己的长度，最后一块是长度 0，当客户端读到这个 0 长度的块时，就可以确定资源已经传输完。

（10）Vary: Accept-Encoding: 该报头告诉缓存服务器缓存压缩文件和非压缩文件两个版本。如今这个报头的用处并不大，因为现在的浏览器都是支持压缩的。

2. 响应状态码

响应状态码由 3 位数字组成，其中第 1 位数字定义了响应的类别，有 5 种可能取值。

常用的响应状态码如下所示：

（1）100~199：表示服务器成功接收部分请求，要求客户端继续提交其余请求才能完成整个处理过程。

（2）200~299：表示服务器成功接收请求并已完成整个处理过程。常用状态码为 200（表示 OK，请求成功）。

（3）300~399：为完成请求，客户需进一步细化请求。例如，请求的资源已经移动到一个新地址。常用状态码包括 302（表示所请求的页面已经临时转移至新的 URL）、307 和 304（表示使用缓存资源）。

（4）400~499：客户端的请求有错误，常用状态码包括 404（表示服务器无法找到被请求的页面）和 403（表示服务器拒绝访问，权限不够）。

（5）500~599：服务器端出现错误，常用状态码为 500（表示请求未完成，服务器遇到不可预知的情况）。

3.3 HTTP 抓包工具 Fiddler

在写爬虫时，经常需要对网络数据进行分析，这就需要截获这些数据，这就是所谓的抓包。

HTTP 抓包工具很多，常用的有 Fiddler、Charles、Wireshark 等。其中，Windows 平台下最常用的就是 Fiddler。下面介绍如何在 Windows 平台下使用 Fiddler。

Fiddler 是一款强大的 Web 调试工具（包含了抓包功能），它能记录所有客户端和服务器的 HTTP 请求和响应，还能模拟 HTTP 请求的发送。Fiddler 工具的功能体现在以下几个方面：

（1）可以监控 HTTP 和 HTTPS 的流量，截获客户端发送的网络请求。

（2）可以查看截获的请求内容。

（3）可以伪造客户端请求发送给服务器，也可以伪造一个服务器的响应发送给客户端，这个功能，用于前后端调试。

（4）可以用于测试网站的性能。

（5）可以解密 HTTPS 的 Web 会话。

（6）Fiddler 提供的第三方插件，可大幅提高工作效率。

3.3.1 Fiddler 工作原理

Fiddler 是以代理网络服务器的形式工作的，它使用的代理地址为 127.0.0.1，端口为 8888。当 Fiddler 启动时会自动设置代理，退出时会自动注销代理，这样就不会影响其他程序。Fiddler 的工作原理如图 3-6 所示。

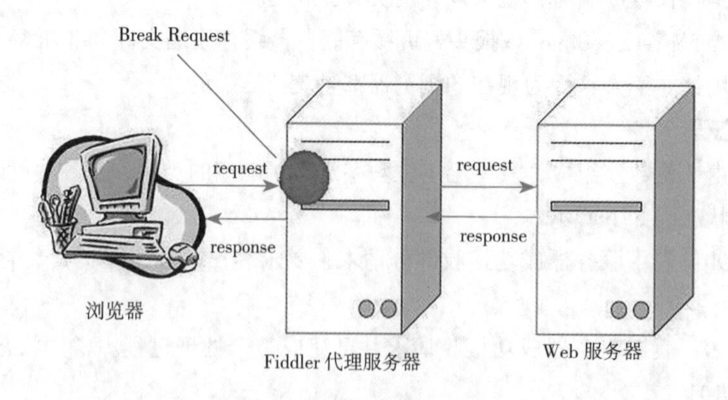

图 3-6 Fiddler 的工作原理

3.3.2 Fiddler 下载安装

通过网址 http://www.telerik.com/fiddler 可进入 Fiddler 官网免费下载 Fiddler 工具。Fiddler 官网主页如图 3-7 所示。

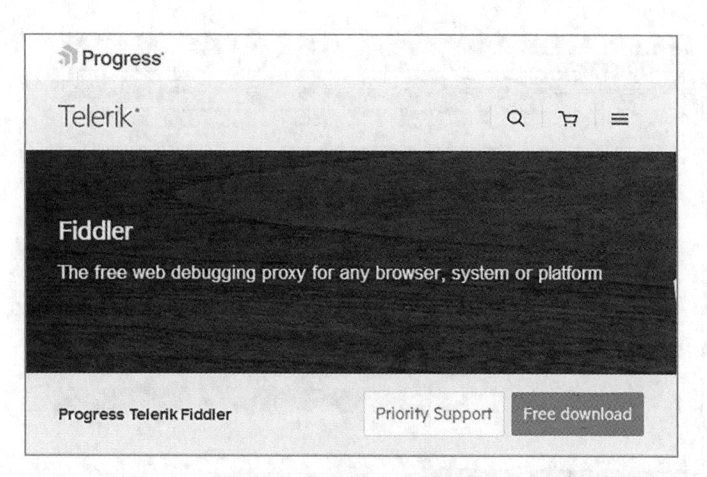

图 3-7　Fiddler 官网主页

在主页上单击 Free download 按钮，进入下载页面，如图 3-8 所示。

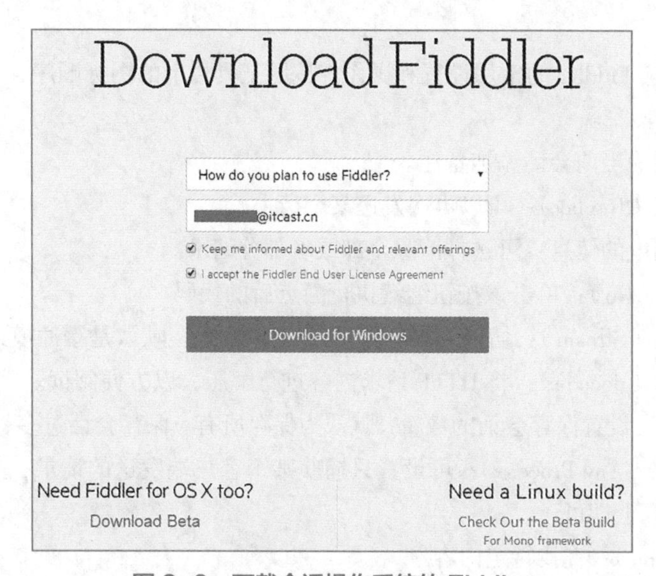

图 3-8　下载合适操作系统的 Fiddler

读者可以根据计算机的操作系统选择对应的 Fiddler 版本。本书以 Windows 系统为例，所以单击 Download for Windows 按钮，下载 Windows 系统下的 Fiddler 安装包。下载安装包到本地后，双击安装即可。

3.3.3　Fiddler 界面详解

启动 Fiddler 程序，其操作界面如图 3-9 所示。

Fiddler 界面包含菜单栏、工具栏、会话窗口、Request 窗口、Response 窗口和状态栏。其中，会话窗口显示了所有的会话列表，选中列表中的一条会话，就可以看到该会话对应的详细信息出现在 Request 窗口和 Response 窗口。下面对常用的工具栏、Request 窗口和 Response 窗口逐一进行介绍。

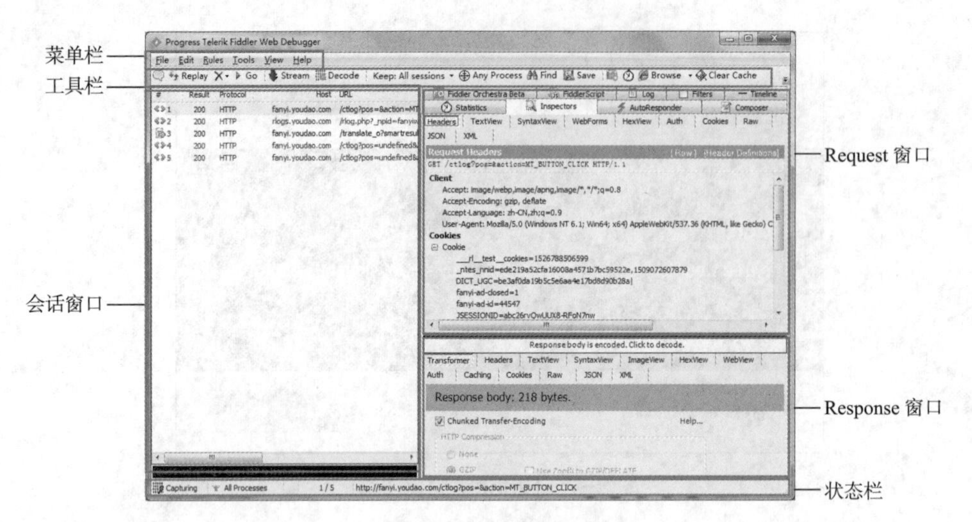

图 3-9　Fiddler 界面

1. 工具栏

工具栏上列出了 Fiddler 的常用设置和操作。按照工具栏上的图标顺序，从左到右对各个工具依次介绍如下：

（1）备注：可为当前会话添加备注。

（2）回放按钮（Replay）：可以再次发送某个请求。

（3）清除界面上的信息：可选择清除全部或者部分请求。

（4）bug 调试（Go）：单击该按钮继续执行断点后的代码。

（5）模式切换（Stream）：切换 Fiddler 的两种工作模式，默认是缓冲模式。

（6）解压请求（decode）：将 HTTP 请求内容进行解压，以方便阅读。

（7）会话保存：设置保存会话的数量，默认为保存所有。保存会话过多，会占用太多内存。

（8）过滤请求（Any Process）：可设置只捕获某个客户端发送的请求，单击该按钮拖动到该客户端的某个请求上即可。

（9）查找（Find）：查找特定内容。

（10）会话保存（Save）：将当前截获的所有会话保存起来，下次可以直接打开查看。

（11）截屏：截取屏幕，可以立即截取，也可以计时后截取。

（12）计时器：具备计时功能。

（13）浏览器：启动浏览器。

（14）清除缓存（Clear Cache）：将浏览器的缓存清空。

（15）编码和解码：一个将文本进行编码和解码的小工具。

（16）窗体分离（tearoff）：将一个窗体分离显示。

2. Request 窗口

Request 窗口的 Inspectors 标签用于显示当前会话的客户端请求信息，该标签下各个菜单的功能介绍如下：

（1）Headers：显示客户端发送到服务器的 HTTP 请求的 Header。显示为一个分级视图，包含了 Web 客户端信息、Cookie、传输状态等。

（2）TextView：显示 POST 请求的 body 部分为文本。

（3）WebForms：显示请求的 GET 参数和 POST body 内容。

（4）HexView：用十六进制数据显示请求。

（5）Auth：显示请求 Header 中的 Proxy-Authorization（代理身份验证）和 Authorization（授权）信息。

（6）Raw：将整个请求显示为纯文本。

（7）JSON：显示 JSON 格式文件。

（8）XML：如果请求的 body 是 XML 格式，就使用分级的 XML 树显示。

3. Response 窗口

Response 窗口显示了当前会话的服务器端响应信息，该窗口中各个菜单的功能介绍如下：

（1）Transformer：显示响应的编码信息。

（2）Headers：用分级视图显示响应的 Header。

（3）TextView：使用文本显示相应的 body。

（4）ImageView：如果请求是图片资源，则显示响应的图片。

（5）HexView：用十六进制数据显示响应。

（6）WebView：显示响应在 Web 浏览器中的预览效果。

（7）Auth：显示响应 header 中的 Proxy-Authorization（代理身份验证）和 Authorization（授权）信息。

（8）Caching：显示此请求的缓存信息。

（9）Privacy：显示此请求的私密（P3P）信息。

（10）Raw：将整个响应显示为纯文本。

（11）JSON：显示 JSON 格式文件。

（12）XML：如果响应的 body 是 XML 格式，则用分级的 XML 树显示。

Fiddler 工具的功能很强大，但是在做爬虫项目时，并不会用到该工具的高级功能，仅使用它拦截和查看网络请求和响应的详细信息即可。

3.3.4 Fiddler 爬取 HTTPS 设置

如果要使用 Fiddler 工具爬取 HTTPS 网页，还需要进行一些设置。操作步骤如下：

（1）启动 Fiddler，选择菜单栏中的 Tools → Options 命令（见图 3-10），打开 Options 对话框。

（2）在 Options 对话框中选择 HTTPS 选项卡进行设置，如图 3-11 所示。

- 选中 Capture HTTPS CONNECTs 复选框，含义是捕捉 HTTPS 连接。
- 选中 Decrypt HTTPS traffic 复选框，含义是解密 HTTPS 通信。
- 用Fiddler获取本机所有进程的HTTPS请求，所以在中间的下拉列表中选择from all processes（从所有进程）。
- 选中 Ignore server certificate errors 复选框（忽略服务器证书错误）。

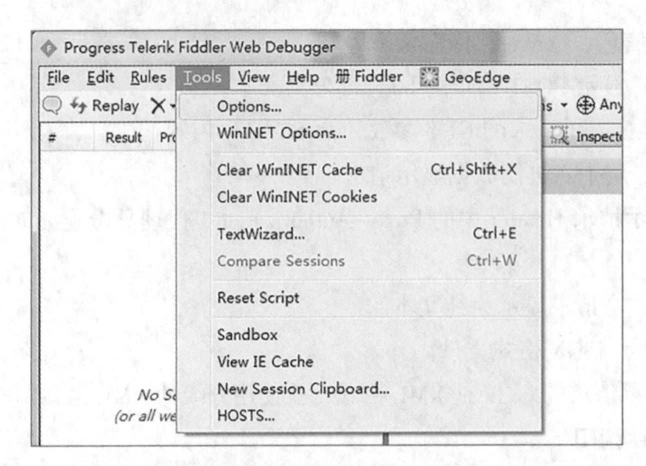

图 3-10　选择 Options 命令

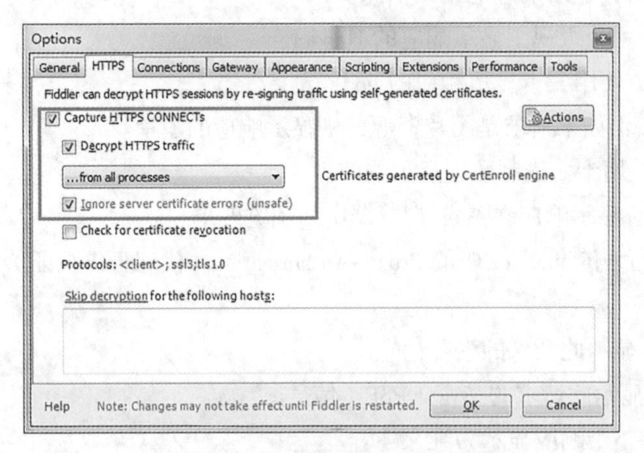

图 3-11　设置 HTTPS

在设置过程中会弹出对话框询问是否信任证书和同意安装证书，此时单击信任和同意即可。

（3）为 Fiddler 配置 Windows 信任根证书以解决安全警告。选择 Trust Root Certificate（受信任的根证书），如图 3-12 所示。

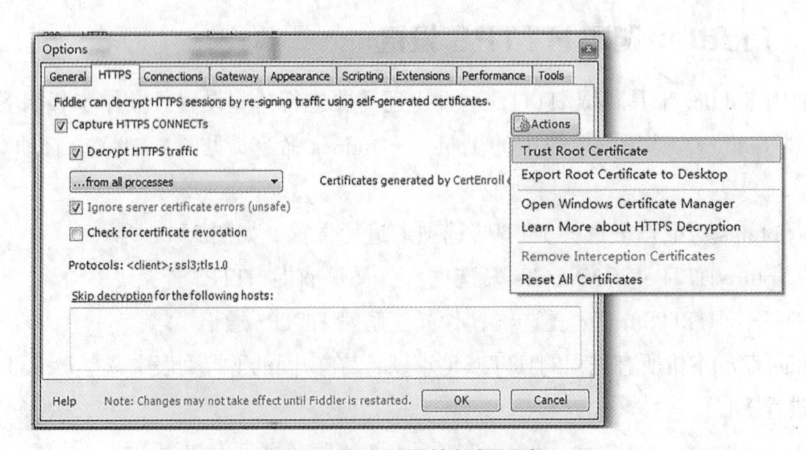

图 3-12　配置信任根证书

此时，系统弹出确认窗口（见图 3-13），单击 Yes 按钮即可。

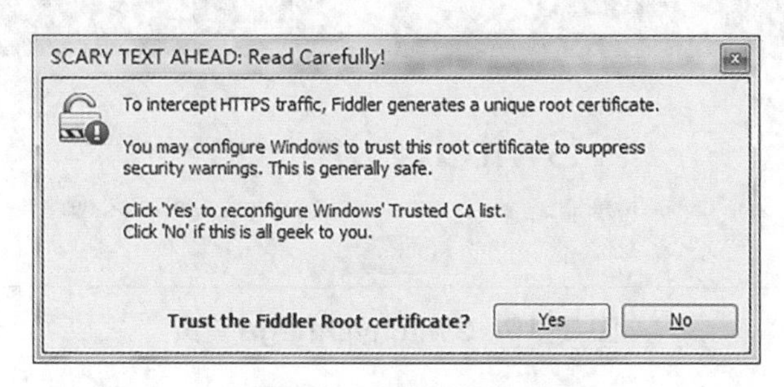

图 3-13 确认信任根证书

（4）在 Options 对话框中选择 Connections 选项卡，如图 3-14 所示。

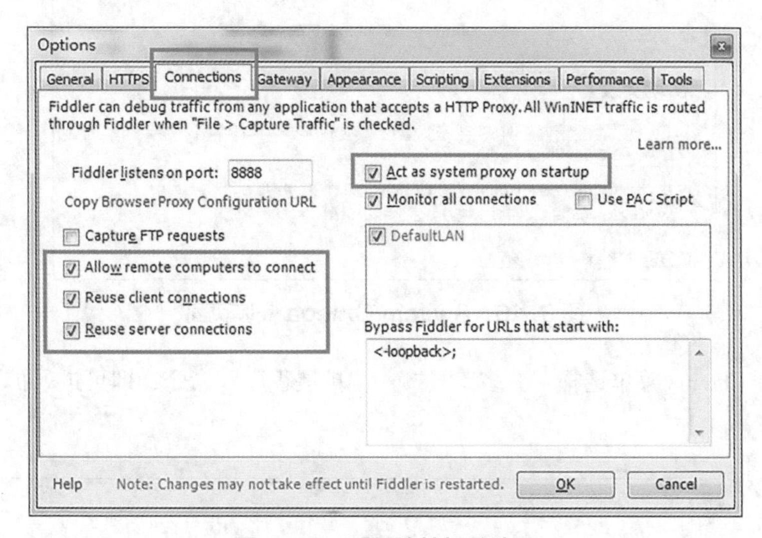

图 3-14 配置连接相关选项

◆ 选中 Allow remote computers to connect（运行远程连接）复选框。

◆ 选中 Act as system proxy on startup（作为系统启动代理）复选框。

（5）配置完成后，需要重启 Fiddler，使配置生效。

3.3.5 使用 Fiddler 捕获 Chrome 的会话

使用 Fiddler 捕获 Chrome 浏览器发送的会话时，可以自动将浏览器设置为使用 Fiddler 作为代理服务器，但是如果 Fiddler 非正常退出时，会导致 Chrome 的代理服务器无法恢复正常。如果经常使用 Fiddler，可能需要手动检查和更改 Chrome 的代理服务器。其实，可以安装 SwitchyOmega 插件方便地管理 Chrome 浏览器的代理。安装方法如下：

（1）打开官网网址 https://switchyomega.com/，在首页单击“下载和安装”按钮，如图 3-15 所示。

（2）进入安装页面，可以选择在线安装和手动安装，这里介绍本地下载安装方式。单击“直接本地下载 crx 文件”，将 SwitchyOmega.crx 文件下载到本地，如图 3-16 所示。

图 3-15　SwitchyOmega 首页

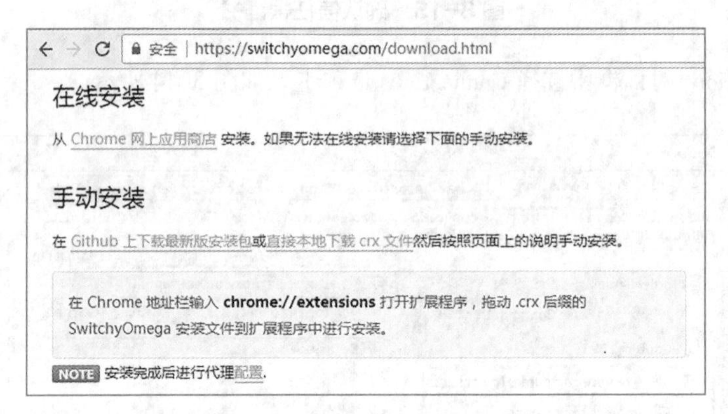

图 3-16　SwitchyOmega 安装页面

（3）打开 Chrome 菜单选择“更多工具”→“扩展程序”命令，即可进入扩展程序页面，如图 3-17 所示。

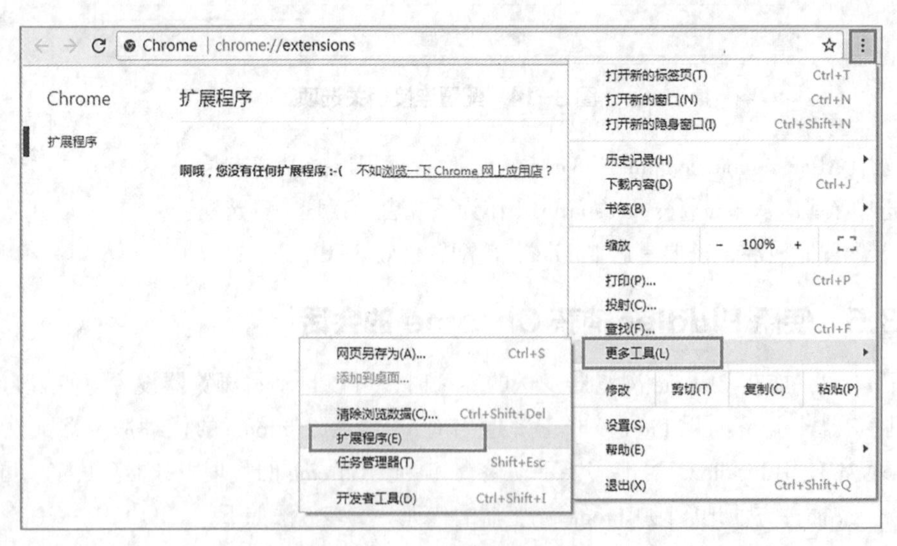

图 3-17　扩展程序页面

（4）将 SwitchyOmega.crx 文件拖入到扩展程序页面中，完成后显示在扩展程序页面，如图 3-18 所示。

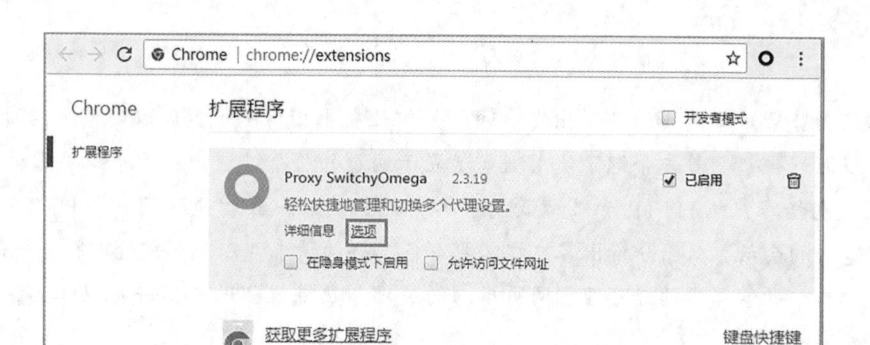

图 3-18 扩展程序列表

（5）单击“选项”超链接进入 SwitchyOmega 选项页面，单击“新建情景模式”超链接，新建一个名称为 Fiddler，类型为“代理服务器”的情景模式，如图 3-19 所示。然后，设置 Fiddler 情景模式的代理服务器，添加一个代理协议为 HTTP，代理服务器为 127.0.0.1，代理端口为 8888 的代理服务器。单击左边的“应用选项”进行保存。

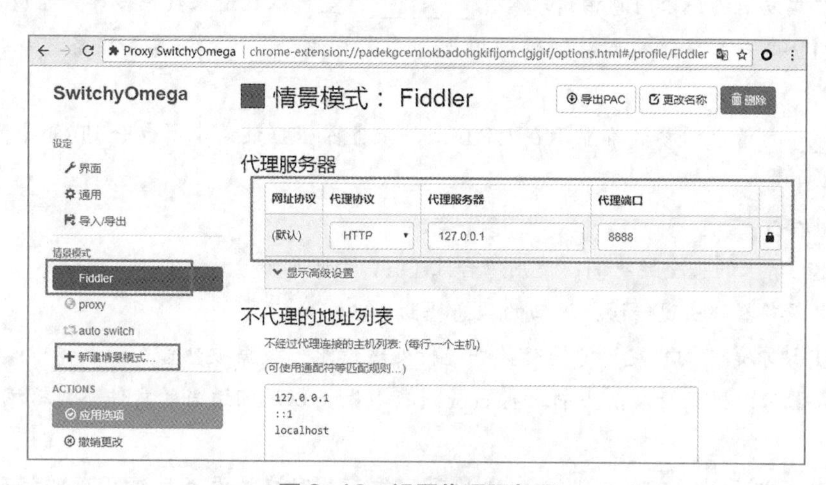

图 3-19 设置代理服务器

（6）设置好以后，就可以通过浏览器插件切换为设置好的代理，如图 3-20 所示。

图 3-20 在浏览器中选择代理

小　结

本章从浏览器加载网页的角度出发，阐述如何让爬虫模仿浏览器爬取到整个网页的数据，为下一章节做好铺垫。首先介绍了使用浏览器显示网页的整个过程，然后介绍了基于 HTTP 请求的原理，包括客户端 HTTP 请求和服务器端 HTTP 响应。最后分享了一个 HTTP 抓包工具来捕获浏览器的会话，从而分析出客户端需要准备怎样的请求，以及如何处理服务端的响应。

通过对本章的学习，读者可理解网页请求的原理，熟练地使用 Fiddler 抓包工具，为后面的学习奠定扎实的基础。

习　题

一、填空题

1. 服务器响应了浏览器发送的请求，返回________页面。
2. ________是互联网上标准资源的地址。
3. 客户端发送的请求消息由请求行、________、空行以及请求数据 4 部分组成。
4. HTTP 是一套计算机网络通信的规则，由客户端________消息和服务器端________消息组成。
5. ________请求的参数都显示在 URL 上，服务器根据该请求所包含 URL 中的参数来产生响应内容。

二、判断题

1. POST 请求的安全性更高，使用场合比 GET 请求多。（　）
2. 一旦服务器端出现错误，返回的状态码为 403。（　）
3. GET 请求是指向指定资源提交数据进行处理请求，数据被包含在请求体中。（　）
4. 服务器可以根据请求报头中的 Accept 进行判断，以返回适当的文件格式给浏览器。（　）
5. 通常有些网站返回的数据会出现乱码，肯定是客户端没有反馈正确的编码导致的。（　）

三、选择题

1. 下列选项中，不属于请求报头的是（　）。

   A. User-Agent　　B. Cookie
   C. Referer　　D. Content-Type

2. 下列状态码中，表示客户端的请求有错误的是（　）。

   A. 200　　B. 304　　C. 403　　D. 500

3. 下列请求报头中，可以记载用户信息实现模拟登录的是（　）。

   A. User-Agent　　B. Cookie
   C. Connection　　D. Host

4. 关于字符编码的类型中，用于指明浏览器可接受简体中文的是（　）。

   A. gb2312　　B. iso-8859-1　　C. utf-8　　D. utf

5. 服务器返回某个响应报头的取值如下：

   Content-Type: text/html;charset=utf-8

   对于上述报头所表示的含义，描述正确的是（　　）。

   A. 客户端使用 utf-8 格式对资源进行解码，然后对资源进行 HTML 解析

   B. 客户端使用 HTML 格式对资源进行解码，然后对资源进行 utf-8 解析

   C. 客户端使用 utf-8 格式对资源进行编码，然后对资源进行 HTML 解析

   D. 客户端使用 HTML 格式对资源进行编码，然后对资源进行 utf-8 解析

四、简答题

1. 简述浏览器加载网页的过程。
2. HTTP 通信由哪些部分组成？

爬取网页数据

学习目标

- ◆了解什么是 urllib 库，能够快速使用 urllib 爬取网页。
- ◆掌握如何转换 URL 编码，可以使用 GET 和 POST 两种方式实现数据传输。
- ◆知道伪装浏览器的用途，能够发送加入特定 Headers 的请求。
- ◆掌握如何自定义 opener，会设置代理服务器。
- ◆了解服务器的超时，可以设置等待服务器响应的时间。
- ◆熟悉一些常见的网络异常，可以对其捕获后进行相应的处理。
- ◆掌握 requests 库的使用，能够深入体会到 requests 的人性化。

基于爬虫的实现原理，进入爬虫的第一阶段：爬取网页数据，即下载包含目标数据的网页。爬取网页需要通过爬虫向服务器发送一个 HTTP 请求，然后接收服务器返回的响应内容中的整个网页源代码。

利用 Python 完成这个过程，既可以使用内置的 urllib 库，也可以使用第三方库 requests。使用这两个库，在爬取网页数据时，只需要关心请求的 URL 格式，要传递什么参数，要设置什么样的请求头，而不需要关心它们的底层是怎样实现的。下面针对 urllib 和 requests 库的使用进行详细讲解。

4.1 urllib 库概述

urllib 库是 Python 内置的 HTTP 请求库，它可以看作处理 URL 的组件集合。urllib 库包含四大模块：

（1）urllib.request：请求模块。

（2）urllib.error：异常处理模块。

（3）urllib.parse：URL 解析模块。

（4）urllib.robotparser：robots.txt 解析模块。

4.2　快速使用 urllib 爬取网页

爬取网页其实就是通过 URL 获取网页信息，这段网页信息的实质就是一段附加了 JavaScript 和 CSS 的 HTML 代码。如果把网页比作一个人，那么 HTML 就是他的骨架，JawaScript 是他的肌肉，CSS 是他的衣服。由此看来，网页最重要的数据部分是存在于 HTML 中的。

4.2.1　快速爬取一个网页

urllib 库的使用比较简单，下面使用 urllib 快速爬取一个网页，具体代码如下：

```
import urllib.request
# 调用 urllib.request 库的 urlopen() 方法，并传入一个 url
response=urllib.request.urlopen('http://www.baidu.com')
# 使用 read() 方法读取获取到的网页内容
html=response.read().decode('UTF-8')
# 打印网页内容
print(html)
```

上述代码就是一个简单的爬取网页案例，爬取的网页结果如图 4-1 所示。

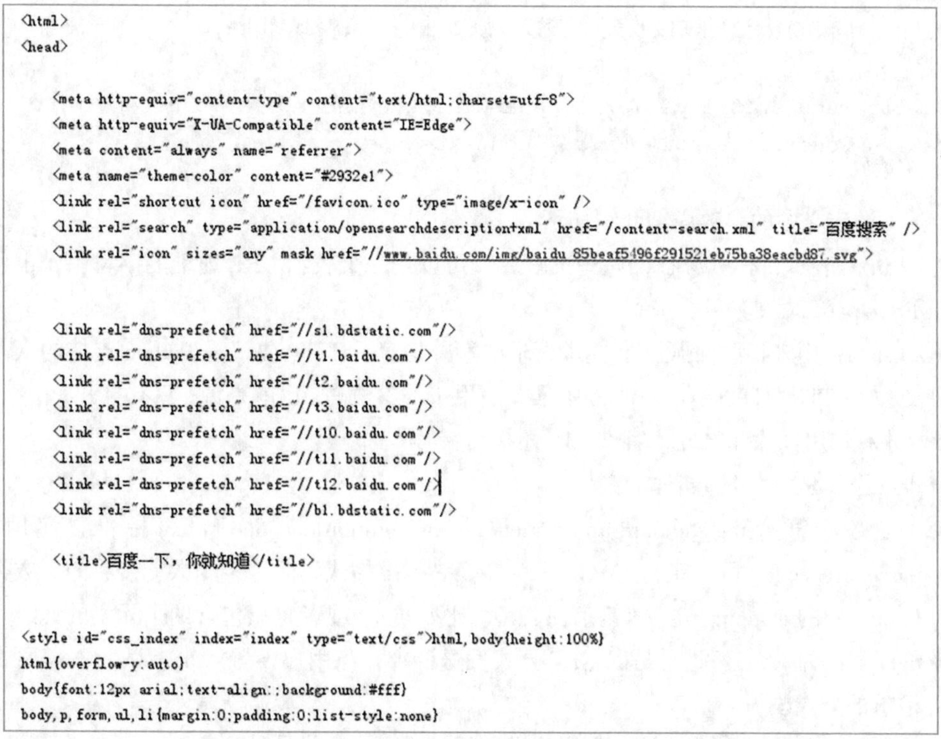

```
<html>
<head>

    <meta http-equiv="content-type" content="text/html;charset=utf-8">
    <meta http-equiv="X-UA-Compatible" content="IE=Edge">
    <meta content="always" name="referrer">
    <meta name="theme-color" content="#2932e1">
    <link rel="shortcut icon" href="/favicon.ico" type="image/x-icon" />
    <link rel="search" type="application/opensearchdescription+xml" href="/content-search.xml" title="百度搜索" />
    <link rel="icon" sizes="any" mask href="//www.baidu.com/img/baidu_85beaf5496f291521eb75ba38eacbd87.svg">


    <link rel="dns-prefetch" href="//s1.bdstatic.com"/>
    <link rel="dns-prefetch" href="//t1.baidu.com"/>
    <link rel="dns-prefetch" href="//t2.baidu.com"/>
    <link rel="dns-prefetch" href="//t3.baidu.com"/>
    <link rel="dns-prefetch" href="//t10.baidu.com"/>
    <link rel="dns-prefetch" href="//t11.baidu.com"/>
    <link rel="dns-prefetch" href="//t12.baidu.com"/>
    <link rel="dns-prefetch" href="//b1.bdstatic.com"/>

    <title>百度一下，你就知道</title>


<style id="css_index" index="index" type="text/css">html,body{height:100%}
html{overflow-y:auto}
body{font:12px arial;text-align:;background:#fff}
body,p,form,ul,li{margin:0;padding:0;list-style:none}
```

图 4-1　获取的网页源代代码

实际上，如果在浏览器上打开百度首页，右击选择“查看页面源代码”命令，就会发现跟刚才打印出来的内容一模一样。也就是说，上述案例仅仅用了几行代码，就把百度首页的全部代码下载下来。

多学一招：Python2 使用的是 urllib2 库

Python2 中使用 urllib2 库下载网页，该库的用法如下：

```
import urllib2
response=urllib2.urlopen('http://www.baidu.com')
```

Python3 出现后，之前 Python2 中的 urllib2 库被移到了 urllib.request 模块中，之前 urllib2 中很多函数的路径也发生了变化，希望大家在使用的时候多加注意。

4.2.2 分析 urlopen() 方法

上一小节在爬取网页的时候，有一句核心的爬虫代码，如下所示：

```
response=urllib.request.urlopen('http://www.baidu.com')
```

该代码调用的是 urllib.request 模块中的 urlopen() 方法，它传入了一个百度首页的 URL，使用的协议是 HTTP，这是 urlopen() 方法最简单的用法。

其实，urlopen() 方法可以接收多个参数，该方法的定义格式如下：

```
urllib.request.urlopen(url, data=None, [timeout, ]*, cafile=None,
capath=None, cadefault=False, context=None)
```

上述方法定义中的参数详细介绍如下：

（1）url：表示目标资源在网站中的位置，可以是一个表示 URL 地址的字符串，也可以是一个 urllib.request 对象。

（2）data：用来指明向服务器发送请求的额外信息。HTTP 协议是 Python 支持的众多网络通信协议（如 HTTP、HTTPS、FTP 等）中唯一使用 data 参数的。也就是说，只有打开 http 网址时，data 参数才有作用。除此之外，官方 API 还指出：

- ◆ data 必须是一个 bytes 对象。
- ◆ data 必须符合 the standard application/x-www-form-urlencoded format 标准。使用 urllib.parse.urlencode() 可以将自定义的 data 转换为标准格式，而这个函数能接收的参数类型是 Python 中的 mapping 类型（键值对类型，比如 dict）或者是只包含两个元素的元组类型。
- ◆ data 默认为 None，此时是以 GET 方式发送请求，当用户设置 data 参数时，需要将发送请求的方式改为 POST。

（3）timeout：可选参数，该参数用于设置超时时间，单位是秒。

（4）cafile/capath/ cadefault：用于实现可信任的 CA 证书的 HTTPS 请求，这些参数很少使用。

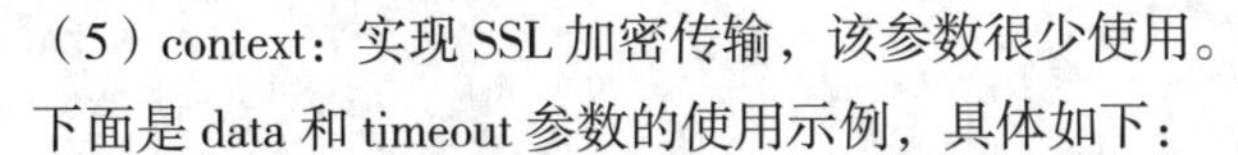

（5）context：实现 SSL 加密传输，该参数很少使用。

下面是 data 和 timeout 参数的使用示例，具体如下：

（1）data 参数的使用：

```
import urllib.request
import urllib.parse
data=bytes(urllib.parse.urlencode({'world':'hello'}).encode('utf-8'))
response=urllib.request.urlopen('http://httpbin.org/post', data=data)
print(response.read())
```

（2）timeout 参数的使用：

```
import urllib.request
import urllib.parse
response=urllib.request.urlopen('http://httpbin.org/get', timeout=1)
print(response.read())
```


4.2.3　使用 HTTPResponse 对象

使用 urllib.request 模块中的 urlopen() 方法发送 HTTP 请求后，服务器返回的响应内容封装在一个 HTTPResponse 类型的对象中。示例代码如下：

```
import urllib.request
response=urllib.request.urlopen('http://www.itcast.cn')
print(type(response))
```

执行示例代码，其输出结果为：

```
<class 'http.client.HTTPResponse'>
```

从输出结果可以看出，HTTPResponse 类属于 http.client 模块，该类提供了获取 URL、状态码、响应内容等一系列方法。常见的方法如下：

（1）geturl()：用于获取响应内容的 URL，该方法可以验证发送的 HTTP 请求是否被重新调配。

（2）info()：返回页面的元信息。

（3）getcode()：返回 HTTP 请求的响应状态码。

下面使用一段示例代码演示这几个方法的使用，具体如下：

```
import urllib.request
response=urllib.request.urlopen('http://python.org')
# 获取响应信息对应的 URL
```

```
print(response.geturl())
# 获取响应码
print(response.getcode())
# 获取页面的元信息
print(response.info())
```

执行上述示例代码，其输出结果如下：

```
https://www.python.org/
200
Server: nginx
Content-Type: text/html; charset=utf-8
X-Frame-Options: SAMEORIGIN
X-Clacks-Overhead: GNU Terry Pratchett
Content-Length: 48729
Accept-Ranges: bytes
Date: Wed, 23 Aug 2017 03:29:51 GMT
Via: 1.1 varnish
Age: 2915
Connection: close
X-Served-By: cache-nrt6129-NRT
X-Cache: HIT
X-Cache-Hits: 29
X-Timer: S1503458991.290683,VS0,VE0
Vary: Cookie
Strict-Transport-Security: max-age=63072000; includeSubDomains
```

4.2.4 构造 Request 对象

当使用 urlopen() 方法发送一个请求时，如果希望执行更为复杂的操作（如增加 HTTP 报头），则必须创建一个 Request 对象来作为 urlopen() 方法的参数。下面同样以百度首页为例，演示如何使用 Request 对象来爬取数据。示例代码如下：

```
import urllib.request
# 将 url 作为 Request() 方法的参数，构造并返回一个 Request 对象
request=urllib.request.Request('http://www.baidu.com')
# 将 Request 对象作为 urlopen() 方法的参数，发送给服务器并接收响应
response=urllib.request.urlopen(request)
# 使用 read() 方法读取获取到的网页内容
html=response.read().decode('UTF-8')
# 打印网页内容
print(html)
```

上述代码的运行结果和4.2.1节是完全一样的，只不过代码中间多了一个Request对象。在使用urllib库发送URL时，推荐使用构造Request对象的方式。因为在发送请求时，除了必须设置的url参数外，还可能会加入很多内容，例如下面的参数：

（1）data：默认为空，该参数表示提交表单数据，同时HTTP请求方法将从默认的GET方式改为POST方式。

（2）headers：默认为空，该参数是一个字典类型，包含了需要发送的HTTP报头的键值对。

下面也是一个构造Request对象的案例，该案例在构造Request对象时传入data和headers参数。具体代码如下：

```
import urllib.request
import urllib.parse
url='http://www.itcast.cn'
header={
  "User-Agent":"Mozilla/5.0 (compatible; MSIE 9.0; Windows NT6.1;
  Trident/5.0)","Host": "httpbin.org"
}
dict_demo={"name":"itcast"}
data=bytes(urllib.parse.urlencode(dict_demo).encode('utf-8'))
# 将url作为Request()方法的参数，构造并返回一个Request对象
request=urllib.request.Request(url, data=data, headers=header)
# 将Request对象作为urlopen()方法的参数，发送给服务器并接收响应
response=urllib.request.urlopen(request)
# 使用read()方法读取获取到的网页内容
html=response.read().decode('UTF-8')
# 打印网页内容
print(html)
```

上述案例可以实现传智播客官网首页的爬取。通过构造Request对象的方式，服务器会根据发送的请求返回对应的响应内容，这种做法在逻辑上也是非常清晰明确的。

4.3 使用urllib实现数据传输

在爬取网页时，通过URL传递数据给服务器，传递数据的方式主要分为GET和POST两种。这两种方式最大的区别在于：GET方式是直接使用URL访问，在URL中包含了所有的参数；POST方式则不会在URL中显示所有的参数。本节将针对这两种数据传递方式进行讲解。

4.3.1 URL编码转换

当传递的URL包含中文或者其他特殊字符（例如，空格或“/”等）时，需要使用urllib.parse库中的urlencode()方法将URL进行编码，它可以将key:value这样的键值对转换成"key=value"这样的字符串。示例代码如下：

```
import urllib.parse
data={
    'a': '传智播客',
    'b': '黑马程序员'
}
result=urllib.parse.urlencode(data)
print(result)
```

输出结果为：

```
a=%E4%BC%A0%E6%99%BA%E6%92%AD%E5%AE%A2&b=%E9%BB%91%E9%A9%AC%E7%A8%8B%E5%
BA%8F%E5%91%98
```

反之，解码使用的是 url.parse 库的 unquote() 方法，示例代码如下：

```
import urllib.parse
result=urllib.parse.unquote('a=%E4%BC%A0%E6%99%BA%E6%92%AD%E5%AE%A2')
print(result)
```

输出结果为：

```
a= 传智播客
```

4.3.2 处理 GET 请求

GET 请求一般用于向服务器获取数据，例如，用百度搜索传智播客（URL 是 https://www.baidu.com/s?wd= 传智播客），浏览器跳转的页面如图 4-2 所示。

此时，如果使用 Fiddler 查看 HTTP 请求，发现有个 GET 请求的格式如下：

```
https://www.baidu.com/s?wd=%E4%BC%A0%E6%99%BA%E6%92%AD%E5%AE%A2
```

在这个请求中，“?”后面的字符串就包含了要查询的关键字“传智播客”。下面尝试使用 GET 方式发送请求，具体代码如下：

```
import urllib.request
import urllib.parse
url="http://www.baidu.com/s"
word={"wd":" 传智播客 "}
word=urllib.parse.urlencode(word)      # 转换成 url 编码格式（字符串）
```

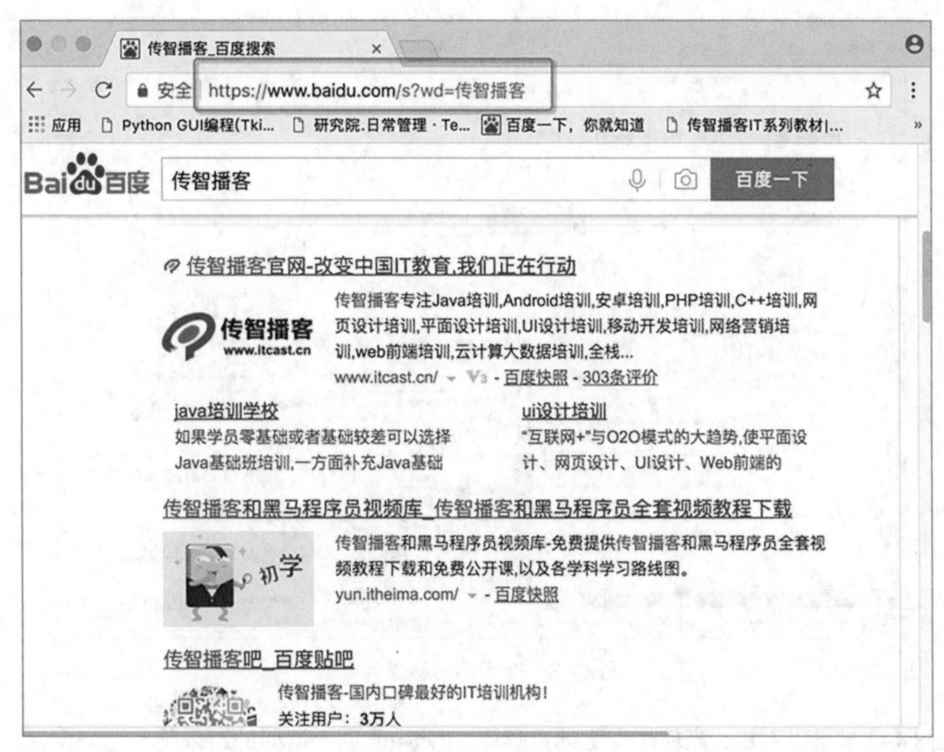

图 4-2　GET 请求

```
new_url=url+"?"+word
headers={"User-Agent":"Mozilla/5.0 (Windows NT 10.0; WOW64)
AppleWebKit/537.36 (KHTML, like Gecko) Chrome/51.0.2704.103 Safari/537.36"}
request=urllib.request.Request(new_url, headers=headers)
response=urllib.request.urlopen(request)
html=response.read().decode('UTF-8')
print(html)
```

运行程序，程序输出的结果和使用浏览器搜索网页 “https://www.baidu.com/s?wd= 传智播客”的源代码是一模一样的，由此说明成功爬取了页面。

4.3.3　处理 POST 请求

前面分析 urlopen() 方法时提到过，发送 HTTP 请求时，如果是以 POST 方式发送请求，urlopen() 方法必须设置 data 参数。data 参数以字典的形式存放数据。

当访问有道词典翻译网站进行词语翻译时，会发现不管输入什么内容，其 URL 一直都是 http://fanyi.youdao.com。通过使用 Fiddler 观察，发现该网站向服务器发送的是 POST 请求，如图 4-3 所示。

图 4-3 有道词典翻译网站

从图 4-3 中可以看出，当使用有道词典翻译“Python”时，返回的结果是一个 JSON 字符串。下面尝试模拟这个 POST 请求，具体代码如下：

```
import urllib.request
import urllib.parse
# POST 请求的目标 URL
url="http://fanyi.youdao.com/translate?
smartresult=dict&smartresult=rule&smartresult=ugc&sessionFrom=null"
headers={"User-Agentv:"Mozilla...."}
# 打开 Fiddler 请求窗口，点击 WebForms 选项查看数据体
formdata={
    "type":"AUTO",
    "i":"i love python"
    "doctypev:"json",
    "xmlVersion":"1.8",
    "keyfrom":"fanyi.web",
    "ue":"UTF-8",
    "action":"FY_BY_ENTER",
    "typoResult":"true"
}
data=bytes(urllib.parse.urlencode(formdata).encode('utf-8'))
request=urllib.request.Request(url, data=data, headers=headers)
response=urllib.request.urlopen(request)
print(response.read().decode('utf-8'))
```

执行上述代码，输出结果如下：

```
{
    "type":"EN2ZH_CN",
    "errorCode":0,
    "elapsedTime":0,
    "translateResult":[
        [
            {
                "src":"i love python",
                "tgt":"我喜欢python"
            }
        ]
    ],
    "smartResult":{
        "type":1,
        "entries":[
            "",
            "肆文",
            "高德纳"
        ]
    }
}
```

4.4 添加特定Headers——请求伪装

对于一些需要登录的网站，如果不是从浏览器发出的请求，是不能获得响应内容的。针对这种情况，需要将爬虫程序发出的请求伪装成一个从浏览器发出的请求。伪装浏览器需要自定义请求报头，也就是在发送Request请求时，加入特定的Headers。

添加特定Headers的方式很简单，只需要调用Request.add_header()即可。如果想查看已有的Headers，可以通过调用Request.get_header()查看。

下面是一个添加自定义请求头的例子，具体如下：

```
import urllib.request
url="http://www.itcast.cn"
user_agent={"User-Agent":"Mozilla/5.0 (compatible; MSIE 9.0; Windows NT 6.1; Trident/5.0)"}
request=urllib.request.Request(url, headers=user_agent)
# 也可以通过调用Request.add_header() 添加/修改一个特定的header
request.add_header("Connection","keep-alive")
# 也可以通过调用Request.get_header() 来查看header信息
```

```
# request.get_header(header_name="Connection")
response=urllib.request.urlopen(request)
print(response.code)     #可以查看响应状态码
html=response.read()
print(html)
```

运行程序后，使用 Fiddler 查看 HTTP 请求，可以看到在发送的请求头中，已经包含了添加的 Header。

4.5 代理服务器

很多网站会检测某一段时间某个 IP 的访问次数，如果同一 IP 访问过于频繁，那么该网站会禁止来自该 IP 的访问。针对这种情况，可以使用代理服务器，每隔一段时间换一个代理。如果某个 IP 被禁止，可以换成其他 IP 继续爬取数据，从而可以有效解决被网站禁止访问的情况。

代理多用于防止“防爬虫”机制，这里大家知道这个概念即可，后续会有代理服务器的设置和使用的详细讲解。

4.5.1 简单的自定义 opener

opener 是 urllib.request.OpenerDirector 类的对象，之前一直使用的 urlopen 就是模块构建好的一个 opener，但是它不支持代理、Cookie 等其他的 HTTP/HTTPS 高级功能。所以，如果要想设置代理，不能使用自带的 urlopen，而是要自定义 opener。自定义 opener 需要执行下列 3 个步骤：

（1）使用相关的 Handler 处理器创建特定功能的处理器对象。

（2）通过 urllib.request.build_opener() 方法使用这些处理器对象创建自定义的 opener 对象。

（3）使用自定义的 opener 对象，调用 open() 方法发送请求。这里需要注意的是，如果程序中所有的请求都使用自定义的 opener，可以使用 urllib2.install_opener() 将自定义的 opener 对象定义为全局 opener，表示之后凡是调用 urlopen，都将使用自定义的 opener。

下面实现一个最简单的自定义 opener，具体代码如下：

```
import urllib.request
# 构建一个 HTTPHandler 处理器对象，支持处理 HTTP 请求
http_handler=urllib.request.HTTPHandler()
# 调用 urllib2.build_opener() 方法，创建支持处理 HTTP 请求的 opener 对象
opener=urllib.request.build_opener(http_handler)
# 构建 Request 请求
request=urllib.request.Request("http://www.baidu.com/")
# 调用自定义 opener 对象的 open() 方法，发送 request 请求
#（注意区别：不再通过 urllib.request.urlopen() 发送请求）
response=opener.open(request)
```

```
# 获取服务器响应内容
print(response.read())
```

上述方式发送请求得到的结果和使用 urllib.request.urlopen 发送 HTTP/HTTPS 请求得到的结果是一样的。

如果在 HTTPHandler() 方法中增加参数 debuglevel=1，会将 Debug Log 打开，这样程序在执行时，会把收包和发包的报头自动打印出来，以方便调试。示例代码如下：

```
# 构建一个 HTTPHandler 处理器对象，同时开启 Debug Log，debuglevel 值设置为 1
http_handler=urllib.request.HTTPHandler(debuglevel=1)
```

4.5.2 设置代理服务器

用户可以使用 urllib.request 中的 ProxyHandler() 方法来设置代理服务器，下面就通过示例说明如何使用自定义 opener 来设置代理服务器。代码如下：

```
import urllib.request
# 构建了两个代理 Handler，一个有代理 IP，一个没有代理 IP
httpproxy_handler=urllib.request.ProxyHandler({"http":"124.88.67.81:80"})
nullproxy_handler=urllib.request.ProxyHandler({})
proxy_switch=True        # 定义一个代理开关
# 通过 urllib.request.build_opener() 方法使用代理 Handler 对象创建自定义 opener 对象
# 根据代理开关是否打开，使用不同的代理模式
if proxy_switch:
    opener=urllib.request.build_opener(httpproxy_handler)
else:
    opener=urllib.request.build_opener(nullproxy_handler)
request=urllib.request.Request("http://www.baidu.com/")
response=opener.open(request)
print(response.read())
```

获取免费开放的代理基本没有成本，用户可以在一些代理网站上收集这些免费代理，测试后如果可以用，就把它收集起来用在爬虫上面。部分免费代理网站如下：

（1）西刺免费代理 IP。

（2）快代理免费代理。

（3）Proxy360 代理。

（4）全网代理 IP。

如果代理 IP 足够多，就可以像随机获取 User-Agent 一样，随机选择一个代理去访问网站。示例代码如下：

```
import urllib.request
import random
proxy_list=[
    {"http":"124.88.67.81:80"},
    {"http":"124.88.67.81:80"},
    {"http":"124.88.67.81:80"},
    {"http":"124.88.67.81:80"},
    {"http":"124.88.67.81:80"}
]
# 随机选择一个代理
proxy=random.choice(proxy_list)
# 使用选择的代理构建代理处理器对象
httpproxy_handler=urllib.request.ProxyHandler(proxy)
opener=urllib.request.build_opener(httpproxy_handler)
request=urllib.request.Request("http://www.baidu.com/")
response=opener.open(request)
print(response.read())
```

但是，这些免费开放代理一般会有很多人都在使用，而且代理有寿命短、速度慢、匿名度不高、HTTP/HTTPS 支持不稳定等缺点。所以，专业爬虫工程师或爬虫公司会使用高品质的私密代理，这些代理通常需要找专门的代理供应商购买，再通过用户名 / 密码授权使用。

4.6 超时设置

假设有个需求，要爬取 1 000 个网站，如果其中有 100 个网站需要等待 30 s 才能返回数据，如果要返回所有的数据，至少需要等待 3 000 s。如此长时间的等待显然是不可行的，为此，可以为 HTTP 请求设置超时时间，一旦超过这个时间，服务器还没有返回响应内容，就会抛出一个超时异常，这个异常需要使用 try 语句来捕获。

例如，使用快代理（一个开放代理网站）中的一个 IP，它的响应速度需要 2 秒。此时，如果将超时时间设置为 1 s，程序就会抛出异常。具体代码如下：

```
import urllib.request
try:
    url='http://218.56.132.157:8080'
    file=urllib.request.urlopen(url, timeout=1) #timeout 设置超时的时间
    result=file.read()
    print(result)
except Exception as error:
    print(error)
```

运行程序后，输出结果为：

```
<urlopen error timed out>
```

4.7　常见的网络异常

当使用 urlopen() 方法发送 HTTP 请求时，如果 urlopen() 不能处理返回的响应内容，就会产生错误。这里将针对两个常见的异常（URLError 和 HTTPError）以及对它们的错误处理进行简单的介绍。

4.7.1　URLError 异常和捕获

URLError 产生的原因主要有以下几种：

（1）没有连接网络。

（2）服务器连接失败。

（3）找不到指定的服务器。

可以使用 try...except 语句捕获相应的异常。例如：

```
import urllib.request
import urllib.error
request=urllib.request.Request("https://www.baidu.com")
try:
    urllib.request.urlopen(request, timeout=5)
except urllib.error.URLError as err:
    print(err)
```

运行程序后，输出结果为：

```
<urlopen error [Errno 11001] getaddrinfo failed>
```

上述报错信息是 urlopen error，错误代码是 11001。发生错误的原因是没有找到指定的服务器。

4.7.2　HttpError 异常和捕获

每个服务器的 HTTP 响应都有一个数字响应码，这些响应码有些表示无法处理请求内容。如果无法处理，urlopen() 会抛出 HTTPError。HTTPError 是 URLError 的子类，它的对象拥有一个整型的 code 属性，表示服务器返回的错误代码。例如：

```
import urllib.request
import urllib.error
```

```
request=urllib.request.Request('http://www.itcast.cn/net')
try:
    urllib.request.urlopen(request)
except urllib.error.HTTPError as e:
    print(e.code)
```

输出结果为：

```
404
```

上述输出了 404 的错误码，其含义是没有找到这个页面。

这里需要说明的是，不同的响应码代表不同的含义，例如 100 ~ 200 范围的号码表示成功，而错误码的范围在 400 ~ 599。

4.8 更人性化的 requests 库

使用 urllib 库时可以发现，虽然这个库提供了很多关于 HTTP 请求的函数，但是这些函数的使用方式并不简洁，仅仅实现一个小功能就要用到很多代码。因此，Python 提供了一个便于开发者使用的第三方库——requests。

4.8.1 requests 库概述

requests 是基于 Python 开发的 HTTP 库，与 urllib 标准库相比，它不仅使用方便，而且能节约大量的工作。实际上，requests 是在 urllib 的基础上进行了高度的封装，它不仅继承了 urllib 的所有特性，而且还支持一些其他的特性，例如，使用 Cookie 保持会话、自动确定响应内容的编码等，可以轻而易举地完成浏览器的任何操作。

requests 库中提供了如下常用的类：

（1）requests.Request：表示请求对象，用于将一个请求发送到服务器。

（2）requests.Response：表示响应对象，其中包含服务器对 HTTP 请求的响应。

（3）requests.Session：表示请求会话，提供 Cookie 持久性、连接池和配置。

其中，Request 类的对象表示一个请求，它的生命周期针对一个客户端请求，一旦请求发送完毕，该请求包含的内容就会被释放掉。而 Session 类的对象可以跨越多个页面，它的生命周期同样针对的是一个客户端。当关闭这个客户端的浏览器时，只要是在预先设置的会话周期内（一般是 20~30 min），这个会话包含的内容会一直存在，不会被马上释放掉。例如，用户登录某个网站时，可以在多个 IE 窗口发出多个请求。

4.8.2 requests 库初体验

与 urllib 库相比，requests 库更加深得人心，它不仅能够重复地读取返回的数据，而且还能自动确定响应内容的编码。为了能让大家直观地看到这些变化，下面分别使用 urllib 库和

requests 库爬取百度网站中“传智播客”关键字的搜索结果网页。

（1）使用 urllib 库以 GET 请求的方式爬取网页。具体代码如下：

```
# 导入请求和解析模块
import urllib.request
import urllib.parse
# 请求的 URL 路径和查询参数
url="http://www.baidu.com/s"
word={"wd":"传智播客"}
# 转换成 url 编码格式（字符串）
word=urllib.parse.urlencode(word)
# 拼接完整的 URL 路径
new_url=url+"?"+"word
# 请求报头
headers={"User-Agent":"Mozilla/5.0 (Windows NT 10.0; WOW64)
  AppleWebKit/537.36 (KHTML, like Gecko) Chrome/51.0.2704.103
  Safari/537.36"
}
# 根据 URL 和 headers 构建请求
request=urllib.request.Request(new_url, headers = headers)
# 发送请求，并接收服务器返回的文件对象
response = urllib.request.urlopen(request)
# 使用 read() 方法读取获取到的网页内容，使用 UTF-8 格式进行解码
html=response.read().decode('UTF-8')
print(html)
```

（2）使用 requests 库以 GET 请求的方式爬取网页。具体代码如下：

```
# 导入 requests 库
import requests
# 请求的 URL 路径和查询参数
url="http://www.baidu.com/s"
param={"wd":"传智播客"}
# 请求报头
headers={"User-Agent":"Mozilla/5.0 (Windows NT 10.0; WOW64)
    AppleWebKit/537.36 (KHTML, like Gecko)
    Chrome/51.0.2704.103 Safari/537.36"
}
# 发送 GET 请求，返回一个响应对象
response=requests.get(url, params=param, headers=headers)
# 查看响应的内容
print(response.text)
```

比较上述两段代码不难发现，使用 requests 库减少了发送请求的代码量。下面再从细节上体会一下 requests 库的便捷之处，具体如下：

（1）无须再转换为 URL 路径编码格式拼接完整的 URL 路径。

（2）无须再频繁地为中文转换编码格式。

（3）从发送请求的函数名称，可以很直观地判断发送到服务器的方式。

（4）urlopen() 方法返回的是一个文件对象，需要调用 read() 方法一次性读取；而 get() 函数返回的是一个响应对象，可以访问该对象的 text 属性查看响应的内容。

这里虽然只初步介绍了 requests 库的用法，但是也可以从中看出，整个程序的逻辑非常易于理解，更符合面向对象开发的思想，并且减少了代码量，提高了开发效率，给开发人员带来了便利。

4.8.3 发送请求

requests 库中提供了很多发送 HTTP 请求的函数，具体如表 4-1 所示。

表 4-1 requests 库的请求函数

函　数	功能说明
requests.request()	构造一个请求，支撑以下各方法的基础方法
requests.get()	获取 HTML 网页的主要方法，对应于 HTTP 的 GET 请求方式
requests.head()	获取 HTML 网页头信息的方法，对应于 HTTP 的 HEAD 请求方式
requests.post()	向 HTML 网页提交 POST 请求的方法，对应于 HTTP 的 POST 请求方式
requests.put()	向 HTML 网页提交 PUT 请求的方法，对应于 HTTP 的 PUT 请求方式
requests.patch()	向 HTML 网页提交局部修改请求，对应于 HTTP 的 PATCH 请求方式
requests.delete()	向 HTML 网页提交删除请求，对应于 HTTP 的 DELETE 请求方式

表 4-1 列举了一些常用于 HTTP 请求的函数，这些函数都会做两件事情：一件是构建一个 Request 类型的对象，该对象将被发送到某个服务器上请求或者查询一些资源；另一件是一旦得到服务器返回的响应，就会产生一个 Response 对象，该对象包含了服务器返回的所有信息，也包括原来创建的 Request 对象。

4.8.4 返回响应

Response类用于动态地响应客户端的请求，控制发送给用户的信息，并且将动态地生成响应，包括状态码、网页的内容等。表 4-2 列举了 Response 类的常用属性。

表 4-2 Response 类的常用属性

属　性	说　明
status_code	HTTP 请求的返回状态，200 表示连接成功，404 表示失败

续表

属　性	说　明
text	HTTP 响应内容的字符串形式，即 URL 对应的页面内容
encoding	从 HTTP 请求头中猜测的响应内容编码方式
apparent_encoding	从内容中分析出的响应编码的方式（备选编码方式）
content	HTTP 响应内容的二进制形式

Response 类会自动解码来自服务器的内容，并且大多数的 Unicode 字符集都可以被无缝地解码。

当请求发出之后，Requests 库会基于 HTTP 头部信息对响应的编码做出有根据的判断。例如，在使用 response.text （response 为响应对象）时，可以使用判断的文本编码。此外，还可以找出 Requests 库使用了什么编码，并且可以设置 encoding 属性进行改变。示例如下：

4

```
>>> response.encoding
'utf-8'
>>> response.encoding='ISO-8859-1'
```

再次调用 text 属性获取返回的文本内容时，将会使用上述设置的新的编码方式。

4.9　案例——使用 urllib 库爬取百度贴吧

为了让用户更好地了解使用 urllib 库爬取网页的流程，下面使用 urllib 库实现一个爬取百度贴吧网页的案例。首先分析一下百度贴吧网站的 URL 地址的格式，例如，在百度贴吧搜索“传智播客”，就会显示出所有和传智播客相关的帖子，如图 4-4 所示。

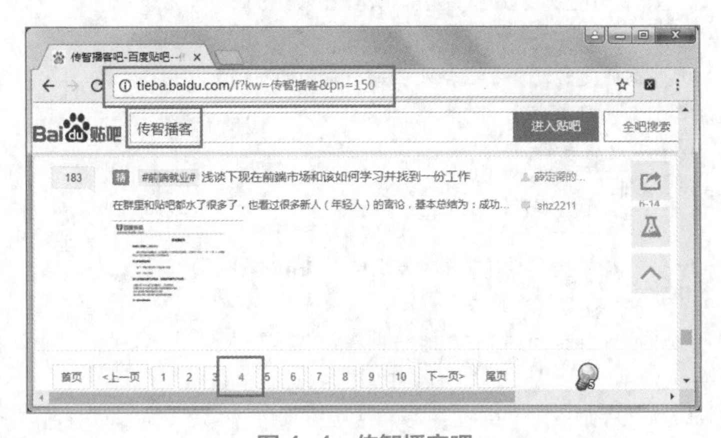

图 4-4　传智播客吧

图 4-4 中百度贴吧的 URL 地址如下：

```
http://tieba.baidu.com/f?kw= 传智播客 &pn=150
```

上述 URL 地址中，http://tieba.baidu.com/f 是基础部分，问号后面的“kw= 传智播客 &pn=150”是参数部分。参数部分的“传智播客”是搜索的关键字，pn 值与贴吧的页码有关。如果用 n 表示第几页，那么 pn 参数的值是按照（n-1）×50 的规律进行赋值。例如，百度贴吧中的传智播客吧，前三页对应的 URL 地址如下：

第一页：http://tieba.baidu.com/f?kw= 传智播客 &pn=0

第二页：http://tieba.baidu.com/f?kw= 传智播客 &pn=50

第三页：http://tieba.baidu.com/f?kw= 传智播客 &pn=100

熟悉了百度贴吧 URL 格式的规律之后，使用 urllib 库来爬取传智播客贴吧第 1 ~ 3 页的内容，并将爬取到的内容保存到文件中。具体步骤如下：

（1）提示用户输入要爬取的贴吧名，以及要查询的起始页和结束页。然后，使用 urllib.parse.urlencode() 对 url 参数进行转码，组合成一个完整的可访问的 url。具体代码如下：

```
if __name__=="__main__":
    kw=input("请输入需要爬取的贴吧名：")
    begin_page=int(input("请输入起始页："))
    end_page=int(input("请输入结束页："))
    url='http://tieba.baidu.com/f?'
    key=urllib.parse.urlencode({"kw": kw})
    # 组合后的 url 示例：http://tieba.baidu.com/f?kw=lol
    url=url+key
    tieba_spider(url, begin_page, end_page)
```

（2）编写一个用于爬取百度贴吧的函数，该函数需要传递 3 个参数，分别是 URL 地址、表示爬取页码范围的起始页码和终止页码。具体代码如下：

```
def tieba_spider(url, begin_page, end_page):
    '''
    作用：贴吧爬虫调度器，负责组合处理每个页面的 url
    url：贴吧 url 的前半部分
    begin_page：起始页码
    end_page：结束页
    '''
    for page in range(begin_page, end_page + 1):
        pn=(page-1)*50
        file_name="第 "+str(page)+" 页 .html"
        full_url=url+"&pn="+str(pn)
        html=load_page(full_url, file_name)
        write_page(html, file_name)
```

（3）编写一个实现爬取功能的函数，该函数构造了一个 Request 对象，然后使用 urllib.request.urlopen 爬取网页，返回响应内容。具体代码如下：

```
def load_page(url, filename):
    '''
    作用：根据 url 发送请求，获取服务器响应文件
    url: 需要爬取的 url 地址
    '''
    headers={"User-Agent":"Mozilla/5.0 (compatible; MSIE 9.0;
       Windows NT 6.1;Trident/5.0;")
    request=urllib.request.Request(url, headers=headers)
    return urllib.request.urlopen(request).read()
```

（4）编写一个存储文件的函数将爬取到的每页信息存储在本地磁盘上。具体代码如下：

```
def write_page(html, filename):
    '''
    作用：将 html 内容写入本地文件
    html: 服务器响应文件内容
    '''
    print(" 正在保存 "+filename)
    with open(filename, 'w', encoding='utf-8') as file:
       file.write(html.decode('utf-8'))
```

（5）运行程序，按照提示输入贴吧名称以及要爬取的起始页和结束页，发现会生成 3 个文件，这 3 个文件保存的正是爬取的传智播客贴吧的前 3 个页面。

其实很多网站都是这样的，同一网站下的 HTML 页面编号与对应网址后的网页序号一一对应，只要发现规律就可以批量爬取页面。

小　结

本章分享了 Python 中用作爬取网页的两个库：urllib 和 requests。首先简单地介绍了什么是 urllib 库以及让读者快速上手的 urllib 案例；然后讲解了关于 urllib 的一些使用技巧，包括使用 urllib 传输数据、添加特定的 Headers、简单自定义 opener、服务器响应超时设置以及一些常见的网络异常，接着介绍了更加人性化的 requests 库；最后结合一个百度贴吧的案例，介绍了如何使用 urllib 爬取网页数据。

通过本章的学习，读者应熟练掌握两个库的使用，并反复使用多加练习，另外还可以参考官网提供的文档进行深入学习。

习　题

一、填空题

1. 一旦超过了服务器设置的________时间，就会抛出一个超时异常。
2. 若客户端没有连接到网络，则使用 urlopen() 方法发送请求后会产生________异常。

3. ________是 Python 内置的 HTTP 请求库，可以看作处理 URL 的组件集合。
4. 如果要获取 Response 类中字符串形式的响应内容，可以访问________属性获取。
5. 要想将爬虫程序发出的________伪装成一个浏览器，需要自定义请求报头。

二、判断题

1. 如果 URL 中包含了中文，则可以使用 urlencode() 方法进行编码。（　　）
2. 登录网站时，只有浏览器发送的请求才能获得响应内容。（　　）
3. 如果访问某网站的频率太高，则这个网站可能会禁止访问。（　　）
4. urlopen() 是一个特殊的 opener，支持设置代理 IP。（　　）
5. urlopen() 函数返回的是一个文件对象，需要调用 read() 方法一次性读取。（　　）

三、选择题

1. 使用 urlopen() 方法发送请求后，服务器会返回一个（　　）类型的对象。

A. HTTPResponse　B. ResponseHTTP　C. Response　D. ServiceResponse

2. 示例程序如下：

```
import urllib.request
response=urllib.request.urlopen('http://python.org')
print(response.getcode())
```

若上述示例程序正常运行成功，则程序输出的结果为（　　）。

A. 200　B. 304　C. 403　D. 500

3. 下列方法中，用于对传递的 URL 进行编码和解码的是（　　）。

A. urldecode，urlencode　B. unquote，urlencode
C. urlencode，urldecode　D. urlencode，unquote

4. 通过加入特定的（　　），可以将爬虫发出的请求伪装成浏览器。

A. Request　B. opener　C. Headers　D. User_Agent

5. 下列方法中，能够用来设置代理服务器的是（　　）。

A. urlopen　B. ProxyHandler　C. urldecode　D. Proxy

四、简答题

1. 简述爬虫是如何爬取网页的。
2. 简述 urllib 和 requests 的异同。

五、编程题

编写一个程序，分别使用 urllib 和 requests 爬取关于 Python 的百度搜索页面。

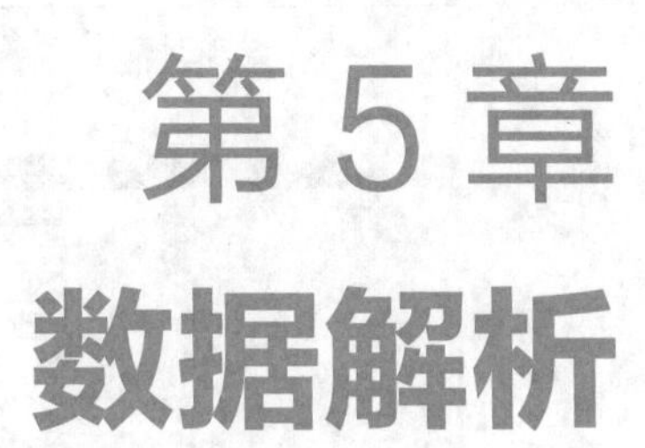

第5章 数据解析

学习目标

- ◆了解服务器返回的数据格式，会查看网页的结构。
- ◆熟悉解析数据的几种技术，可以区分它们各自的特点和用途。
- ◆掌握正则表达式的使用，会使用 re 模块解析网页数据。
- ◆掌握 XPath 语法的使用，会使用 lxml 库解析网页数据。
- ◆掌握 BeautifulSoup 的使用，会使用 bs4 库解析网页数据。
- ◆掌握 JSONPath 语法的使用，会使用 json 模块解析网页数据。

通过上一章的学习，可以将整个网页的内容全部爬取下来。不过，这些数据的信息量非常庞大，不仅整体给人非常混乱的感觉，而且大部分数据并不是人们所关心的。针对这种情况，需要对爬取的数据进行过滤筛选，去掉没用的数据，留下有价值的数据。

要想过滤网页的数据，先要对服务器返回的数据形式做一些了解，这些数据一般可分为非结构化和结构化两种。对于不同类型的数据，需要采用不同的方案进行处理。下面针对网页结构和数据解析技术进行详细介绍。

5.1 网页数据和结构

5.1.1 网页数据格式

对于服务器端来说，它返回给客户端的数据格式可分为非结构化和结构化两种。那么，什么是非结构化数据？什么是结构化数据呢？

非结构化数据是指数据结构不规则或不完整，没有预定义的数据模型，不方便使用数据库二维逻辑来表现的数据，包括所有格式的办公文档、文本、HTML、图像等。

结构化数据就是能够用数据或统一的结构加以表示，具有模式的数据，包括XML和JSON等。

5.1.2 网页结构

想要了解一个网页的结构，可以直接在浏览器的右键菜单中选择“查看页面源代码”命令实现。例如，使用 Google Chrome 浏览器打开百度首页，右击“新闻”选项，选择“检查”，浏览器底部打开一个窗口，并显示选中元素周围的 HTML 层次结构，如图 5-1 所示。

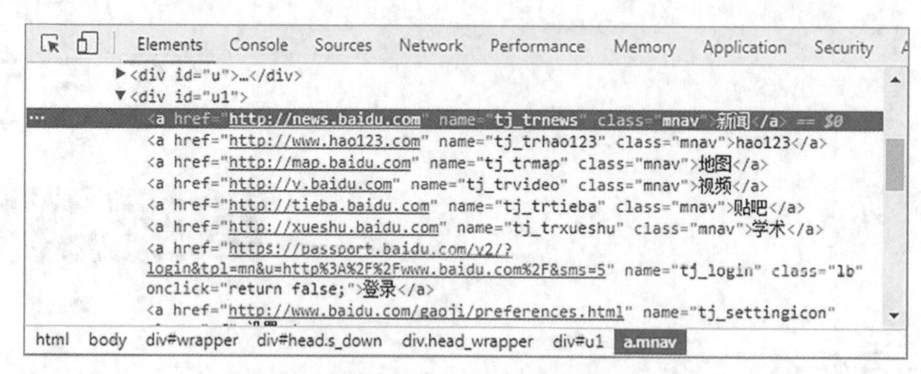

图 5-1 百度首页的 HTML 层次结构（部分）

图 5-1 中选中的带有底色的行就是刚刚选择的“新闻”标签。从图 5-1 中可以清楚地看到，选中的标签 <a> 位于 id 属性值为 u1 的标签 <div> 中，并且与其他标签 <a> 属于并列关系，只是每个标签内部的属性值不同而已。例如，要提取单击“新闻”后跳转的网页，可以获取 href 属性的值。

5.2 数据解析技术

了解了网页的数据和结构以后，可以借助网页解析器（用于解析网页的工具）从网页中解析和提取出有价值的数据，或者新的 URL 列表，过程如图 5-2 所示。为此，Python 支持一些解析网页的技术，分别为正则表达式、XPath、Beautiful Soup 和 JSONPath。其中：

（1）针对文本的解析，有正则表达式。

（2）针对 HTML/XML 的解析，有 XPath、Beautiful Soup、正则表达式。

（3）针对 JSON 的解析，有 JSONPath。

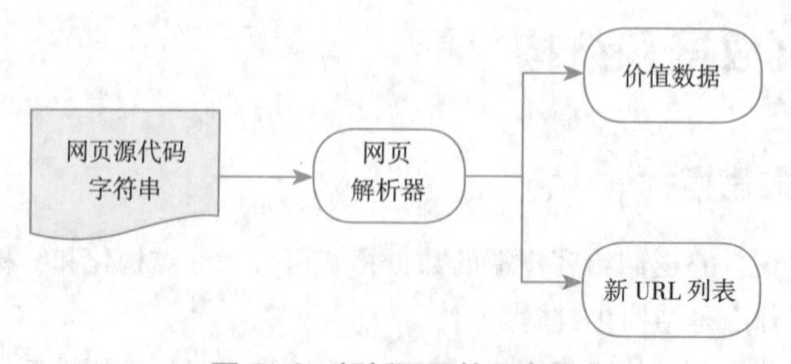

图 5-2 解析网页的示意图

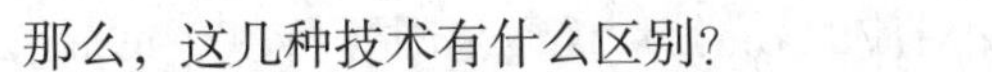

那么，这几种技术有什么区别?

- ◆ 正则表达式基于文本的特征来匹配或查找指定的数据，它可以处理任何格式的字符串文档，类似于模糊匹配的效果。
- ◆ XPath 和 Beautiful Soup 基于 HTML/XML 文档的层次来确定到达指定节点的路径，所以它们更适合处理层级比较明显的数据。
- ◆ JSONPath 专门用于 JSON 文档的数据解析。

针对不同的网页解析技术，Python 分别提供了不同的模块或者库来支持。其中，re 模块支持正则表达式语法的使用，lxml 库支持 XPath 语法的使用，json 模块支持 JSONPath 语法的使用。此外，Beautiful Soup 本身就是一个 Python 库，官方推荐使用 beautifulsoup4 进行开发。

正则表达式、XPath 和 Beautiful Soup 都能实现网页的解析，那么实际开发中应该如何选择?下面比较一下 re、lxml 和 beautifulsoup4 的性能，如表 5-1 所示。

表 5-1 解析工具的性能比较

爬取工具	速　度	使用难度	安装难度
re	最快	困难	无（内置）
lxml	快	简单	一般
beautifulsoup4	慢	最简单	简单

lxml 库是用 C 语言编写的，beautifulsoup4 库是用 Python 编写的，所以性能会差一些。但是，beautifulsoup4 的 API 非常人性化，用起来比较简单，而 lxml 使用的 XPath 语法写起来比较麻烦，所以开发效率不如 beautifulsoup4。

此外，lxml 只能局部遍历树结构，而 beautifulsoup4 是载入整个文档，并转换成整个树结构。因此，beautifulsoup4 需要花费更多的时间和内存，性能会稍低于 lxml。

通过表 5-1 中对 3 种技术的比较，用户在实际开发中可根据具体情况选择适合自己的技术。

5.3 正则表达式

正则表达式又称规则表达式，它是一个用于处理字符串的强大工具，通常被用来检索和替换那些符合规则的文本，可以查阅 https://docs.python.org/2/howto/regex.html 获得完整介绍，或者参考相关书籍《Python 实战编程：从零学 Python》的内容进行学习。

Python 提供了对正则表达式的支持，在其内置的 re 模块中包含一些函数接口和类，开发人员可以使用这些函数和类，对正则表达式与匹配结果进行操作。

re 模块的一般使用步骤如下：

（1）使用 compile() 函数将正则表达式以字符串形式编译为一个 Pattern 类型的对象。

（2）通过 Pattern 对象提供的一系列方法对文本进行查找或替换，得到一个处理结果。

（3）使用处理结果提供的属性和方法获得信息，如匹配到的字符串。

大多数情况下，从网站上爬取下来的网页源代码中都有汉字，如果要匹配这些汉字，就需要知道其对应的正则表达式。通常情况下，中文对应的 Unicode 编码范围为 [u4e00–u9fa5]，这个范围并不是很完整，例如，没有包括全角（中文）标点，但是大多数情况下是可以使用的。

例如，把“你好，hello，世界”中的汉字提取出来，可以通过如下代码实现：

```
import re
# 待匹配的字符串
title="你好，hello，世界"
# 创建正则表达式，用于只匹配中文
pattern=re.compile(r"[\u4e00-\u9fa5]+")
# 检索整个字符串，将匹配的中文放到列表中
result=pattern.findall(title)
print(result)
```

上述示例中，首先定义了一个字符串“你好，hello，世界”，然后创建一个正则表达式对象 pattern，用于匹配该字符串中的中文，接着调用 findall() 方法将“你好”和“世界”提取为子串后保存到列表 result 中。

该示例的执行结果如下：

```
['你好', '世界']
```

5.4 XPath 与 lxml 解析库

与正则的使用不同，XPath 是基于文档的层次结构来确定查找路径的。借用网上一个很形象的比喻，用于区分正则表达式和 XPath。把提取数据比作找建筑，如果使用正则表达式进行查找，则它会告诉你这个建筑本身有哪些特征，以及它的左边是什么，右边是什么。这样的描述限定查找的范围较大，不易于找到。而 XPath 会直接告诉你这个建筑位于“中国 - 北京 - 昌平区 - 建材城西路 - 金燕龙办公楼一层”，相比较而言，这种描述更加具体，易于找到。

两种解析网页的方法各有利弊，具体的选择还要看应用场景。为了能在 Python 中使用 XPath 语法，提供了一个第三方库 lxml。下面将介绍 XPath 的基础语法、开发工具，以及如何使用 lxml 库来解析网页。

5.4.1 XPath 概述

为了能够在 XML（关于 XML 技术，可参照 http://www.w3school.com.cn/xml/ 进行完整学习）文档树中准确地找到某个节点，引入了 XPath 的概念。

XPath（XML Path Language 的简写）即为 XML 路径语言，用于确定 XML 树结构中某一部分的位置。XPath 技术基于 XML 的树结构，能够在树结构中遍历节点（元素、属性等）。

那么，XPath 是如何查找信息呢？ XPath 使用路径表达式选取 XML 文档中的节点或者节点集，这些路径表达式与常规的计算机文件系统中看到的路径非常相似，代表着从一个节点到另一个或者一组节点的顺序，并以“/”字符进行分隔。下面通过一张示意图来描述 XPath 的路径表达式，如图 5-3 所示。

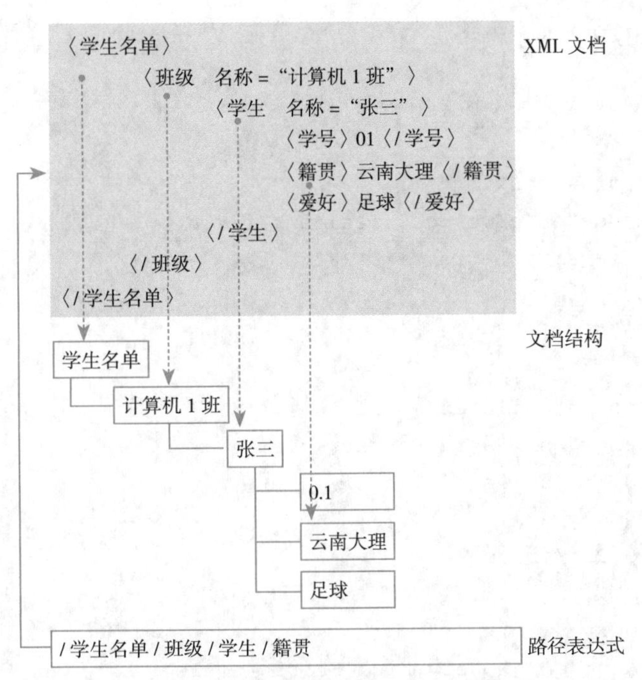

图 5-3　XPath 的路径表达式

注意： XPath 不仅能够查询 XML 文档，而且能够查询 HTML 文档。但是，它需要先借用 lxml 库技术将 HTML 文档转换为 XML 文档树对象，之后可以使用 XPath 语法查找此结构中的节点或元素。

5.4.2 XPath 语法

在 Python 中，XPath 使用路径表达式在文档中进行导航。这个表达式是从某个节点开始，之后顺着文档树结构的节点进一步查找。由于查询路径的多样性，可以将 XPath 的语法按照如下情况进行划分：

1. 选取节点

节点是沿着路径选取的，既可以从根节点开始，也可以从任意位置开始。表 5-2 所示为 XPath 中用于选取节点的表达式。

表 5-2　选取节点的表达式

表 达 式	说　明
nodename	选取此节点的所有子节点
/	从根节点选取
//	从匹配选择的当前节点选取文档中的节点，而不用考虑它们的位置
.	选取当前节点
..	选取当前节点的父节点
@	选取属性

下面是一个 XML 文档的示例：

```
<?xml version="1.0" encoding="utf-8"?>
<bookstore>
  <book category="cooking">
    <title lang="en">Everyday Italian</title>
    <author>Giada De Laurentiis</author>
    <year>2005</year>
    <price>30.00</price>
  </book>
  <book category="children">
    <title lang="en">Harry Potter</title>
    <author>J K. Rowling</author>
    <year>2005</year>
    <price>29.99</price>
  </book>
  <book category="web">
    <title lang="en">XQuery Kick Start</title>
    <author>James McGovern</author>
    <author>Per Bothner</author>
    <author>Kurt Cagle</author>
    <author>James Linn</author>
    <author>Vaidyanathan Nagarajan</author>
    <year>2003</year>
    <price>49.99</price>
  </book>
  <book category="web" cover="paperback">
    <title lang="en">Learning XML</title>
    <author>Erik T. Ray</author>
    <year>2003</year>
    <price>39.95</price>
  </book>
</bookstore>
```

参照上述示例文档，举例介绍如何使用 XPath 的基本语法来提取数据。以下是一些选取节点的表达式示例：

（1）选取节点 bookstore 的所有子节点，表达式如下：

```
bookstore
```

（2）选取根节点 bookstore，表达式如下：

```
/bookstore
```

需要注意的是，如果路径以“/”开始，那么该路径就代表着到达某个节点的绝对路径。

（3）从根节点 bookstore 开始，向下选取属于其所有 book 子节点，表达式如下：

```
bookstore/book
```

（4）从任意位置开始，选取名称为 book 的所有节点，表达式如下：

```
//book
```

与上一个表达式相比，该表达式不用再说明符合要求的这些节点在文档树中的具体位置。

（5）在节点 bookstore 的后代中，选取所有名称为 book 的所有节点，而且不用管这些节点位于 bookstore 之下的什么位置，表达式如下：

```
bookstore//book
```

（6）使用 @ 选取名称为 lang 的所有属性节点，表达式如下：

```
//@lang
```


2. 谓语（补充说明节点）

谓语指的是路径表达式的附加条件，这些条件都写在方括号中，表示对节点进行进一步筛选，用于查找某个特定节点或者包含某个指定值的节点。具体格式如下：

```
元素 [ 表达式 ]
```

下面列举一些常用的带有谓语的路径表达式，以及对这些表达式功能的说明，具体如表 5-3 所示。

表 5-3 使用谓语的表达式

表 达 式	说 明
/bookstore/book[1]	选取属于 bookstore 子元素的第一个 book 元素
/bookstore/book[last()]	选取属于 bookstore 子元素的最后一个 book 元素
/bookstore/book[last()-1]	选取属于 bookstore 子元素的倒数第二个 book 元素
/bookstore/book[position()<3]	选取最前面的两个属于 bookstore 元素的子元素的 book 元素
//title[@lang]	选取所有的 title 元素，且这些元素拥有名称为 lang 的属性
//title[@lang='eng']	选取所有 title 元素，且这些元素拥有值为 eng 的 lang 属性
/bookstore/book[price>35.00]	选取 bookstore 元素的所有 book 元素，且其中的 price 元素的值须大于 35.00
/bookstore/book[price>35.00]/title	选取 bookstore 元素中 book 元素的所有 title 元素，且其中的 price 元素的值须大于 35.00

3. 选取未知节点

XPath 可以使用通配符（*）来选取未知的节点。例如，使用“*”可以匹配任何元素节点。下面列举带有通配符的表达式，如表 5-4 所示。

表 5-4　带有通配符的表达式

通 配 符	说　明
*	匹配任何元素节点
@*	匹配任何属性节点
node()	匹配任何类型的节点

以下是一些使用通配符的示例：

（1）选取 bookstore 元素的所有子元素，表达式如下：

```
/bookstore/*
```

（2）选取文档中的所有元素，表达式如下：

```
//*
```

（3）选取所有带有属性的 title 元素，表达式如下：

```
//title[@*]
```

4. 选取若干路径

在路径表达式中可以使用“|”运算符，以选取若干个路径。以下是一些在路径表达式中使用“|”运算符的示例：

（1）选取 book 元素中包含的所有 title 和 price 子元素，表达式如下：

```
//book/title | //book/price
```

（2）选取文档中的所有 title 和 price 元素，表达式如下：

```
//title | //price
```

（3）选取位于 /bookstore/book/ 路径下的所有 title 元素，以及文档中所有的 price 元素，表达式如下：

```
/bookstore/book/title | //price
```

5.4.3 XPath 开发工具

对于编写网络爬虫或做网页分析的人而言，会在定位和获取 XPath 路径上花费大量的时间。

当爬虫框架成熟以后，又会花费大量的时间来解析网页。针对这些情况，Python 提供了一些好用的插件或工具，主要包含如下几种：

◆ XMLQuire：开源的 XPath 表达式编辑工具。

◆ XPath Helper：适用于 Chrome 浏览器。

◆ XPath Checker：适用于 Firefox 浏览器。

下面以 XPath Helper 为例，介绍一下如何使用 XPath Helper 插件，查找与 XPath 表达式相匹配的结果。具体步骤如下：

（1）在 Chrome 浏览器打开当当网官方网站，在左侧的商品分类中选择“图书、童书”，并单击右侧的“排行榜→图书畅销榜”，跳转到图书畅销榜的网页，如图 5-4 所示。

图 5-4 当当网站的畅销榜

（2）上下滚动上述网页，可以看到当前页共推荐了 20 本图书。在图 5-4 中的链接文字“我的第一本地理启蒙书”上右击，选择“检查”命令，该窗口的底部显示网页源代码，并且定位到“我的第一本地理启蒙书”所对应的元素位置。其对应的源代码如下：

```
<div class="name">
    <a href="http://product.dangdang.com/23761145.html"target="_blank"
    title="我的第一本地理启蒙书" class="">"我的第一本地理启蒙书"</a>
</div>
```

（3）单击地址栏右侧的按钮，打开 XPath Helper 工具，其对应界面如图 5-5 所示。

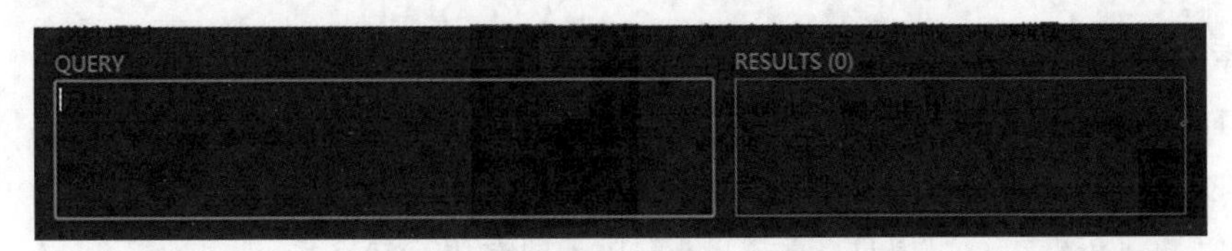

图 5-5 XPath Helper 界面

在图 5-5 中，左侧的编辑区域用于输入路径表达式，右侧的区域用于显示匹配的结果，并且将总数显示到上面标签的括号中，如“RESULTS（20）”，默认为 0。

（4）分析上述的源代码信息，如果要获取所有书籍的名称，需要在编辑区域输入如下表达式：

```
//div[@class="name"]/a/@title
```

（5）此时，右侧显示了所有匹配到的书籍标题，如图 5-6 所示。

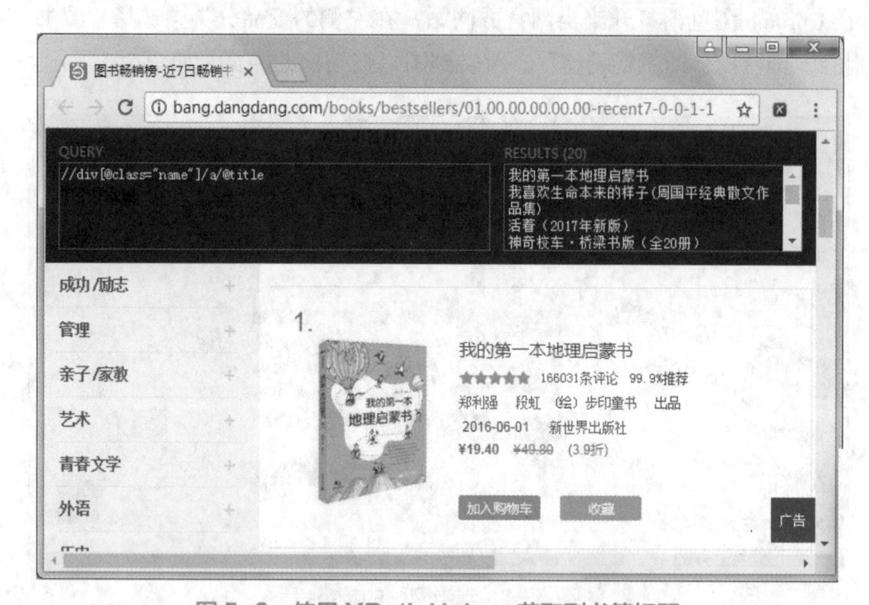

图 5-6 使用 XPath Helper 获取到书籍标题

在测试表达式时，要查询的路径既可以从根节点开始，也可以从任何位置的节点开始，这个表示路径的语句并不是唯一的。

5.4.4 lxml 库概述

lxml 是使用 Python 语言编写的库，主要用于解析和提取 HTML 或者 XML 格式的数据，它不仅功能非常丰富，而且便于使用，可以利用 XPath 语法快速地定位特定的元素或节点。

lxml 库中大部分功能都位于 lxml.etree 模块中，导入 lxml.etree 模块的常见方式如下：

```
from lxml import etree
```

lxml 库的一些相关类如下：

（1）Element 类：可以理解为 XML 的节点。

（2）ElementTree 类：可以理解为一个完整的 XML 文档树。

（3）ElementPath 类：可以理解为 XPath，用于搜索和定位节点。

1. Element 类简介

Element 类是 XML 处理的核心类，可以直观地理解为 XML 的节点，大部分 XML 节点的处理都是围绕着 Element 类进行的。要想创建一个节点对象，则可以通过构造函数直接创建。例如:

```
root=etree.Element('root')
```

上述示例中，参数 root 表示节点的名称。

关于 Element 类的相关操作，主要可分为三部分，分别是节点操作、节点属性的操作、节点内文本的操作，下面进行逐一介绍。

（1）节点操作：若要获取节点的名称，可以通过 tag 属性获取。例如：

```
print(root.tag)
# 输出结果如下
root
```

（2）节点属性的操作：在创建节点的同时，可以为节点增加属性。节点中的属性是以 key-value 的形式进行存储的，类似于字典的存储方式。通过构造方法创建节点时，可以在该方法中以参数的形式设置属性，其中参数的名称表示属性的名称，参数的值表示为属性的值。创建属性的示例如下：

```
# 创建 root 节点，并为其添加属性
root=etree.Element('root', interesting='totally')
print(etree.tostring(root))
# 输出结果如下
b'<root interesting=" totally" />'
```

此外，可以通过 set() 方法给已有的节点添加属性。在调用该方法时可以传入两个参数，其中第一个参数表示属性的名称，第二个参数表示属性的值。例如：

```
# 再次给 root 节点添加 age 属性
root.set('age', '30')
print(etree.tostring(root))
# 输出结果如下
b'<root interesting="totally"age="30"/>'
```

在上述两个示例中，都用到了 tostring() 函数，该函数可以将元素序列化为 XML 树的编码字符串表示形式。

（3）节点内文本的操作：一般情况下，可以通过 text、tail 属性或者 xpath() 方法来访问文本内容。通过 text 属性访问节点的示例如下：

```
root=etree.Element('root')      # 创建 root 节点
root.text='Hello, World!'       # 给 root 节点添加文本
print(root.text)
print(etree.tostring(root))
# 输出结果如下
Hello, World!
b'<root>Hello, World!</root>'
```

2. 从字符串或文件中解析 XML

为了能够将 XML 文件解析为树结构，etree 模块中提供了如下 3 个函数：

（1）fromstring() 函数：从字符串中解析 XML 文档或片段，返回根节点（或解析器目标返回的结果）。

（2）XML() 函数：从字符串常量中解析 XML 文档或片段，返回根节点（或解析器目标返回的结果）。

（3）HTML() 函数：从字符串常量中解析 HTML 文档或片段，返回根节点（或解析器目标返回的结果）。

其中，XML() 函数的行为类似于 fromstring() 函数，通常用于将 XML 字面量直接写入到源代码中；HTML() 函数可以自动补全缺少的 <html> 和 <body> 标签。以上 3 个函数的示例如下：

```
xml_data='<root>data</root>'
# fromstring() 方法
root_one=etree.fromstring(xml_data)
print(root_one.tag)
print(etree.tostring(root_one))
# XML 方法，与 fromstring 方法基本一样
root_two=etree.XML(xml_data)
print(root_two.tag)
print(etree.tostring(root_two))
# HTML() 方法，如果没有 <html> 和 <body> 标签，会自动补上
root_three=etree.HTML(xml_data)
print(root_three.tag)
print(etree.tostring(root_three))
```

程序运行结果为：

```
root
b'<root>data</root>'
root
b'<root>data</root>'
html
b'<html><body><root>data</root></body></html>'
```

除了上述3个函数之外，还可以调用 parse() 函数从 XML 文件中直接解析。在调用函数时，如果没有提供解析器，则使用默认的解析器，函数会返回一个 ElementTree 类的对象。例如：

```
html=etree.parse('./hello.html')
result=etree.tostring(html, pretty_print=True)
```

3. ElementPath 类简介

ElementTree 类中附带了一个类似于 XPath 路径语言的 ElementPath 类。在 ElementTree 类或 Elements 类的 API 文档中，提供了3个常用的方法，可以满足大部分搜索和查询需求，并且这3个方法的参数都是 XPath 语句。具体如下：

（1）find() 方法：返回匹配到的第一个子元素。

（2）findall() 方法：以列表的形式返回所有匹配的子元素。

（3）iterfind() 方法：返回一个所有匹配元素的迭代器。

从文档树的根节点开始，搜索符合要求的节点。例如：

```
# 从字符串中解析 XML，返回根节点
root=etree.XML("<root><a x='123'>aText<b/><c/><b/></a></root>")
# 从根节点查找，返回匹配到的节点名称
print(root.find("a").tag)
# 从根节点开始查找，返回匹配到的第一个节点的名称
print(root.findall(".//a[@x]")[0].tag)
```

程序运行结果为：

```
a
A
```

还可以调用 xpath() 方法，使用元素作为上下文节点来评估 XPath 表达式。

5.4.5 lxml 库的基本使用

这里使用一个 HTML 示例文件作为素材来介绍 lxml 库的基本应用。该文件名为 hello.html，内容如下：

```
<!-- hello.html -->
<div>
    <ul>
        <li class="item-0"><a href="link1.html">first item</a></li>
        <li class="item-1"><a href="link2.html">second item</a></li>
        <li class="item-inactive"><a href="link3.html"><span
            class="bold">third item</span></a></li>
        <li class="item-1"><a href="link4.html">fourth item</a></li>
        <li class="item-0"><a href="link5.html">fifth item</a></li>
    </ul>
</div>
```

接下来，基于上述 HTML 文档，使用 lxml 库中的路径表达式技巧，通过调用 xpath() 方法匹配选取的节点，具体如下：

1. 获取任意位置的 li 节点

可以直接使用“//”从任意位置选取节点 li，路径表达式如下：

```
//li
```

通过 lxml.etree 模块的 xpath() 方法，将 hello.html 文件中与该路径表达式匹配到的列表返回，并打印输出。具体代码如下：

```
from lxml import etree
html=etree.parse('hello.html')
# 查找所有的 li 节点
result=html.xpath('//li')
# 打印 <li> 标签的元素集合
print(result)
# 打印 <li> 标签的个数
print(len(result))
# 打印返回结果的类型
print(type(result))
# 打印第一个元素的类型
print(type(result[0]))
```

程序运行结果为：

```
[<Element li at 0x2cc9a48>, <Element li at 0x2cc99c8>, <Element li at
0x2cc9a88>, <Element li at 0x2cc9ac8>, <Element li at 0x2cc9b08>]
5
<class 'list'>
<class 'lxml.etree._Element'>
```

2. 继续获取 <li> 标签的 class 属性

在上个表达式的末尾，使用“/”向下选取节点，并使用 @ 选取 class 属性节点，表达式如下：

```
//li/@class
```

获取 <li> 标签的 class 属性的示例代码如下：

```
from lxml import etree
html=etree.parse('hello.html')
# 查找位于 li 标签的 class 属性
result=html.xpath('//li/@class')
print(result)
```

程序运行结果为：

```
['item-0', 'item-1', 'item-inactive', 'item-1', 'item-0']
```

3. 获取倒数第二个元素的内容

从任意位置开始选取倒数第二个 <li> 标签，再向下选取标签 <a>。如果要获取该标签中的文本，可以使用如下表达式：

```
//li[last()-1]/a
```

或者

```
//li[last()-1]/a]/text()
```

不同的是，第一个表达式需要访问 text 属性，才能拿到标签的文本，而第二个表达式可直接获取文本。使用第一个路径表达式的示例如下：

```
from lxml import etree
html=etree.parse('hello.html')
# 获取倒数第二个元素的内容
result=html.xpath('//li[last()-1]/a')
print(result[0].text)
```

程序运行结果为：

```
fourth item
```


5.5 Beautiful Soup

使用 lxml 库时需要编写和测试 XPath 语句，显然降低了开发效率。除了 lxml 库之外，还可以使用 Beautiful Soup 来提取 HTML/XML 数据。虽然这两个库的功能相似，但是 Beautiful Soup 使用起来更加简洁方便，受到开发人员的推崇。

5.5.1 Beautiful Soup 概述

截止到目前，BeautifulSoup（3.2.1 版本）已经停止开发，官网推荐现在的项目使用 beautifulsoup4（Beautiful Soup 4 版本，简称 bs4）开发。

bs4 是一个 HTML/XML 的解析器，其主要功能是解析和提取 HTML/XML 数据。它不仅支持 CSS 选择器，而且支持 Python 标准库中的 HTML 解析器，以及 lxml 的 XML 解析器。通过使用这些转化器，实现了惯用的文档导航和查找方式，节省了大量的工作时间，提高了开发项目的效率。

bs4 库会将复杂的 HTML 文档换成树结构（HTML DOM），这个结构中的每个节点都是一个 Python 对象。这些对象可以归纳为如下 4 种：

（1）bs4.element.Tag 类：表示 HTML 中的标签，是最基本的信息组织单元，它有两个非常重要的属性，分别是表示标签名字的 name 属性和表示标签属性的 attrs 属性。

（2）bs4.element.NavigableString 类：表示 HTML 中标签的文本（非属性字符串）。

（3）bs4.BeautifulSoup 类：表示 HTML DOM 中的全部内容，支持遍历文档树和搜索文档树的大部分方法。

（4）bs4.element.Comment 类：表示标签内字符串的注释部分，是一种特殊的 Navigable String 对象。

使用 bs4 的一般流程如下：

（1）创建一个 BeautifulSoup 类型的对象。

根据 HTML 或者文件创建 BeautifulSoup 对象。

（2）通过 BeautifulSoup 对象的操作方法进行解读搜索。

根据 DOM 树进行各种节点的搜索（例如，find_all() 方法可以搜索出所有满足要求的节点，find() 方法只会搜索出第一个满足要求的节点），只要获得了一个节点，就可以访问节点的名称、属性和文本。

（3）利用 DOM 树结构标签的特性，进行更为详细的节点信息提取。

在搜索节点时，也可以按照节点的名称、节点的属性或者节点的文字进行搜索。

上述流程如图 5-7 所示。

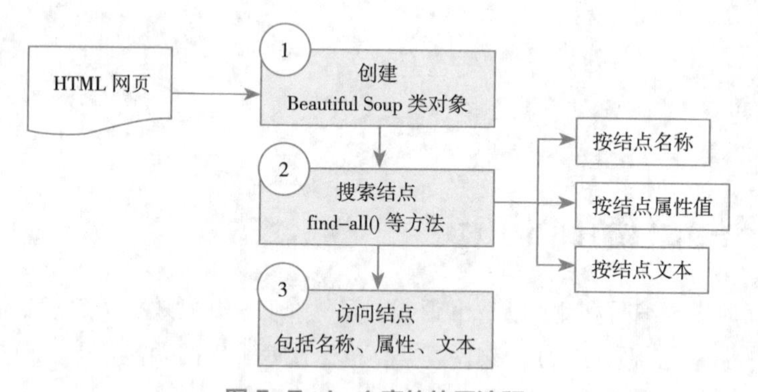

图 5-7　bs4 库的使用流程

5.5.2　构建 BeautifulSoup 对象

通过一个字符串或者类文件对象（存储在本地的文件句柄或 Web 网页句柄）可以创建 BeautifulSoup 类的对象。

BeautifulSoup 类中构造方法的语法如下：

```
def__init__(self, markup="", features=None, builder=None,
    parse_only=None, from_encoding=None, exclude_encodings=None,
    **kwargs)
```

上述方法的一些参数含义如下：

（1）markup：表示要解析的文档字符串或文件对象。

（2）features：表示解析器的名称。

（3）builder：表示指定的解析器。

（4）from_encoding：表示指定的编码格式。

（5）exclude_encodings：表示排除的编码格式。

例如，根据字符串 html_doc 创建一个 BeautifulSoup 对象：

```
from bs4 import BeautifulSoup
soup=BeautifulSoup(html_doc, 'lxml')
```


上述示例中，在创建 BeautifulSoup 实例时共传入了两个参数。其中，第一个参数表示包含被解析 HTML 文档的字符串；第二个参数表示使用 lxml 解析器进行解析。

目前，bs4 支持的解析器包括 Python 标准库、lxml 和 html5lib。为了让用户更好地选择合适的解析器，下面列举它们的使用方法和优缺点，如表 5-5 所示。

表 5-5　bs4 支持的解析器

解析器	使用方法	优势	劣势
Python 标准库	BeautifulSoup(markup, "html.parser")	（1）Python 的内置标准库； （2）执行速度适中； （3）文档容错能力强	Python 2.7.3 或 3.2.2 之前的版本中文档容错能力差
lxml HTML 解析器	BeautifulSoup(markup, "lxml")	（1）速度快； （2）文档容错能力强	需要安装 C 语言库
lxml XML 解析器	BeautifulSoup(markup, [«lxml-xml»]) BeautifulSoup(markup, "xml")	（1）速度快； （2）唯一支持 XML 的解析器	需要安装 C 语言库
html5lib	BeautifulSoup(markup, "html5lib")	（1）最好的容错性； （2）以浏览器的方式解析文档； （3）生成 HTML5 格式的文档	（1）速度慢； （2）不依赖外部扩展

在创建 BeautifulSoup 对象时，如果没有明确地指定解析器，那么 BeautifulSoup 对象会根据当前系统安装的库自动选择解析器。解析器的选择顺序为：lxml、html5lib、Python 标准库。在下面两种情况下，选择解析器的优先顺序会发生变化：

（1）要解析的文档是什么类型，目前支持 html、xml 和 html5。

（2）指定使用哪种解析器。

如果明确指定的解析器没有安装，那么 BeautifulSoup 对象会自动选择其他方案。但是，目前只有 lxml 解析器支持解析 XML 文档，一旦没有安装 lxml 库，就无法得到解析后的对象。

使用 print() 函数输出刚创建的 BeautifulSoup 对象 soup，代码如下：

```
print(soup.prettify())
```

上述示例中调用了 prettify() 方法进行打印，既可以为 HTML 标签和内容增加换行符，又可以对标签做相关的处理，以便于更加友好地显示 HTML 内容。为了直观地比较这两种情况，下面分别列出直接打印和调用 prettify() 方法后打印的结果。

直接使用 print() 函数进行输出，示例结果如下：

```
<html><head><title>The Dormouse's story</title></head>
<body>
</body></html>
```

调用 prettify() 方法后进行输出，示例结果如下：

```
<html>
  <head>
    <title>
      The Dormouse's story
    </title>
  </head>
  <body>
  </body>
</html>
```

5.5.3 通过操作方法进行解读搜索

实际上，网页中有用的信息都存在于网页中的文本或者各种不同标签的属性值，为了能获得这些有用的网页信息，可以通过一些查找方法获取文本或者标签属性。因此， bs4 库内置了一些查找方法，其中常用的两个方法功能如下：

（1）find() 方法：用于查找符合查询条件的第一个标签节点。

（2）find_all() 方法：查找所有符合查询条件的标签节点，并返回一个列表。

这两个方法用到的参数是一样的，这里以 find_all() 方法为例，介绍在这个方法中这些参数的应用。find_all() 方法的定义如下：

```
find_all(self, name=None, attrs={}, recursive=True, text=None,
limit=None, **kwargs)
```

上述方法中一些重要参数所表示的含义如下：

1. name 参数

查找所有名字为 name 的标签，但字符串会被自动忽略。下面是 name 参数的几种情况：

（1）传入字符串：在搜索的方法中传入一个字符串，BeautifulSoup 对象会查找与字符串完全匹配的内容。例如：

```
soup.find_all('b')
```

上述示例用于查找文档中所有的 <b> 标签。

（2）传入正则表达式：如果传入一个正则表达式，那么 BeautifulSoup 对象会通过 re 模块的 match() 函数进行匹配。下面的示例中，使用正则表达式 "^b" 匹配所有以字母 b 开头的标签。

```
import re
for tag in soup.find_all(re.compile("^b")):
  print(tag.name)
# 输出结果如下
body
```

（3）传入列表：如果传入一个列表，那么 BeautifulSoup 对象会将与列表中任一元素匹配的内容返回。在下面的示例中，找到了文档中所有的 <a> 标签和 <b> 标签。

```
soup.find_all(["a","b"])
# 部分输出结果如下:
[<b>The Dormouse's story</b>,
<a class="sister" href="http://example.com/elsie" id="link1">Elsie</a>,
```

2. attrs 参数

如果某个指定名字的参数不是搜索方法中内置的参数名，那么在进行搜索时，会把该参数当作指定名称的标签中的属性来搜索。在下面的示例中，在 find_all() 方法中传入名称为 id 的参数，这时 BeautifulSoup 对象会搜索每个标签的 id 属性。

```
soup.find_all(id='link2')
# 输出的结果可能是:
[<a class="sister" href="http://example.com/lacie" id="link2">Lacie</a>]
```

若传入多个指定名字的参数，则可以同时过滤出标签中的多个属性。在下面的示例中，既可以搜索每个标签的 id 属性，同时又可以搜索 href 属性。

```
import re
soup.find_all(href=re.compile("elsie"), id='link1')
# 输出的结果可能是:
[<a class="sister" href="http://example.com/elsie" id="link1">Elsie</a>]
```

如果要搜索的标签名称为 class，由于 class 属于 Python 的关键字，所以可在 class 的后面加上一个下画线。例如：

```
soup.find_all("a", class_="sister")
# 部分输出结果如下：
# [<a class="sister" href="http://example.com/elsie" id="link1">Elsie
</a>,
```

但是，有些标签的属性名称是不能使用的，例如 HTML5 中的"data-"属性，在程序中使用时，会出现 SyntaxError 异常信息。这时，可以通过 find_all() 方法的 attrs 参数传入一个字典来搜索包含特殊属性的标签。例如：

```
data_soup=BeautifulSoup('<div data-foo="value">foo!</div>' ,'lxml')
data_soup.find_all(data-foo="value")
# 程序输出如下报错信息：
# SyntaxError: keyword can't be an expression
data_soup.find_all(attrs={"data-foo": "value"})
# 程序可匹配的结果
# [<div data-foo="value">foo!</div>]
```

3. text 参数

通过在 find_all() 方法中传入 text 参数，可以搜索文档中的字符串内容。与 name 参数的可选值一样，text 参数也可以接受字符串、正则表达式和列表等。例如：

```
soup.find_all(text="Elsie")
# [u'Elsie']
soup.find_all(text=["Tillie", "Elsie", "Lacie"])
# [u'Elsie', u'Lacie', u'Tillie']
```

4. limit 参数

在使用 find_all() 方法返回匹配的结果时，倘若 DOM 树非常大，那么搜索的速度会相当慢。这时，如果不需要获得全部的结果，就可以使用 limit 参数限制返回结果的数量，其效果与 SQL 语句中的 limit 关键字所产生的效果类似。一旦搜索到结果的数量达到了 limit 的限制，就会停止搜索。例如：

```
soup.find_all("a", limit=2)
```

上述示例会搜索到最多两个符合搜索条件的标签。

5. recursive 参数

在调用 find_all() 方法时，BeautifulSoup 对象会检索当前节点的所有子节点。这时，如果只想搜索当前节点的直接子节点，就可以使用参数 recursive=False。例如：

```
soup.html.find_all("title")
# [<title>The Dormouse's story</title>]
soup.html.find_all("title", recursive=False)
# []
```

除了上述两个常用的方法以外，bs4 库中还提供了一些通过节点间的关系进行查找的方法。由于这些方法的参数和用法跟 find_all() 方法类似，这里就不再另行介绍。

5.5.4 通过 CSS 选择器进行搜索

除了 bs4 库提供的操作方法以外，还可以使用 CSS 选择器进行查找。什么是 CSS 呢？ CSS（Cascading Style Sheets，层叠样式表）是一种用来表现 HTML 或 XML 等文件样式的计算机语言，它不仅可以静态地修饰网页，而且可以配合各种脚本语言动态地对网页各元素进行格式化。要想使用 CSS 对 HTML 页面中的元素实现一对一、一对多或多对一的控制，需要用到 CSS 选择器。

每一条 CSS 样式定义均由两部分组成，形式如下：

```
[code] 选择器 { 样式 } [/code]
```

其中，在 {} 之前的部分就是“选择器”。选择器指明了 {} 中样式的作用对象，也就是“样式”作用于网页中的哪些元素。

为了使用 CSS 选择器达到筛选节点的目的，在 bs4 库的 BeautifulSoup 类中提供了一个 select() 方法，该方法会将搜索到的结果放到列表中。

CSS 选择器的查找方式可分为如下几种：

1. 通过标签查找

在编写 CSS 时，标签的名称不用加任何修饰。调用 select() 方法时，可以传入包含某个标签的字符串。使用 CSS 选择器查找标签的示例如下：

```
soup.select("title")
# 查找的结果可能为
# [<title>The Dormouse's story</title>]
```

2. 通过类名查找

在编写 CSS 时，需要在类名的前面加上“.”。例如，查找类名为 sister 的标签，示例如下：

```
soup.select('.sister')
# 查找的结果可能为
#[<a class="sister" href="http://example.com/elsie" id="link1">
<!-- Elsie --></a>, <a class="sister" href="http://example.com/lacie"
id="link2">Lacie</a>, <a class="sister" href="http://example.com/tillie"
id="link3">Tillie</a>]
```

3. 通过 id 名查找

在编写 CSS 时，需要在 id 名称的前面加上“#”。例如，查找 id 名为 link1 的标签，具体示例如下：

```
soup.select("#link1")
# 查找的结果可能为
#[<a class="sister" href="http://example.com/elsie" id="link1">Elsie</a>]
```

4. 通过组合的形式查找

组合查找与编写 CLASS 文件时标签名、类名、id 名的组合原理一样，二者需要用空格分开。例如，在标签 p 中，查找 id 值等于 link1 的内容。

```
soup.select('p #link1')
# 查找的结果可能为
#[<a class="sister" href="http://example.com/elsie" id="link1">Elsie</a>]
```

可以使用“>”将标签与子标签分隔，从而找到某个标签下的直接子标签。例如：

```
soup.select("head > title")
# 查找的结果可能为
#[<title>The Dormouse's story</title>]
```

5. 通过属性查找

可以通过属性元素进行查找，属性需要用中括号括起来。但是，属性和标签属于同一个结点，它们中间不能加空格，否则将无法匹配到。例如：

```
soup.select('a[href="http://example.com/elsie"]')
# 查找的结果可能为
#[<a class="sister" href="http://example.com/elsie" id="link1">Elsie</a>]
```

同样，属性仍然可以与上述查找方式组合，即不在同一节点的属性使用空格隔开，同一节点的属性之间不加空格。例如：

```
soup.select('p a[href="http://example.com/elsie"]')
# 查找的结果可能为
#[<a class="sister" href="http://example.com/elsie" id="link1">Elsie</a>]
```

上述这些查找方式都会返回一个列表。遍历这个列表，可以调用 get_text() 方法来获取节点的内容。例如：

```
soup=BeautifulSoup(html_doc, 'lxml')
for element in soup.select('a'):
    print(element.get_text())  # 获取节点的内容
# 获取到节点的内容可能为
Elsie
Lacie
Tillie
```

5.6 JSONPath 与 json 模块

JSON(JavaScript Object Notation) 是一种轻量级的数据交换格式，可使人们很容易地进行阅读和编写，同时也方便了机器进行解析和生成。JSON 适用于进行数据交互的场景，如网站前台与后台之间的数据交互。JSONPath 是一种信息抽取类库，用于从 JSON 文档中抽取指定信息。本节将带领读者认识 JSON，并介绍如何使用 JSONPath 和 json 模块解析 JSON 文档。

5.6.1 JSON 概述

JSON 是比 XML 更简单的一种数据交换格式，它采用完全独立于编程语言的文本格式来存储和表示数据。其语法规则如下：

（1）使用键值对（key:value）表示对象属性和值。

（2）使用逗号（，）分隔多条数据。

（3）使用花括号 {} 包含对象。

（4）使用方括号 [] 表示数组。

在 JavaScript 语言中，一切皆是对象，所以任何支持的类型都可以通过 JSON 来表示，如字符串、数字、对象、数组等。其中，对象和数组是比较特殊且常用的两种类型。

1. JSON 键 / 值对

JSON 键 / 值对的格式是：字段名称（包含在双引号中），后面加一个冒号，然后是值。例如：

```
"name": "XiaoHong"
```

2. JSON 的值

JSON 的值可以是：

（1）数字（整数或浮点数）。

（2）字符串（在双引号中）。

（3）逻辑值（true 或 false）。

（4）数组（在方括号中）。

（5）对象（在花括号中）。

（6）null。

3. JSON 对象

对象在 JavaScript 中表示为花括号 { } 括起来的内容，数据结构为 {key：value, key：value, ... } 的键值对结构。在面向对象的语言中，key 为对象的属性，value 为对应的属性值，所以很容易理解，取值方法为“对象 .key”获取属性值，这个属性值的类型可以是数字、字符串、数组、对象这几种。在 Web 应用中，将最顶层的节点定义为对象是一种标准做法。

例如，以下示例就表示了一个对象。

```
{"name": "XiaoHong", "age":18}
```

4. JSON 数组

数组在 JavaScript 中是中括号 [ ] 括起来的内容，数据结构为 [字段 1, 字段 2, 字段 3, ...]，其中字段值的类型可以是数字、字符串、数组、对象几种。取值方式和 Java 语言中一样，使用索引获取。例如，以下就是 JSON 中的一个数组示例。

```
["Python", "javascript", "C++",...]
```

5.6.2 JSON 与 XML 比较

JSON 和 XML 都是文本格式语言，它们经常用于数据交换和网络传输，那么它们有什么区别？接下来，从以下几个方面进行比较。

1. 可扩展性

JSON 和 XML 都有很好的扩展性，但 JSON 与 JavaScript 语言的结合更紧密，在 JavaScript 语言中使用 JSON 可谓是无缝连接。

2. 可读性

JSON 和 XML 的可读性不相上下，一个是简洁的语法，一个是规范的标签形式，很难分出优劣。

3. 编码难度

XML 出现的时间比 JSON 早，能够处理 XML 语言的编码工具很丰富；但 JSON 语言出现之后发展迅速，现在也具有了与 XML 相媲美的处理工具。在不使用工具的情况下，熟练的开发人员同样能够轻松写出想要的 XML 文档和 JSON 文档，但 XML 文档需要的字符量更多。

4. 解码难度

JSON 和 XML 都是可扩展性的结构，如果不知道文档结构，解析文档则非常不方便。所以，最好在知道文档结构的情况下进行解析。其实，在开发过程中，只要看到文档的字符串，就可以明白它的结构。

5. 有效数据率

由于省却了大量的标签，JSON 的有效数据率比 XML 高得多。这里使用一个实例进行比较，用 XML 表示中国部分省市的信息。

```
<?xml version="1.0" encoding="utf-8"?>
<country>
    <name> 中国 </name>
    <province>
        <name> 湖北 </name>
        <cities>
            <city> 武汉 </city>
            <city> 襄阳 </city>
        </cities>
    </province>
    <province>
        <name> 辽宁 </name>
        <cities>
            <city> 沈阳 </city>
            <city> 大连 </city>
            <city> 鞍山 </city>
        </cities>
    </province>
</country>
```

同样的数据，使用 JSON 表示如下：

```
{
  "name": " 中国 ",
  "province": [{
    "name": " 湖北 ",
    "cities": {
      "city": [" 武汉 ", " 襄阳 "]
    }}, {
    "name": " 辽宁 ",
    "cities": {
      "city": [" 沈阳 ", " 大连 ", " 鞍山 "]
    }
  }]
}
```

由 XML 和 JSON 的对比可知，JSON 的语法格式简单，层次结构清晰，比 XML 更易于阅读。并且，由于它占用的字符量少，用于网络数据传输时，能节约带宽，提高传输效率。

5.6.3 json 模块介绍

从 Python 2.6 开始加入了 json 模块，使用 import json 导入就可以使用。json 模块提供了 Python 对象的序列化和反序列化功能。其中：

（1）序列化（encoding）：将一个 Python 对象编码转换为 JSON 字符串的过程。

（2）反序列化（decoding）：将 JSON 字符串解码转换为 Python 对象的过程。

5.6.4 json 模块基本应用

json 模块提供了 4 个方法：dumps()、dump()、loads()、load()，用于字符串和 Python 数据类型间进行转换。其中，loads() 和 load() 方法用于 Python 对象的反序列化，dumps() 和 dump() 方法用于 Python 对象的序列化。

1. json.loads()

把 JSON 格式字符串解码转换成 Python 对象。从 JSON 类型向 Python 原始类型转化的对照如表 5-6 所示。

表 5-6 JSON 向 Python 转化的类型对照

JSON	Python
object	dict
array	list
string	unicode
number（int）	int,long
number（real）	float
true	True
false	False
null	None

以下示例演示了 loads() 方法的应用：

```
>>> import json
>>> str_list='[1, 2, 3, 4]'
>>> str_dict='{"city": "北京", "name": "小明"}'
>>> json.loads(str_list)
[1, 2, 3, 4]
>>> json.loads(str_dict)
{'city': '北京', 'name': '小明'}
```

2. json.dumps()

实现将 Python 类型编码为 JSON 字符串，返回一个 str 对象。从 Python 原始类型向 JSON 类型转化的对照如表 5-7 所示。

表 5-7 Python 向 JSON 转化的类型对照

Python	JSON
dict	object
list，tuple	array

续表

Python	JSON
str，unicode	string
int，long，float	number
True	true
False	false
None	null

以下示例演示了 dumps 方法的应用：

```
#json_dumps.py
import json
demo_list=[1, 2, 3,4]
demo_tuple=(1, 2, 3, 4)
demo_dict={"city": "北京", "name": "小明"}
json.dumps(demo_list)
#[1, 2, 3, 4]
json.dumps(demo_tuple)
#[1, 2, 3, 4]
# 注意：json.dumps() 处理中文时默认使用的 ASCII 编码，会导致中文无法正常显示
print(json.dumps(demo_dict))
#{"city": "\u5317\u4eac", "name": "\u5c0f\u660e"}
# 记住：处理中文时，添加参数 ensure_ascii=False 来禁用 ASCII 编码
print(json.dumps(demo_dict, ensure_ascii=False))
#{"city": "北京", "name": "小明"}
```

3. json.load()

读取文件中JSON形式的字符串元素，转化成Python类型。它与json.loads()方法的区别在于：一个读取的是字符串；一个读取的是文件。

以下示例读取一个名为listStr.json和dictStr.json的文件内容，代码如下：

```
#json_load.py
import json
str_list=json.load(open("listStr.json"))
print(str_list)
#[{u'city': u'\u5317\u4eac'}, {u'name': u'\u5c0f\u660e'}]
str_dict=json.load(open( "dictStr.json" ))
print(str_dict)
#{u'city': u'\u5317\u4eac', u'name': u'\u5c0f\u660e'}
```

4. json.dump()

将Python内置类型序列化为json对象后写入文件。它与json.dumps()方法的区别在于写入

的是文件还是字符串。

以下示例演示了 dump 方法的使用：

```
# json_dump.py
import json
str_list=[{"city": " 北京 "}, {"name": " 小明 "}]
json.dump(str_list, open( "listStr.json" ,  "w" ), ensure_ascii=False)
str_dict={"city": " 北京 ", "name": " 小明 "}
json.dump(str_dict, open("dictStr.json","w"), ensure_ascii=False)
```

5.6.5 JSONPath 简介

JSONPath 是一种信息抽取类库，是从 JSON 文档中抽取指定信息的工具，提供多种语言实现版本，包括 Javascript、Python、PHP 和 Java。

JSONPath 的安装方法如下：

```
pip install jsonpath
```

5.6.6 JSONPath 语法对比

JSON 结构清晰，可读性高，复杂度低，非常容易匹配。JSONPath 的语法与 Xpath 类似，表 5-8 所示为 JSONPath 与 XPath 语法对比。

表 5-8 JSONPath 与 XPath 语法对比

XPath	JSONPath	描 述
/	$	根节点
.	@	现行节点
/	.or[]	取子节点
..	n/a	取父节点，JSONPath 未支持
//	..	不管位置，选择所有符合条件的节点
*	*	匹配所有元素节点
@	n/a	根据属性访问，JSON 不支持，因为 JSON 是个 key-value 递归结构，不需要属性访问
[]	[]	迭代器标示（可以在里面做简单的迭代操作，如数组下标、根据内容选值等）
|	[,]	支持迭代器中做多选
[]	?()	支持过滤操作
n/a	()	支持表达式计算
()	n/a	分组，JSONPath 不支持

下面使用一个JSON文档演示JSONPath的具体使用。JSON文档的内容如下：

```
{
  "store": {
    "book": [
      { "category": "reference",
        "author": "Nigel Rees",
        "title": "Sayings of the Century",
        "price": 8.95
      },
      { "category": "fiction",
        "author": "J. R. R. Tolkien",
        "title": "The Lord of the Rings",
        "isbn": "0-395-19395-8",
        "price": 22.99
      }
    ],
    "bicycle": {
      "color": "red",
      "price": 19.95
    }
  }
}
```


假设变量bookJson中已经包含了这段JSON字符串，可通过以下代码反序列化得到JSON对象：

```
books=json.loads(bookJson)
```

（1）查看store下的bicycle的color属性：

```
checkurl="$.store.bicycle.color"
print(jsonpath.jsonpath(books, checkurl))
# 输出：['red']
```

（2）输出book节点中包含的所有对象：

```
checkurl="$.store.book[*]"
object_list=jsonpath.jsonpath(books, checkurl)
print(object_list)
```

（3）输出book节点的第一个对象：

```
checkurl="$.store.book[0]"
obj=jsonpath.jsonpath(books, checkurl)
print(obj)
# 输出：[{'category': 'reference', 'author': 'Nigel Rees', 'title': 'Sayings of
the Century', 'price': 8.95}]
```

（4）输出 book 节点中所有对象对应的属性 title 值：

```
checkurl="$.store.book[*].title"
titles=jsonpath.jsonpath(books, checkurl)
print(titles)
# 输出：['Sayings of the Century', 'The Lord of the Rings']
```

（5）输出 book 节点中 category 为 fiction 的所有对象：

```
checkurl="$.store.book[?(@.category=='fiction')]"
books=jsonpath.jsonpath(books, checkurl)
print(books)
# 输出：[{'category': 'fiction', 'author': 'J. R. R. Tolkien', 'title': 'The Lord
of the Rings', 'isbn': '0-395-19395-8', 'price': 22.99}]
```

（6）输出 book 节点中所有价格小于 10 的对象：

```
checkurl="$.store.book[?(@.price<10)]"
books=jsonpath.jsonpath(books, checkurl)
print(books)
# 输出：[{'category': 'reference', 'author': 'Nigel Rees', 'title': 'Sayings of
the Century', 'price': 8.95}]
```

（7）输出 book 节点中所有含有 isb 的对象：

```
checkurl="$.store.book[?(@.isb)]"
books=jsonpath.jsonpath(books, checkurl)
print(books)
# 输出：[{'category': 'fiction', 'author': 'J. R. R. Tolkien', 'title': 'The Lord
of the Rings', 'isbn': '0-395-19395-8', 'price': 22.99}]
```

5.6.7 案例——获取拉勾网城市列表

为了理解 JSONPath 的一个完整应用场景，下面编写一个案例，访问拉勾网的在线 JSON 文件并获取文件中所有的城市。

该文件的地址为 http://www.lagou.com/lbs/getAllCitySearchLabels.json。以下是该 JSON 文件的结构及部分节选内容：

```
{
    "content": {
        "data": {
            "allCitySearchLabels": {
                "A": [
                    {
                      "id": 723,
                      "name": "安阳",
                      "parentId": 545,
                      "code": "171500000",
                      "isSelected": false
                    },
                    {
                      "id": 897,
                      "name": "阿克苏",
                      "parentId": 560,
                      "code": "311800000",
                      "isSelected": false
                    }
                ],
                "B": [
                    {
                      "id": 5,
                      "name": "北京",
                      "parentId": 1,
                      "code": "010100000",
                      "isSelected": false
                    }
                ]
            }
        },
        "rows": []
    },
    "message": "success",
    "state": 1
}
```

该文件中包含了城市列表信息，并将所有的城市按字母顺序排列。

下面编写代码，使用 JSONPath 将所有的城市名称提取出来，并保存在一个文件中。

1. 访问 URL

打开 PyCharm，创建一个项目，在项目中添加一个文件，取名为 jsonLagou.py。然后，引用 urllib.request 模块，访问拉勾网的 URL，获取网页内容。代码如下：

```
# jsonLagou.py
import urllib.request
import jsonpath
import json
url='http://www.lagou.com/lbs/getAllCitySearchLabels.json'
request=urllib.request.Request(url)
response=urllib.request.urlopen(request)
html=response.read()
print(html)
```

此时获得的 html 内容就是一个 JSON 格式的字符串。

2. 读取城市名称列表

将字符串格式的 JSON 转换为 Python 对象，并使用 JSONPath 获取所有 name 节点的值，形成列表。代码如下：

```
# 把 JSON 格式字符串转换成 Python 对象
jsonobj=json.loads(html)
# 从根节点开始，匹配 name 节点
city_list=jsonpath.jsonpath(jsonobj, '$..name')
print(city_list)
```

此时 city_list 变量中存储的就是所有的城市列表。

3. 将城市列表保存到本地

使用 json.dumps() 方法将列表转化为 JSON 格式的字符串，再将字符串写入本地文件。代码如下：

```
# 打开或创建一个名为 city.json 的文件
file=open('city.json', 'w')
# 将列表序列化为 JSON 格式的字符串
content=json.dumps(city_list, ensure_ascii=False)
print(content)
# 将 JSON 格式的字符串写入本地文件
file.write(content)
file.close()
```

运行代码后，打开与代码文件同级的 city.json 文件，可以看到所有的城市名称已经存储在该文件中。

5.7 案例——解析腾讯社会招聘网站的职位信息

腾讯社会招聘网站是一个广纳贤才的渠道，求职者可通过官方网站提供的信息快速了解腾讯公司概况、岗位需求信息等，为求职者提供了挑战自我的机会。为了能够准确地从这些招聘信息中获取想了解的信息（如在某个城市有哪些岗位），可以使用爬虫工具专门爬取这些信息，以供自己分析。

本节将带领大家爬取腾讯社会招聘（简称腾讯社招）网站的招聘信息，包括职位名称、职位类别、招聘人数、工作地点、发布时间，以及每个职位详情的链接。下面将使用多种不同解析工具解析出这些数据，以更好地区分这些技术的不同。

5.7.1　明确爬虫爬取目标

在开发项目之前，需要先了解开发的目标。按照地址 http://hr.tencent.com/position.php?&start=0#a 打开腾讯网站中关于社会招聘板块的首页。在筛选栏的下方，可以看到页面列出了所有与职位相关的信息，这些信息就是最终要爬取的数据，如图 5-8 所示。

5.7.2　分析要解析的数据

在腾讯社会招聘网站的首页，找到第一个职位“OMG192- 华北渠道销售经理”，右击，选择【检查】命令，在浏览器底部打开该网页对应的源代码工具窗口，并定位到其所对应的标签位置，如图 5-9 所示。

图 5-9 中标注的部分为第一个职位所在的标签 <a>，该标签中既有属性，又有文本，具体如下：

（1）href 属性：每个职位详情的链接（后半部分）。如果要了解职位的详情，需要在 href 属性值的前面加上 http://hr.tencent.com/，拼接成一个完整的链接。

（2）文本：表示职位的名称。

再查看其他相邻的标签 <td>，可以发现，这些标签所对应的文本分别表示“职位类别”“招聘人数”“工作地点”“发布时间”。因此，只要拿到这些标签的文本，就能够拿到想要的数据。

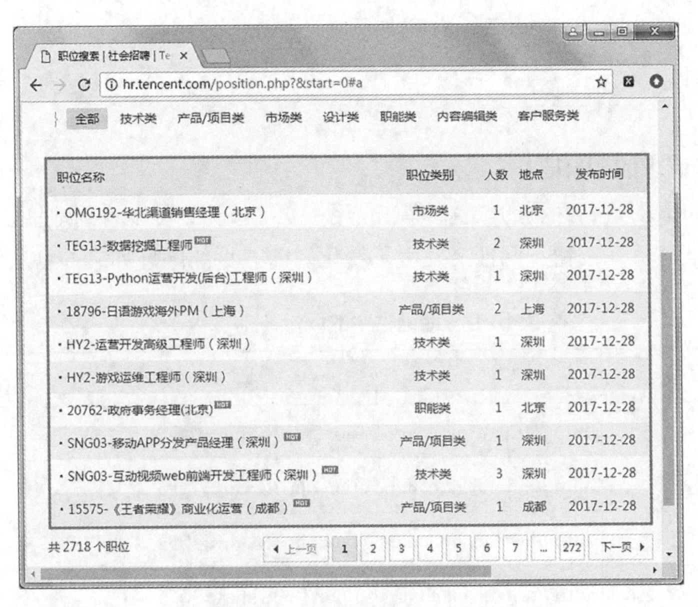

图 5-8　待爬取的目标信息

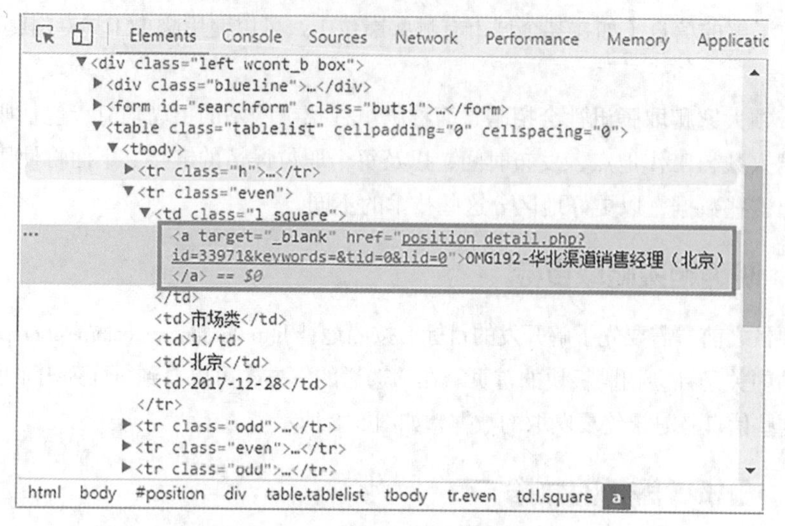

图 5-9　底部窗口显示网页源代码

除此之外，还可以查看其他标签的内容，以确认所要解析的数据。查看下一个标签<tr class="odd">，该标签的内容对应着第二条招聘信息。因此，<tr class="even"> 和 <tr class="odd"> 标签中的文本和 href 属性都是要筛选出来的数据。

5.7.3　使用 urllib 库爬取社招网数据

创建一个用作开发的文件 spider.py。在 spider.py 文件中，定义一个负责爬取网页的类 Spider，只要调用 Spider 对象的方法，就可以将腾讯社会招聘网站的 HTML 爬取下来，具体实现步骤如下：

1. 导入 urllib 库

在 spider.py 文件中导入 urllib 库，代码如下：

```
import urllib.request
```

2. 处理用作请求的 URL

下拉图 5-8 的滚动条到翻页的位置，单击“下一页”按钮，可以看到地址栏的网址发送了变化，继续单击“下一页”按钮，网址又发生了变化。前五页的网址如表 5-9 所示。

表 5-9　地址栏中的网址（前 5 页）

页　码	网　址
第 1 页	http://hr.tencent.com/position.php?&start=0#a
第 2 页	http://hr.tencent.com/position.php?&start=10#a
第 3 页	http://hr.tencent.com/position.php?&start=20#a
第 4 页	http://hr.tencent.com/position.php?&start=30#a
第 5 页	http://hr.tencent.com/position.php?&start=40#a

通过比较上述网址可以发现，start 参数的初始值为 0，之后每增加一页就递增 10。按照这个规律，要想爬取所有页面的内容，可以将 URL 表示为下列格式：

```
"http://hr.tencent.com/position.php?&start="+（页码 -1）*10+"#a"
```

此时，通过上述 URL 可以连续发送页面请求，从而拿到所有页面的内容。

3. 定义属性

在 Spider 类的 __init__() 方法中，定义表示起始页、终止页、基本 URL 的属性。具体代码如下：

```
class Spider(object):
    def __init__(self):
        # 起始页位置
        self.begin_page=int(input("请输入起始页："))
        # 终止页位置
        self.end_page=int(input("请输入终止页："))
        # 基本 URL
        self.base_url="http://hr.tencent.com/"
```

注意：由于后续爬取到的职位详情链接并不是完整的，需要在此链接的基础上加上 http://hr.tencent.com/。因此，这里可以定义一个 base_url 属性，以供后续使用。

4. 发送爬取网页的请求

在 Spider 类中，定义一个用于发送请求的方法 load_page()。在 load_page() 方法中，准备好请求头和完整的 URL，接着使用 urllib 库获取服务器返回的网页源代码。代码如下：

```
def load_page(self):
    """
        @brief 定义一个 url 请求网页的方法
        @param page 需要请求的第几页
    """
    user_agent="Mozilla/5.0 (compatible; MSIE 9.0; Windows NT 6.1;
                Trident / 5.0"
    headers={"User-Agent": user_agent}
    for page in range(self.begin_page, self.end_page+1):
        url=self.base_url+"position.php?&start="+str((page-1)*10)
            +"#a"
        request=urllib.request.Request(url, headers=headers)
        # 获取每页 HTML 源代码字符串
        response=urllib.request.urlopen(request)
        html=response.read().decode("utf-8")
```

为了验证程序是否获取到源代码，可以在上述代码的末尾，增加如下测试代码：

```
print(html)
```

在 main 语句中，创建一个 Spider 类对象，然后调用 load_page() 方法下载网页源码，具体代码如下：

```
if __name__ == '__main__':
    # 测试是否返回网页源码
    spider = Spider()
    spider.load_page()
```

运行程序，在控制台输入起始页和终止页均为 1，按下【Enter】键后，控制台输出了整个网页的 HTML 源代码，表明爬取成功。

在测试完之后，需要将 load_page() 方法末尾的“print(html)”语句进行注释或删除，改成使用 rerun 语句进行返回，改后的代码如下：

```
# print(html)
return html
```

5.7.4 使用正则、lxml、bs4 解析职位数据

在爬取了整个网页之后，下一步就是从整个 HTML 中提取目标数据。对于 HTML 网页，可以使用正则表达式、XPath、Beautiful Soup 等 3 种技术来提取数据。下面就分别使用这 3 种技术来解析腾讯社会招网站的网页数据，让读者更好地理解和应用这 3 种技术。

在 Spider 类中，定义一个用于解析网页的方法 parse_page()。在该方法中，分别使用 re 模块、lxml 和 bs4 库进行实现。

1. 使用 re 模块解析网页数据

根据前面所分析的网页源代码，通过“站长之家”在线工具（http://tool.chinaz.com/regex/）测试正则是否可行。

（1）查找所有的职位名称。在 HTML 源代码中，职位名称对应的文本位于标签 <a> 中。首先，以 (.*?)</a> 表达式在线测试，匹配到的结果大于预期的 10 条。由于每个标签 href 属性值的末尾是一样的，可以在表达式的括号前面加上这部分与其他标签进行区分，最终可使用如下表达式：

```
lid=0">(.*?)</a>
```

（2）查找所有的职位详情链接。职位详情链接的文本位于开始标签 <a> 中，且 <a> 中有着唯一的属性，正好跟其他 <a> 进行区分，可以使用如下正则表达式筛选：

```
<a target="_blank" href="(.*?)">
```

（3）查找职位类别、招聘人数、地点、发布时间。职位类别、招聘人数、地点、发布时

间对应的文本都位于开始标签 <td> 和结束标签 </td> 中，可以使用如下正则表达式筛选：

```
<td>(.*?)</td>
```

经过测试后，发现表格的表头文本也位于 <td> 和 </td> 中，且位于匹配结果的前 4 个。因此，后期要从这些匹配结果中剔除前 4 个结果。

正则表达式准备好以后，在 spider.py 文件中导入 re 模块。代码如下：

```
import re
```

然后，在 parse_page() 方法中实现如下代码：

```
def parse_page(self, html):
    """
        @brief       定义一个解析网页的方法
        @param html 服务器返回的网页 HTML
    """
    # 查找所有职位名称
    names_list=re.findall(r'lid=0" >(.*?)</a>', html)
    # 查找所有详情链接
    links_list=re.findall(r'<a target="_blank" href="(.*?)">', html)
    # 查找其他元素
    temp_list=re.findall(r'<td>(.*?)</td>', html)
    others_list=temp_list[4:]  # 去除表格标题
    # 从 others_list 中截取所有职位类别
    category_list=others_list[0::4]
    # 从 others_list 中截取所有招聘人数
    counts_list=others_list[1::4]
    # 从 others_list 中截取所有工作地点
    location_list=others_list[2::4]
    # 从 others_list 中截取所有发布时间
    publist_time_list=others_list[3::4]
    # 定义空列表，以保存元素的信息
    items=[]
    for i in range(0, len(names_list)):
        item={}
        item["职位名称"]=names_list[i]
        item["详情链接"]=self.base_url + links_list[i]
        item["职位类别"]=category_list[i]
        item["招聘人数"]=counts_list[i]
        item["工作地点"]=location_list[i]
        item["发布时间"]=publist_time_list[i]
        items.append(item)
    print(items)
```

5

通过观察可以看出，使用正则表达式虽然能解析网页，但是使用起来非常麻烦，一旦网页发生变化，这个程序很有可能会失效。例如，表格中的“工作地点”一列与“招聘人数”一列互换位置，上述程序会变动很多位置，扩展性不好。

在 main 的末尾，调用 parse_page() 方法解析网页，具体代码如下：

```
if __name__ == '__main__':
    # 测试正则表达式 / lxml 库 / bs4 库
    spider = Spider()
    return_html = spider.load_page()
    spider.parse_page(return_html)
```

运行程序，控制台输出了包含了所有过滤元素的字典。

注意：后续需要使用其他技术解析网页，所以在切换到下一项技术之前，需要先注释整个 parse_page() 方法中的代码，以免影响程序的正常执行。

2. 使用 lxml 库解析网页数据

在 Chrome 浏览器中打开社会招聘页面，右击表格中任一职位，选择“检查”命令，可以看到该元素及周围的源代码，部分如下：

```
<tr class="even xh-highlight">
  <td class="l square">
    <a target="_blank" href="position_detail.php?id=34438&amp;
    keywords=&amp;tid=0&amp;lid=0"
    class="">SNG01-手机QQ移动端开发工程师（深圳）</a>
  </td>
  <td class="">技术类</td>
  <td class="">3</td>
  <td class="">深圳</td>
  <td class="">2018-01-10</td>
</tr>
```

在使用 lxml 解析网页之前，可以使用 XPath Helper 工具，测试 XPath 表达式是否可行，并查找与其匹配的结果。主要分为如下几种情况：

（1）查找所有的职位详情链接。通过观察上述源代码可知，详情链接位于标签 <a> 中，对应着该标签的 href 属性的值。经过 XPath 工具测试，可使用如下表达式查找：

```
//td[@class='l square']/a/@href
```

（2）查找所有的职位名称。表示职位名称的文本对应着标签 <a> 的文本，准备好的路径表达式如下：

```
//td[@class='l square']/a/text()
```

（3）查找其他元素。用来查找职位类别的表达式如下：

```
//tr[@class='even']/td[2] | //tr[@class='odd']/td[2]
```

用来查找招聘人数的表达式如下：

```
//tr[@class='even']/td[3] | //tr[@class='odd']/td[3]
```

用来查找工作地点的表达式如下：

```
//tr[@class='even']/td[4] | //tr[@class='odd']/td[4]
```

用来查找发布时间的表达式如下：

```
//tr[@class='even']/td[5] | //tr[@class='odd']/td[5]
```

路径表达式准备好以后，在 spider.py 文件中导入 lxml 解析库。代码如下：

```
from lxml import etree
```

然后，在 parse_page() 方法中实现如下代码：

```
def parse_page(self, html):
    """
        @brief      定义一个解析网页的方法
        @param html 服务器返回的网页 HTML
    """
    # 从字符串中解析 HTML 文档或片段，返回根节点
    root=etree.HTML(html)
    # 查找所有的详情链接
    links=root.xpath("//td[@class='l square']/a/@href")
    # 查找所有的职位名称
    names=root.xpath("//td[@class='l square']/a/text()")
    # 查找所有的职位类别
    categorys=root.xpath("//tr[@class='even']/td[2]
                          | //tr[@class='odd']/td[2]")
    # 查找所有的招聘人数
    counts=root.xpath("//tr[@class='even']/td[3]
                       | //tr[@class='odd']/td[3]")
    # 查找所有的工作地点
    locations=root.xpath("//tr[@class='even']/td[4]
                          | //tr[@class='odd']/td[4]")
    # 查找所有的发布时间
```

```
    publish_times=root.xpath("//tr[@class='even']/td[5]
                             | //tr[@class='odd']/td[5]")
    # 定义空列表，以保存元素的信息
    items=[]
    for i in range(0, len(names)):
        item={}
        item["职位名称"]=names[i]
        item["详情链接"]=self.base_url+links[i]
        item["职位类别"]=categorys[i].text
        item["招聘人数"]=counts[i].text
        item["工作地点"]=locations[i].text
        item["发布时间"]=publish_times[i].text
        items.append(item)
    print(items)
```

在上述方法中，首先从字符串中解析 HTML 文档，并返回根节点，然后使用 XPath 语句从根节点遍历查找表示详情链接、职位名称、职位类别、招聘人数、工作地点、发布时间的元素，接着创建一个循环，循环的次数是由职位名称元素的个数所决定的，在这个循环中，将具有相同索引的匹配结果分别取出来，之后保存在字典中，最后输出这个字典。

运行程序，控制台输出了同样的结果。

3. 使用 bs4 库解析网页数据

要想使用 bs4 解析社会招聘网页，提取出用到的数据，可分为如下几步：

（1）通过 bs4 库的 CSS 选择器搜索 <tr class="even"> 和 <tr class="odd"> 标签，并保存到列表中。

（2）遍历列表取出每个 td 标签中的文本，以及 href 属性的值，将每个标签对应的含义与文本内容一一对应地保存到字典中，并且将这些字典都保存到列表中。

在 spider.py 文件中导入 BeautifulSoup 类，代码如下：

```
from bs4 import BeautifulSoup
```

创建一个 BeautifulSoup 类的对象，并通过 CSS 选择器获取所有的 tr 标签。为了能够更精准地描述 tr 标签，需要在标签的后面加上其特有的属性，最终编写的两条 CSS 语句如下：

```
tr[class="even"]
tr[class="odd"]
```

在 parse_page() 方法中，创建一个 BeautifulSoup 对象，分别调用 select() 方法，以字符串的形式传入上述两条语句，搜索到全部标签，具体代码如下：

```
def parse_page(self, html):
"""
    @brief      定义一个解析网页的方法
    @param html 服务器返回的网页 HTML
"""
  # 创建 BeautifulSoup 解析工具，使用 lxml 解析器进行解析
  html=BeautifulSoup(html,'lxml')
  # 通过 CSS 选择器搜索 tr 节点
  result=html.select('tr[class="even"]')
  result2=html.select('tr[class="odd"]')
  result+=result2
```

通过 for...in 循环遍历 result 列表，使用 CSS 选择器获取上述这些子元素的文本，并将这些元素的含义与文本以字典的形式保存到列表中。具体代码如下：

```
# 定义空列表，以保存元素的信息
items=[]
for site in result:
  item={}
  name=site.select('td a')[0].get_text()                   # 职位名称
  detailLink=site.select('td a')[0].attrs['href']          # 详情链接
  catalog=site.select('td')[1].get_text()                  # 职位类别
  recruitNumber=site.select('td')[2].get_text()            # 招聘人数
  workLocation=site.select('td')[3].get_text()             # 工作地点
  publishTime=site.select('td')[4].get_text()              # 发布时间
  item['职位名称']=name
  item['详情链接']=self.base_url+detailLink
  item['职位类别']=catalog
  item['招聘人数']=recruitNumber
  item['工作地点']=workLocation
  item['发布时间']=publishTime
  items.append(item)
print(items)
```

运行程序，控制台输出了同样的结果。

5.7.5 将数据保存到文件中

在解析完网页之后，为了后续能够方便地查看和使用，需要建立一个本地文件，将得到的标签列表保存到文件中。

在 Spider 类中，定义一个将数据保存到文件的方法 save_file()。在该方法中，创建一个名为 tencent.txt 的文件，并将数据写入到该文件中。具体代码如下：

```
def save_file(self, items):
  """
     @brief        将数据追加写进文件中
     @param html  文件内容
  """
  file=open('tencent.txt',"wb+")
  file.write(str(items).encode())
  file.close()
```

在 parse_page() 方法的末尾，调用 save_file() 方法把包含标签的列表存进去。代码如下：

```
self.save_file(items)
```

运行程序，没有出现任何错误信息。这时，会在工程所在的目录中看到新创建的 tencent.json 文件。使用文本编辑工具打开该文件，可以看到如图 5-10 所示的结果。

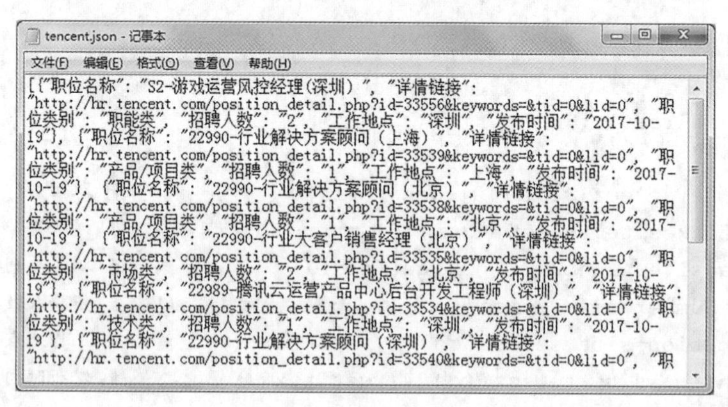

图 5-10　打开 tencent.txt

小　结

本章讲解了用于解析网页数据的几种具体技术，以及如何使用 Python 中提供的模块和库基于这些技术实现解析网页的功能。起初先介绍了网页的常见格式，然后讲解了应用于不同网页数据格式的一些技术，以及封装了这些技术的 Python 库或模块，最后结合一个腾讯社会招聘网站的案例，讲解如何使用 re 模块、lxml 库和 bs4 库解析网页数据，以更好地区分这些技术的不同之处。在实际工作中，根据具体情况选择合理的技术运用即可。

习　题

一、填空题

1. ________是一个用于处理字符串的强大工具。
2. 网页解析器可以从网页中提取出有价值的数据，或新的________链接。
3. ________表示 XML 路径语言，能够确定 XML 树结构中某一部分的位置。

4. 路径表达式是指从某节点到某个节点或某一组节点的顺序，以________字符进行分隔。

5. lxml是用Python编写的库，主要用于解析和提取________或________格式的数据，

二、判断题

1. 如果路径表达式以“/”开始，那么该路径就代表着到达某个节点的绝对路径。（ ）

2. 创建BeautifulSoup类实例时，如果没有明确指定解析器，那么该实例肯定会选择Python标准库。（ ）

3. 在使用bs4库调用find()方法查找节点时，只能将字符串作为参数。（ ）

4. JSONPath是一种信息抽取类库，用于从JSON文档中抽取指定信息。（ ）

5. 路径表达式是唯一的，只能从根节点开始搜索。（ ）

三、选择题

1. 下列选项中，属于非结构化数据的是（ ）。（多选）

A. 图像　　B. HTML　　C. XML　　D. JSON

2. 下列选项中，属于结构化数据的是（ ）。

A. 图像　　B. 文本　　C. 办公文档　　D. JSON

3. 下列解析技术中，用于解析JSON文档的是（ ）。

A. XPath　　B. JSONPath　　C. Beautiful Soup　　D. 正则表达式

4. 下列Python库或模块中，支持正则表达式语法的是（ ）。

A. bs4　　B. lxml　　C. re　　D. json

5. 下列选取节点的表达式中，代表着从根节点开始选取的是（ ）。

A. /　　B. //　　C. name　　D. @

四、简答题

1. 简述什么是结构化数据和非结构化数据。

2. 正则表达式、Xpath、Beautiful Soup和JSONPath有什么区别？

五、编程题

阅读下面hello.html文件的程序：

```
<html><body><div>
<ul>
<li class="item-0"><a href="link1.html">first item</a></li>
<li class="item-1"><a href="link2.html">second item</a></li>
<li class="item-inactive"><a href="link3.html">third item</a></li>
<li class="item-1"><a href="link4.html">fourth item</a></li>
<li class="item-0"><a href="link5.html">fifth item</a></li></ul>
</div></body></html>
```

使用lxml技术，分别按照如下要求查找指定标签。

（1）编写程序，查找所有的<li>标签，打印结果。

（2）编写程序，查找<li>标签下的所有class属性值，打印结果。

（3）编写程序，查找<li>标签中href属性值为link1.html的<a>标签，打印结果。

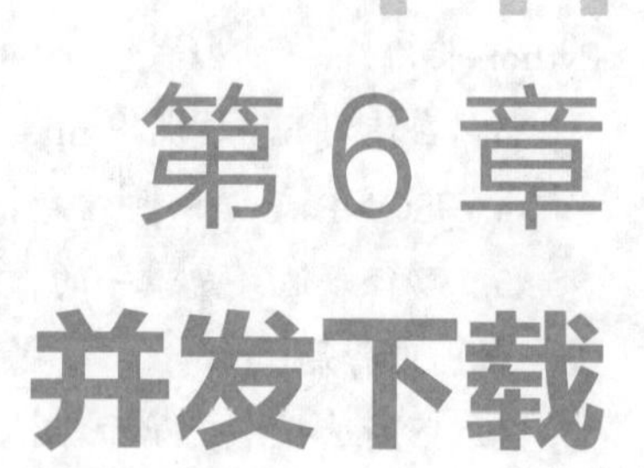

第6章 并发下载

学习目标

◆了解多线程爬虫的流程。

◆掌握 queue 模块的使用，可以利用它实现多线程爬虫。

◆熟悉协程的使用，能够用协程技术实现并发爬虫。

由于外部网络不稳定，在使用单线程爬取网页数据时，如果有一个网页响应速度慢或者卡住，整个程序都要等待下去，这显然是无效率的。因此，可以使用多线程、多进程、协程技术实现并发下载网页。

那么，在 Python 中多线程、多进程和协程应该如何选择呢？

一般来说，多进程适用于 CPU 密集型的代码，例如各种循环处理、大量的密集并行计算等。多线程适用于 I/O 密集型的代码，例如文件处理、网络交互等。协程无须通过操作系统调度，没有进程、线程之间的切换和创建等开销，适用于大量不需要 CPU 的操作，例如网络 I/O 等。

实际上，限制爬虫程序发展的瓶颈就在于网络 I/O，原因是网络 I/O 的速度赶不上 CPU 的处理速度。结合多线程、多进程和协程的特点和用途，我们一般采用多线程和协程技术来实现爬虫程序。

6.1 多线程爬虫流程分析

多线程爬虫将多线程技术运用在采集网页信息和解析网页内容上，其流程如图 6-1 所示。

（1）准备一个网址列表，是要爬取数据的网页列表。与单线程爬虫不同，多线程爬虫可以同时爬取多个网页，所以需要准备一个待爬取网址列表。

（2）同时启动多个线程爬取网页内容。一般启动固定数量的线程，一个线程爬取完一个网页之后，接着爬取下一个。线程的数量不宜过多，否则，线程调度的时间太长，效率低；线程的数量也不宜过少，否则不能最大限度地提高爬取速度。

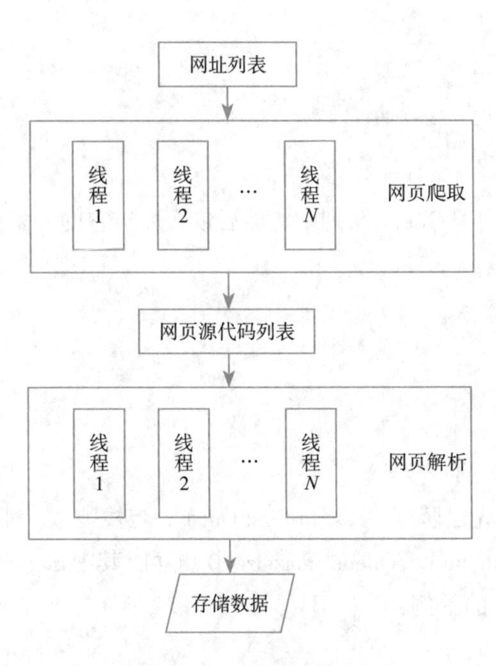

图 6-1　多线程爬虫流程

（3）将爬取到的网页源代码存储在一个列表中。

（4）同时使用多个线程对网页源代码表的网页内容进行解析。

（5）将解析之后的数据存储起来。至此，就完成了多线程爬虫的全部过程。

6.2　使用 queue 模块实现多线程爬虫

多线程爬虫要在内存中存储数据，包括待爬取的网页列表、爬取到的数据等，这时一般要使用到 queue 模块。

6.2.1　queue（队列）模块简介

queue 模块是 Python 内置的标准模块，可以直接通过 import queue 引用。在 queue 模块中提供了 3 种同步的、线程安全的队列，分别由 3 个类 Queue、LifoQueue 和 PriorityQueue 表示，它们的唯一区别是元素取出的顺序不同。并且，LifoQueue 和 PriorityQueue 都是 Queue 的子类。

1. Queue（FIFO 队列）

Queue 类表示一个基本的 FIFO（First In First Out，先进先出）队列，创建方法是 Queue.Queue（maxsize=0），其中 maxsize 是个整数，指明了队列中能存放的数据个数的上限。以下是一个使用 Queue 的示例。

```
from queue import Queue
queue_object=Queue()
for i in range(4):
```

```
    queue_object.put(i)
while not queue_object.empty():
    print(queue_object.get())
```

上例中将 4 个数字放在了 Queue 队列中，然后依次取出它的元素值。其运行结果如下：

```
0
1
2
3
```

2. LifoQueue（LIFO 队列）

LifoQueue 类表示后进先出队列（Last in First Out），与栈类似，都是后进入的元素先出来。创建方法也很简单，使用 Queue.LifoQueue(maxsize=0)即可，其中 maxsize 的含义与 Queue 类相同。以下是一个使用 LifoQueue 的示例：

```
from queue import LifoQueue
lifo_queue=LifoQueue()
for i in range(4):
    lifo_queue.put(i)
while not lifo_queue.empty():
    print(lifo_queue.get())
```

上例同样将 4 个数字放在了 LifoQueue 中，但取出元素的顺序与 Queue 相反，最后放入的元素最先被取出。运行结果如下：

```
3
2
1
0
```

3. PriorityQueue（优先级队列）

PriorityQueue 类表示优先级队列，按级别顺序取出元素，级别最低的最先取出。优先级队列中的元素一般采取元组（优先级别，数据）的形式来存储。创建方法同样是 Queue.PriorityQueue（maxsize=0）。以下是一个使用 PriorityQueue 的示例：

```
from queue import PriorityQueue
class Job(object):
    def __init__(self, level, description):
        self.level=level
        self.description=description
        return
```

```
    def __lt__(self, other):
        return self.level<other.level
priority_queue=PriorityQueue()
priority_queue.put(Job(5, '中级别工作'))
priority_queue.put(Job(10, '低级别工作'))
priority_queue.put(Job(1, '重要工作'))
while not priority_queue.empty():
    next_job=priority_queue.get()
    print('开始工作：', next_job.description)
```

在上例中，将任务 Job 存入 PriorityQueue 中，每个 Job 都有一个优先级 level，level 值越低则代表的优先级越高。在调用 get() 方法时，按照优先级从高到低的顺序从队列中取出元素。

运行结果如下：

```
开始工作： 重要工作
开始工作： 中级别工作
开始工作： 低级别工作
```

除此之外，在 Queue 模块中还定义了如下 2 个异常类：

（1）Empty：当从空队列中取数据时，可抛出此异常。

（2）Full：当向一个满队列中存数据时，可抛出此异常。

6.2.2 Queue 类概述

Queue 类是 Python 标准库中线程安全的队列（FIFO）实现，提供了一个适用于多线程编程的先进先出的数据结构——队列，用于生产者和消费者线程之间的信息传递。

队列是线程间最常用的交换数据的形式。这里有个问题，为什么使用队列（Queue），而不使用 Python 原生的列表（List）或字典（Dict）类型呢？原因是 List、Dict 等数据存储类型都是非线程安全的。在多线程中，为了防止共享资源的数据不同步，对资源加锁是个重要的环节。Queue 类中实现了所有的锁逻辑，能够满足多线程的需求，所以在满足使用条件的情况下，建议使用队列。

Queue 类提供了以下数据存储和管理的常用方法。

1. queue.Queue(maxsize)

用于创建队列，maxsize 规定了队列的长度。一旦达到上限，再添加数据会导致阻塞，直到队列中的数据被消耗掉。如果 maxsize 小于或者等于 0，表示队列大小没有限制。maxsize 的默认值为 0。

2. empty()

如果队列为空，返回 True，否则返回 False。

3. full()

如果队列已满则返回 True，否则返回 False。

4. qsize()

返回队列的大小。

5. get(block=True, timeout=None)

从队头获取并删除第一个元素。它有两个可选参数：

（1）block：默认值为 True，即当队列为空时，阻塞当前线程；当值为 False 时，即当队列为空时，不阻塞线程，而是抛出 Empty 异常。

（2）timeout：设置阻塞的最大时长，默认为 None。

当 block 值为 True 时，timeout 为 None，则表示无限期阻塞线程，直到队列中有一个可用元素；timeout 为正数，表示阻塞的最大等待时长，如果超出时长队列中还没有元素，则抛出 Empty 异常。

当 block 值为 False 时，忽略 timeout 参数。

6. put(Item, block=True, timeout=None)

在队尾添加一个元素。put() 有 3 个参数，依次介绍如下：

（1）item：必需的参数，表示添加元素的值。

（2）block：可选参数，默认值为 True，表示当队列已满时阻塞当前线程。如果取值为 False，则当队列已满时抛出 Full 异常。

（3）timeout：可选参数，默认为 None。

当 block 参数值为 True 时，timeout 表示阻塞的时长；当 timeout 为 None 时，表示无限期阻塞线程，直到队列中空出一个数据单元；如果 timeout 为正数，则表示阻塞的最大等待时长，如果超出最大时长还没有可用数据单元出现，则引发 Full 异常。

如果 block 参数为 False，则忽略 timeout 参数。

7. get_nowait()

立即取出一个元素，不等待，相当于 get(False)。

8. put_nowait()

立即放入一个元素，不等待，相当于 put(item,False)。

9. task_done()

在完成一项工作之后，task_done() 函数向任务已经完成的队列发送一个信号。

10. join()

阻塞当前线程，直到队列中的所有元素都已被处理。

6.3 协程实现并发爬取

所谓协程，就是同时开启多个任务，但一次只顺序执行一个。等到所执行的任务遭遇阻塞，就切换到下一个任务继续执行，从而节省阻塞所占用的时间。

单进程下协程和多线程并没有很大区别，相比之下，协程更节省资源、效率更高，并且更安全。

而多进程下，多线程可以利用多核资源，这是单进程的协程模型做不到的。

6.3.1　协程爬虫的流程分析

由于协程的切换不像多线程调度那样耗费资源，所以不用严格限制协程的数量。使用协程实现爬虫的流程如图 6-2 所示。

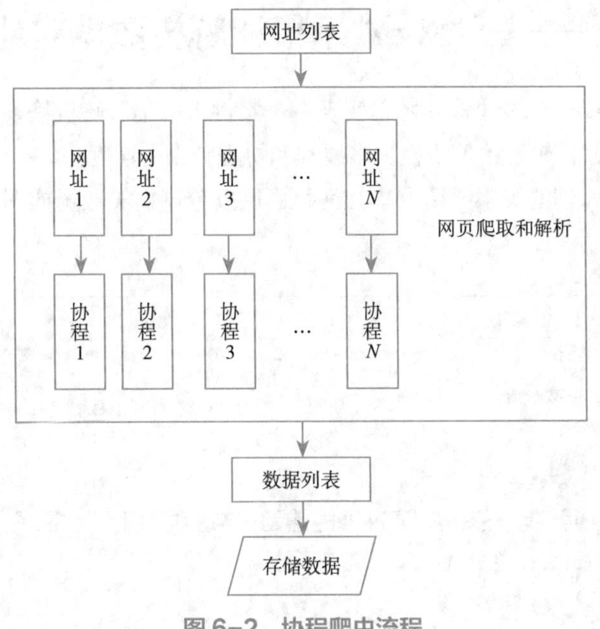

图 6-2　协程爬虫流程

（1）将要爬取的网址存储在一个列表中，由于针对每个网址都要创建一个协程，所以需要准备一个待爬取网址列表。

（2）为每个网址创建一个协程并启动该协程。协程会依次执行，爬取对应的网页内容。如果一个协程在执行过程中出现网络阻塞或其他异常情况，则马上执行下一个协程。由于协程的切换不用切换线程上下文，消耗比较小，所以不用严格限制协程的数量。每个协程负责爬取网页，并将网页中的目标数据解析出来。

（3）将爬取到的目标数据存储在一个列表中。

（4）遍历数据列表，将数据存储在本地文件中。至此，就完成了协程爬虫的全部过程。

6.3.2　第三方库 gevent

gevent 是一个基于协程的 Python 网络库，是一个第三方库，可使用以下方法对其进行安装：

```
pip install gevent
```

使用以下方式进行引用：

```
import gevent
```

gevent 库的常用方法如下：

（1）gevent.spawn() 方法：创建并启动协程。

（2）gevent.joinall() 方法：等待所有协程执行完毕。

6.4 案例——三种技术采集和解析数据对比

这里分别使用单线程、多线程和协程实现一个案例：采集和解析糗事百科网页上的内容。然后，分别运行程序，比较使用单线程、多线程和协程爬虫的速度。

糗事百科是一个原创的糗事笑话分享社区，由网友分享搞笑段子或图片。网站的页面显示如图 6-3 所示。

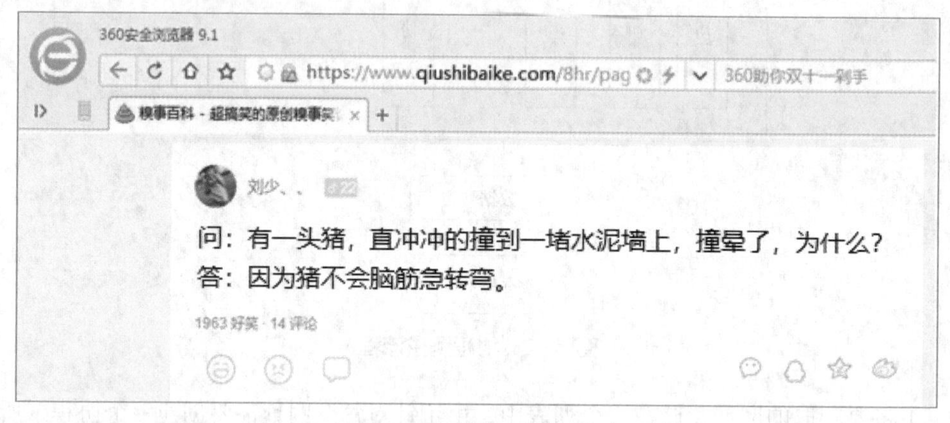

图 6-3　糗事百科网站

该网页分页显示数据，URL 格式是 https://www.qiushibaike.com/8hr/page/2/，其中最后的数字表示页码。

我们的需求是爬取糗事百科网站前 20 页的内容，包括每个帖子里的用户姓名、段子内容（包括正文文字和图片）、点赞数和评论数，并将结果保存到 JSON 文件中。

6.4.1 单线程实现

首先使用单线程依次获取网页内容，步骤依次是：构建网址→访问网页并获取源代码→解析源代码→转成 JSON 格式→存储到本地文件。代码文件取名为 singleThreading.py，文件内的代码如下：

```
1 from lxml import etree      # 解析库
2 import requests             # 请求处理
3 import json                 # json 处理
4 # 访问网页的请求头
```

```
5 headers={'User-Agent': 'Mozilla/5.0 (Windows NT 10.0;
6     WOW64) AppleWebKit/537.36 (KHTML, like Gecko)
7     Chrome/52.0.2743.116 Safari/537.36',
8     'Accept-Language': 'zh-CN,zh;q=0.8'}
9 # 存储解析后数据的本地文件
10 local_file=open("duanzi.json", "a")
11 # 解析html字符串，获取需要的信息
12 def parse_html(html):
13     text=etree.HTML(html)
14     # 返回所有段子的结点位置
15     # contains模糊查询，第一个参数是要匹配的标签，第二个参数是标签名的部分内容
16     node_list=text.xpath('//div[contains(@id,"qiushi_tag")]')
17     for node in node_list:
18         try:
19             # 获取用户名
20             username=node.xpath('./div')[0].xpath(".//h2")[0].text
21             # 图片链接
22             image=node.xpath('.//div[@class="thumb"]//@src')
23             # 取出标签下的内容：段子内容
24             content=node.xpath('.//div[@class="content"]/span')[0].text
25             # 点赞，取出标签里包含的内容
26             like=node.xpath('.//i')[0].text
27             # 获取评论
28             comments=node.xpath('.//i')[1].text
29             # 构建json格式的字符串
30             items={
31                 "username": username,
32                 "content": content,
33                 "image": image,
34                 "zan": like,
35                 "comments": comments
36             }
37             # 写入存储的解析后的数据
38             local_file.write(json.dumps(items, ensure_ascii=False)+"\n")
39         except:
40             pass
41 def main():
42     # 循环获取第1~20页共20页的网页源代码，并解析
43     for page in range(1, 21):
44         # 每个网页的网址
45         url="http://www.qiushibaike.com/8hr/page/"+str(page)+"/"
46         # 爬取网页源代码
```

6

```
47          html=requests.get(url, headers=headers).text
48          # 解析网页信息
49          parse_html(html)
50 # 程序运行入口
51 if __name__ == '__main__':
52     main()
```

在上述代码中，第 5 行定义了请求网页时使用的请求头，第 9 行定义了存储解析后 JSON 数据的本地文件 local_file。

第 11~39 行代码定义了 parse_html() 函数，它的参数 html 是爬取到的网页源代码。parse_html() 函数使用 XPath 对 html 源代码进行解析，将所得数据构成 JSON 格式的字符串，并写入本地文件 local_file 中。

第 40~48 行代码定义了 main() 函数，包含了程序的整个执行流程。它根据 1~20 页的页码，一共构建了 20 个网页地址，使用 request 模块循环访问这些网页并获取网页源代码，然后调用 parse_html 对网页源代码进行解析，得到网页包含的段子信息，包括用户名、段子内容、点赞数和评论数。

第 51 行调用了 main() 函数，作为程序入口。

运行程序结束后，可以看到在代码文件同级目录下出现一个新的文件 duanzi.json，内容为获取到的网页信息。打开 duanzi.json 文件，可以看到文件中包含有 500 条左右的数据。

注意：本地文件的打开方式是添加，所以在调试代码时，要适时手动清空该文件。

6.4.2 多线程实现

从单线程爬虫的流程可以看出，全部过程只使用了一个线程，先爬取一个网页，对网页内容进行解析，然后存储，完成整套操作后再开始爬取下一个网页，每个网页依次进行，效率非常慢。

现实中往往同时开启多个线程爬取和解析网页，速度会加快很多。多线程爬虫的流程如图 6-4 所示。

多线程爬虫的流程简要步骤如下：

（1）使用一个队列 pageQueue 保存要访问的网页页码。

（2）同时启动多个采集线程，每个线程都从网页页码队列 pageQueue 中取出一个要访问的页码，构建网址，访问网址并爬取数据。操作完一个网页后再从网页页码队列中取出下一个页码，依次进行，直到所有的页码都已访问完毕。所有的采集线程保存在列表 threadCrawls 中。

（3）使用一个队列 dataQueue 来保存所有的网页源代码，每个线程获取到的数据都放入该队列中。

（4）同时启动多个解析线程，每个线程都从网页源代码队列 dataQueue 中取出一个网页源代码，并进行解析，获取想要的数据，并转化为 JSON 格式。解析完成后再取出下一个网页源代码，依次进行，直到所有的源代码都已被取出。将所有的解析线程存储在列表 threadParses 中。

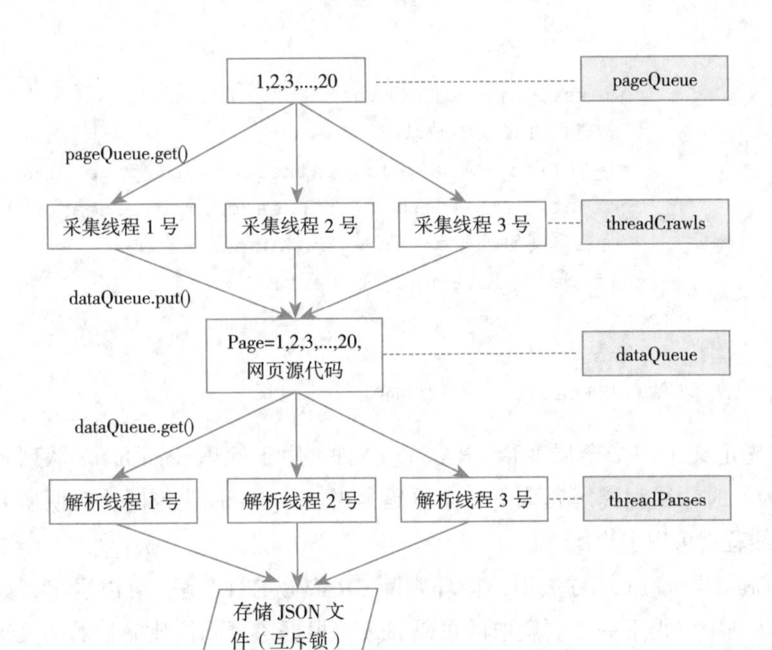

图 6-4 多线程爬虫流程

（5）将解析得到的 JSON 数据存储在本地文件 duanzi.json 中。

下面分步骤实现对糗事百科网页内容的爬取和解析。

（1）新建一个开发文件，命名为 multiThreading.py。在 multiThreading.py 文件中，创建一个 ThreadCrawl 类，继承自 threading.Thread 类，用于采集网页信息。代码如下：

```
CRAWL_EXIT=False          # 采集网页页码队列是否为空的信号
class ThreadCrawl(threading.Thread):
    def __init__(self, threadName, pageQueue, dataQueue):
        threading.Thread.__init__(self)
        self.threadName=threadName # 线程名
        self.pageQueue=pageQueue    # 页码队列
        self.dataQueue=dataQueue    # 数据队列
        # 请求报头
        self.headers="{'User-Agent': 'Mozilla/5.0 (Windows NT 10.0;
          WOW64) AppleWebKit/537.36 (KHTML, like Gecko)
          Chrome/52.0.2743.116 Safari/537.36'," \" 'Accept-Language':
          'zh-CN,zh;q=0.8'}"
    def run(self):
        print("启动 "+self.threadName)
        while not CRAWL_EXIT:
            try:
                # 从 dataQueue 中取出一个页码数字，先进先出
                # 可选参数 block，默认值是 True
                # 如果队列为空，block 为 True，会进入阻塞状态，直到队列有新的数据
                # 如果队列为空，block 为 False，会弹出一个 Queue.empty() 异常
```

```
                page=self.pageQueue.get(False)
                # 构建网页的 URL 地址
                url="http://www.qiushibaike.com/8hr/page/" +str(page)+"/"
                content=requests.get(url,headers=self.headers).text
                # 将爬取到的网页源代码放入 dataQueue 队列中
                self.dataQueue.put(content)
            except:
                pass
        print("结束"+self.threadName)
```

代码中首先定义了一个全局变量 CRAWL_EXIT，用于标识 pageQueue 队列是否为空。当 pagcQueue 不为空时，线程继续爬取下一个页码；当 pageQueue 为空时，表明所有的网页都已被爬取完毕，线程就可以退出。

在 ThreadCrawl 类的 run() 方法中，循环判断 CRAWL_EXIT 是否可以退出，如果不能，则从 pageQueue 队列中取得下一个要爬取的页码 page，根据该页码构建完整的网页地址 URL，然后使用 requests.get() 方法爬取网页的源代码 content，最后将源代码放入 dataQueue 队列中。当 CRAWL_EXIT 值为 True 时，退出循环，线程结束。

队列 pageQueue 是线程安全的，使用队列来调度线程，保证了每个线程采集的网页地址不重复。

（2）创建一个 ThreadParse 类，继承自 threading.Thread，用于解析网页信息。代码如下：

```
PARSE_EXIT=False        # 网页源代码队列是否为空的信号
class ThreadParse(threading.Thread):
    def __init__(self,threadName,dataQueue,localFile,lock):
        super(ThreadParse,self).__init__()
        # 线程名
        self.threadName=threadName
        # 数据队列
        self.dataQueue=dataQueue
        # 保存解析后数据的文件名
        self.localFile=localFile
        # 互斥锁
        self.lock=lock
    def run(self):
        print("启动"+self.threadName)
        while not PARSE_EXIT:
            try:
                html=self.dataQueue.get(False)
                self.parse(html)
            except:
                pass
        print("结束"+self.threadName)
```

上述代码中，首先定义了一个全局变量PARSE_EXIT，用于标识网页源代码队列是否为空。PARSE_EXIT不为空，则解析线程继续解析下一个源代码；如果PARSE_EXIT为空，表明源代码队列中的源代码全部解析完毕，解析线程就可以退出。

ThreadParse类的run()方法中，循环判断PARSE_EXIT的值，当PARSE_EXIT为False时，取出dataQueue中的网页源代码，调用parse()方法对源代码进行解析。如果PARSE_EXIT为True，表明网页源代码队列为空，所有的源代码已经解析完毕，这个解析线程就可以退出。同样，dataQueue队列是线程安全的，能保证每个线程取到的源代码不会重复。

parse()方法的定义如下：

```
# 解析 html 文档，获取文档内容
def parse(self,html):
    text=etree.HTML(html)
    # 返回所有段子的结点位置
    # contains 模糊查询，第一个参数是要匹配的标签，第二个参数是标签名的部分内容
    node_list=text.xpath('//div[contains(@id,"qiushi_tag")]')
    for node in node_list:
        # 用户名
        username=node.xpath('./div')[0].xpath(".//h2")[0].text
        # 图片链接
        image=node.xpath('.//div[@class="thumb"]//@src')
        # 取出标签下的内容：段子内容
        content=node.xpath('.//div[@class="content"]/span')[0].text
        # 点赞，取出标签中包含的内容
        zan=node.xpath('.//i')[0].text
        # 评论
        comments=node.xpath('.//i')[1].text
        items={
            "username": username,
            "content": content,
            "image": image,
            "zan": zan,
            "comments": comments
        }
        # with 后面有两个必须执行的操作：__enter__ 和 __exit__，打开和关闭
        # 不管里面的操作如何，都会直接打开和关闭功能
        # 打开锁，向文件添加内容，释放锁
        with self.lock:
            # 写入解析后的数据
            self.localFile.write(json.dumps(items, ensure_ascii=False)+"\n")
```

从parse()方法的代码可以看出，它与单线程实现糗事百科爬虫里的parse()方法逻辑基本相同，区别在于最后2行的代码。在多线程开发中，为了维护资源的完整性，在访问共享资源时

要使用共享锁lock。线程获得了锁之后，才可以访问文件localFile，并往里写入数据；写入完毕后，将锁释放，其他线程就可以访问这个文件。同一时刻，只允许一个线程访问该文件。

（3）编写 main() 函数，完成采集和解析网页内容的完整过程。代码如下：

```
1 def main():
2     # 页码队列，存储 20 个页码，先进先出
3     pageQueue=Queue(20)
4     for i in range(1,21):
5         pageQueue.put(i)
6     # 采集结果（网页的 HTML 源代码）的数据队列，参数为空表示不限制
7     dataQueue=Queue()
8     # 以追加的方式打开本地文件
9     localFile=open("duanzi.json","a")
10    lock=threading.Lock()  # 互斥锁
11    # 3 个采集线程的名字
12    crawlList=["采集线程 1 号","采集线程 2 号","采集线程 3 号"]
13    # 创建、启动和存储 3 个采集线程
14    threadCrawls=[]
15    for threadName in crawlList:
16        thread=ThreadCrawl(threadName,pageQueue, dataQueue)
17        thread.start()
18        threadCrawls.append(thread)
19    # 3 个解析线程的名字
20    parseList=["解析线程 1 号","解析线程 2 号","解析线程 3 号"]
21    # 创建、启动和存储 3 个解析线程
22    threadParses=[]
23    for threadName in parseList:
24        thread=ThreadParse(threadName,dataQueue,localFile,lock)
25        thread.start()
26        threadParses.append(thread)
27    while not pageQueue.empty():
28        pass
29    # 如果 pageQueue 为空，采集线程退出循环
30    global  CRAWL_EXIT
31    CRAWL_EXIT=True
32    print("pageQueue 为空")
33    for thread in threadCrawls:
34        thread.join()      #阻塞子线程
35    while not dataQueue.empty():
36        pass
37    print("dataQueue 为空")
38    global PARSE_EXIT
39    PARSE_EXIT=True
```

```
40     for thread in threadParses:
41         thread.join()
42     with lock:
43         # 关闭文件，在关闭之前，内容都存在内存里
44         localFile.close()
```

上述代码实现了 main() 函数，其中，第 3~5 行代码定义了 pageQueue 队列，用于存储要采集的网页页码。

第 7~10 行代码分别创建了采集结果的 dataQueue 队列、打开了存储数据的 localFile 文件，以及创建了防止资源抢夺的 lock 互斥锁。

第 12~18 行创建和启动了 3 个采集线程，并放入列表 threadCrawls 中，这 3 个线程同时采集网页数据。

第 20~26 行创建和启动了 3 个解析线程，并放入列表 threadParses 中，这 3 个线程同时解析网页源代码。

第 27~34 行是与采集线程相关的控制代码，主线程循环判断 pageQueue 的值，当 pageQueue 为空时将 CRAWL_EXIT 设置为 True，采集线程就可以逐一退出。第 33~34 行代码使用了子线程的 join() 方法阻塞了主线程，只有当所有的采集线程都结束时，主线程才能继续执行后面的代码。

第 35~41 行代码是与解析线程相关的控制代码，与采集线程的控制逻辑类似，只有当所有的解析线程都结束了，主线程才能往下执行。

第 42~44 行代码使用了互斥锁，关闭本地文件 localFile。

（4）调用 main() 函数，作为程序的入口。代码如下：

```
if __name__ == "__main__":
    main()
```

代码运行完毕后，可以在代码文件同级目录下看到文件 duanzi.json，包含有 500 条左右的数据。

6.4.3 协程实现

在上面实现的多线程爬虫中，分别开启了 3 个采集线程爬取网页和 3 个解析线程来解析网页，提高了程序执行的效率。但是，线程是交由 CPU 调度的，每个时间片段中只能有一个线程执行。而协程是在一个线程内部执行，一旦遇到了网络 I/O 阻塞，它就会立刻切换到另一个协程中运行，通过不断的轮询，降低了爬取网页的时间。对于爬虫而言，协程和多线程在效率上没有很大的不同。

下面使用协程来实现爬虫，具体步骤如下：

（1）定义一个负责爬虫的类，所有的爬虫工作完全交由该类负责。

（2）使用一个队列 data_queue 保存所有的数据。

（3）创建多个协程任务，每个协程都会使用页码构建完整的网址，访问网址爬取和提取

有用的数据，并保存到数据队列中，直到所有网页中的数据提取出来。

（4）将 data_queue 队列中的数据全部取出来，保存到本地文件 duanzi.txt 中。

下面就使用协程技术逐步实现对糗事百科网页内容的爬取和解析。

首先创建一个 Python 文件，取名为 movie_gevent。在 movie_gevent.py 文件中，创建一个 Spider 类，负责采集和解析网页的源代码。具体代码如下：

```
import requests
from queue import Queue
class Spider(object):
    def __init__(self):
        self.headers={"User-Agent":"Mozilla/5.0 (Windows NT 10.0;
             WOW64; Trident/7.0; rv:11.0) like Gecko"}
        self.base_url="https://www.qiushibaike.com/8hr/page/"
        # 创建保存数据的队列
        self.data_queue=Queue()
        # 统计数量
        self.count=0
```

上述代码中定义了一个 Spider 类。在该类进行初始化时，默认的请求头和基本 URL 已经准备好。此外，还有用于保存数据的队列。

在 Spider 类中，定义了一个用于发送请求的方法 send_request()。具体代码如下：

```
def send_request(self, url):
    print("[INFO]: 正在爬取 "+url)
    html=requests.get(url, headers=self.headers).content
    # 每次请求间隔 1s
    time.sleep(1)
    self.parse_page(html)
```

上述代码中，当要爬取某个网页时，会输出“正在爬取”的提示信息，等网页的内容爬取下来后会休眠 1 s，这样做的目的是降低了请求的频率，以免 IP 被禁。

当整个网页爬取下来以后，需要调用 parse_page() 方法解析网页。这里依然使用 lxml 库进行解析，所以在前面使用 from lxml import etree 导入库。parse_page() 方法的具体代码如下：

```
def parse_page(self, html):
    html_obj=etree.HTML(html)
    node_list=html_obj.xpath('//div[contains(@id,"qiushi_tag")]')
    for node in node_list:
        # 获取用户名
        username=node.xpath('./div')[0].xpath(".//h2")[0].text
        # 获取图片链接
        image=node.xpath('.//div[@class="thumb"]//@src')
```

```
    # 取出标签下的内容：段子内容
    content=node.xpath('.//div[@class="content"]/span')[0].text
    # 点赞，取出标签里包含的内容
    zan=node.xpath('.//i')[0].text
    # 获取评论
    comments=node.xpath('.//i')[1].text
    items={
        "username": username,
        "content": content,
        "image": image,
        "zan": zan,
        "comments": comments
    }
    self.count+=1
    self.data_queue.put(items)
```

按照 XPath 规则依次筛选出用户名、图片链接、段子内容、点赞数、评论数，将这些信息以字典的形式进行保存，并放到上述创建的数据队列中。

定义 start_work() 方法，使用协程完成采集和解析网页内容的完整过程。

```
1 def start_work(self):
2     job_list=[]
3     for page in range(1,14):
4         # 创建一个协程任务对象
5         url=self.base_url+str(page)+"/"
6         job=gevent.spawn(self.send_request, url)
7         # 保存所有的协程任务
8         job_list.append(job)
9     # joinall() 接收一个列表，将列表中的所有协程任务添加到任务队列里执行
10    gevent.joinall(job_list)
11    local_file=open("duanzi.txt","wb+")
12    while not self.data_queue.empty():
13        content=self.data_queue.get()
14        result=str(content).encode("utf-8")
15        local_file.write(result+b'\n')
16    local_file.close()
17    print(self.count)
```

上述 start_work() 方法中，第 2 行代码定义了一个用于保存协程任务的列表 job_list。第 3~8 行根据网站的页数创建了 13 次循环。在循环中，根据页数拼接完整的 URL，创建一个协程任务，用于从刚拼好的网址中爬取和解析网页，之后将这个协程任务保存到 job_list 列表中。

第 10 行将 job_list 列表的所有协程任务添加到任务队列中执行。

第 11~16 行代码创建了一个本地文件 duanzi.txt，只要数据队列 data_queue 不为空，就从队列中取出数据，并将其写入到该文件中，直到数据队列为空为止，关闭本地文件。

在 main() 中创建一个爬虫类，调用 start_work() 方法开始工作。具体代码如下：

```
if __name__=="__main__":
    spider=Spider()
    spider.start_work()
```

代码运行完毕后，可以在代码文件同级目录下看到 duanzi.txt 文件。打开该文件，可以看到其内部包含了很多条数据。

6.4.4 性能分析

使用单线程、多线程和协程实现糗事百科网站数据的爬取后，可以通过计算这 3 种方式下的耗时情况，比较三种爬虫的效率。

首先引入 time 模块，然后计算 main() 函数执行之后与执行之前的时间差，或者计算调用 start_work() 方法之前与调用 start_work() 方法之后的时间差，就可以得到程序执行的时间。代码分别如下：

计算 main() 函数执行前后时间差：

```
if __name__ == '__main__':
    startTime=time.time()
    main()
    print(time.time()-startTime)
```

计算 start_work() 方法调用前后时间差：

```
if __name__ == "__main__":
    spider=Spider()
    start=time.time()
    spider.start_work()
    print("[INFO]: Useing time%f secend"%(time.time() - start))
```

然后，分别执行单线程爬虫、多线程爬虫和协程爬虫的代码，得到 3 次执行的平均时间，分别是 10.5 s、3.4 s、2.5 s（具体时间数值会根据每个人的计算机和网络情况有所出入）。通过比较可以看到，同样的环境下，获取同一个网站上同样的 20 页数据，它们的执行时间差别是很大的。这就验证了，多线程爬虫和协程爬虫比单线程爬虫效率更好的说法。

但是，另外一个问题是，创建多少个多线程能得到最优的执行效率？如果线程数量太多，线程的调度时间可能会超过线程的执行时间；如果线程的数量太少，则起不到显著提高速度的作用。最佳线程数量需要在实践中不断分析和测试，与网络情况、计算机情况、要爬取的数量等都有关系。

注意：如果爬虫爬取网页的频率过高，会加重网页服务器的负担，甚至激发服务器的反爬虫机制，将用户的 IP 列入黑名单，所以，通常在爬取线程中使用 time.sleep() 方法让线程间隔一小段时间后再继续爬取，一般间隔时间为 1.5~2 s。

小 结

本章介绍了如何运用多线程和协程两种技术实现并发爬虫，提高爬虫的效率。首先分析了多线程爬虫的整个流程，然后介绍了 Python 中实现多线程的 queue 模块的基本应用，接着分析了使用协程实现并发爬虫的过程，最后结合一个糗事百科的案例，分别使用单线程、多线程、协程 3 种技术获取网页数据，并分析了三者的性能。通过本章的学习，读者可以体会到在爬虫中运用多线程和协程的优势。

习 题

一、填空题

1. LifoQueue 类表示________队列，代表后进入的元素先出来。
2. 优先级队列会按照级别顺序取出元素，级别最________的最先出来。
3. ________类提供了一个适用于多线程编程的先进先出的数据结构，用于生产者和消费者线程之间的信息传递。
4. 一般情况下，启动________数量的线程爬取多个网页。
5. queue 模块中提供了 3 种队列，它们唯一的区别是元素取出的________不同。
6. ________是线程间最常用的交换数据的形式。

二、判断题

1. 优先级队列中的元素一般采取列表的形式进行存储。 ( )
2. 多线程要想同时爬取多个网页，需要准备一个待爬取网址列表。 ( )
3. 启动线程爬取网页，线程的数量越多越好。 ( )
4. 协程无须通过操作系统调度，没有线程之间的切换和创建等开销。 ( )
5. 如果启动线程的数量过少，则可能无法最大限度地提高爬虫的爬取速度。 ( )

三、选择题

1. 下列选项中，表示先进先出队列的类是（ ）。

   A. Queue　B. LifoQueue　C. PriorityQueue　D. EmptyQueue

2. 下列方法中，用于阻塞当前线程的是（ ）。

   A. join()　B. put()　C. qsize()　D. get()

3. 如果从空队列中取数据，则会抛出（ ）异常。

   A. Full　B. Empty　C. Used　D. Half

四、简答题

1. 简述多线程爬虫的完整流程。
2. 在多线程中，为什么选择队列在线程间交换数据，弃用了列表或字典？

五、编程题

请分别使用多线程和协程两种技术爬取豆瓣电影排行榜的电影名称和评分信息，其网址为 https://movie.douban.com/top250。

爬取动态内容

学习目标

◆知道什么是动态网页，可以简述动态网页上使用的一些技术。

◆掌握爬取动态网页的 selenium 和 PhantomJS 技术。

◆掌握 selenium 和 PhantomJS 的基本应用，能够与网页上的元素进行交互，或执行其他一些动作。

通过前面章节的学习，用户几乎能够爬取所有的静态网页，但是随着 JavaScript 技术的广泛应用，网页并不是在加载后就立刻显示所有的数据，那么之前介绍的方法就不够用了。而当下互联网中使用了 JavaScript 的动态网页所占的比例远高于静态网页，要想爬取这些网页上的数据，就可以使用 selenium 工具和 PhantomJS 浏览器相结合的技术。

7.1 动态网页介绍

本章所指的动态网页是指在网页中依赖 JavaScript 脚本动态加载数据的网页。与传统单页面表单事件不同，使用了 JavaScript 脚本的网页能够在 URL 不变的情况下改变网页的内容。动态网页上使用的技术主要包括以下几种：

1. JavaScript

JavaScript 是网络上最常用的、支持者最多的客户端脚本语言，它可以收集用户的跟踪数据，不需要重载页面直接提交表单，在页面嵌入多媒体文件，甚至运行网页游戏。

JavaScript 可以在网页源代码的 <script> 标签里看到，例如：

```
<script type="text/javascript"
src="https://statics.huxiu.com/w/mini/static_2015/js/sea.js?v=2016011
50944"></script>
```

2. jQuery

jQuery 是一个十分常见的优秀的 JavaScript 库，也是一个快速、简洁的 JavaScript 框架，它封装了 JavaScript 常用的功能代码，提供了一种简便的 JavaScript 设计模式，优化 HTML 文档操作、事件处理等。

70% 最流行的网站和约 30% 的其他网站都在使用 jQuery。一个网站使用 jQuery 的特征，就是源代码中包含了 jQuery 入口。例如：

```
<script type="text/javascript"
src="https://statics.huxiu.com/w/mini/static_2015/js/jquery-1.11.1.min.
js?v=201512181512"></script>
```

如果在一个网站上看到了 jQuery，那么采集这个网站上的数据时要格外小心。jQuery 可以动态地创建 HTML 内容，只有在 JavaScript 代码执行之后才会显示。如果用传统的方法采集页面内容，就只能获得 JavaScript 代码执行之前页面上的内容。

3. AJAX

用户与网站服务器通信的唯一方式，就是发出 HTTP 请求获取新页面。如果提交表单之后，或者从服务器获取信息之后，网站的页面不需要重新刷新，那么当前访问的网站就在用 AJAX 技术。

AJAX（Asynchronous JavaScript and XML，异步 JavaScript 和 XML）其实并不是一门语言，而是用来完成网络任务（可以认为它与网络数据采集差不多）的一系列技术。AJAX 能够使网站不需要使用单独的页面请求就可以和网络服务器进行交互（收发信息）。

4. DHTML

与 AJAX 一样，动态 HTML（Dynamic HTML，DHTML）也是一系列用于解决网络问题的技术集合。DHTML 是用客户端语言改变页面的 HTML 元素（HTML、CSS，或者二者皆被改变），例如，页面上的按钮只有当用户移动鼠标之后才出现，背景色可能每次点击都会改变，或者用一个 AJAX 请求触发页面加载一段新内容。网页是否属于 DHTML，关键要看有没有用 JavaScript 控制 HTML 和 CSS 元素。

那些使用了 AJAX 或 DHTML 技术改变或加载内容的页面，可能有一些采集手段。但是，用 Python 解决这个问题只有两种途径：

（1）直接从 JavaScript 代码中采集内容（费时费力）。

（2）用 Python 的第三方库运行 JavaScript，直接采集在浏览器中看到的页面。

7.2 selenium 和 PhantomJS 概述

要想爬取动态网页，需要结合如下两种技术：

1. selenium

selenium 是一个 Web 的自动化测试工具，最初是为网站自动化测试而开发的，类型像人们玩游戏用的按键精灵，可以按指定的命令自动操作，不同的是 selenium 可以直接运行在浏览器上，它支持所有主流的浏览器（包括 PhantomJS 这些无界面的浏览器）。

selenium 可以根据用户的指令，让浏览器自动加载页面，获取需要的数据，甚至页面截屏，或者判断网站上某些动作是否发生。

selenium 本身不带浏览器，不支持浏览器的功能，它需要与第三方浏览器结合在一起才能使用。但是，用户有时需要让它内嵌在代码中运行，此时，可以用 PhantomJS 工具代替真实的浏览器。

selenium 官方参考文档地址是 http://selenium-python.readthedocs.io/index.html。

2. PhantomJS

PhantomJS 是一个基于 Webkit 的"无界面"浏览器，它会把网站加载到内存并执行页面上的 JavaScript。因为它不展示图形界面，所以运行起来比完整的浏览器要高效。

如果把 selenium 和 PhantomJS 结合在一起，就可以运行一个非常强大的网络爬虫，这个爬虫可以处理 JavaScript、Cookie、headers，以及任何真实用户需要做的事情。

PhantomJS 是一个功能完善（虽然无界面）的浏览器，而不是一个 Python 库，因此它不需要像 Python 的其他库一样安装，但可以通过 selenium 调用 PhantomJS 直接使用。

PhantomJS 官方参考文档地址是 http://phantomjs.org/documentation。

7.3 selenium 和 PhantomJS 安装配置

要想使用 selenium 和 PhantomJS，前提是需要在计算机上进行安装配置。

1. selenium 下载和安装

selenium 的下载和安装有两种方式：

第一种方式是手动从 PyPI 网站下载 selenium 库然后安装。下载地址是 https://pypi.python.org/simple/selenium/，如图 7-1 所示。

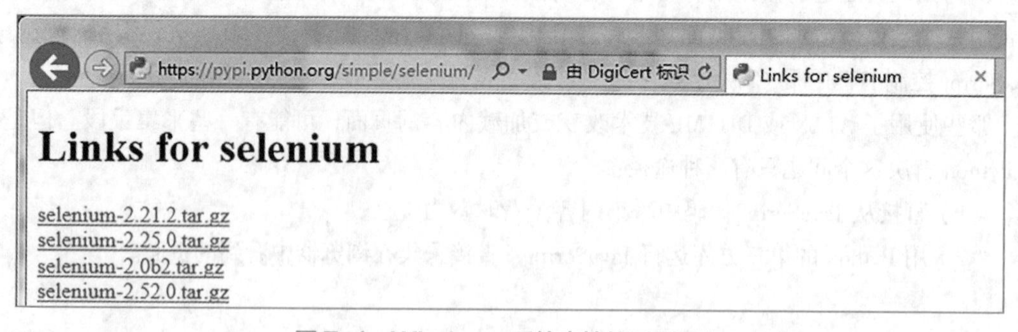

图 7-1 Windows 系统支持的可用版本

下载 selenium-2.21.2.tar.gz 版安装包到本地，然后解压缩（在 Windows 系统下，假设解压缩到 E 盘）。

打开终端找到解压后的 setup.py 文件所在目录（例如 Windows 系统下，E:\selenium-2.21.2），使用如下命令安装即可。

```
python setup.py install
```

第二种方式是直接使用第三方管理器 pip 命令自动安装。例如，在 Windows 终端输入以下命令即可：

```
pip install selenium
```

2. PhantomJS 下载和配置

输入网址 https://bitbucket.org/ariya/phantomjs/downloads/，可以看到 PhantomJS 的官网下载页面，选择相关的版本下载即可。例如，单击对应 Windows 系统的 phantomjs–2.1.1–windows.zip 进行下载，如图 7–2 所示。

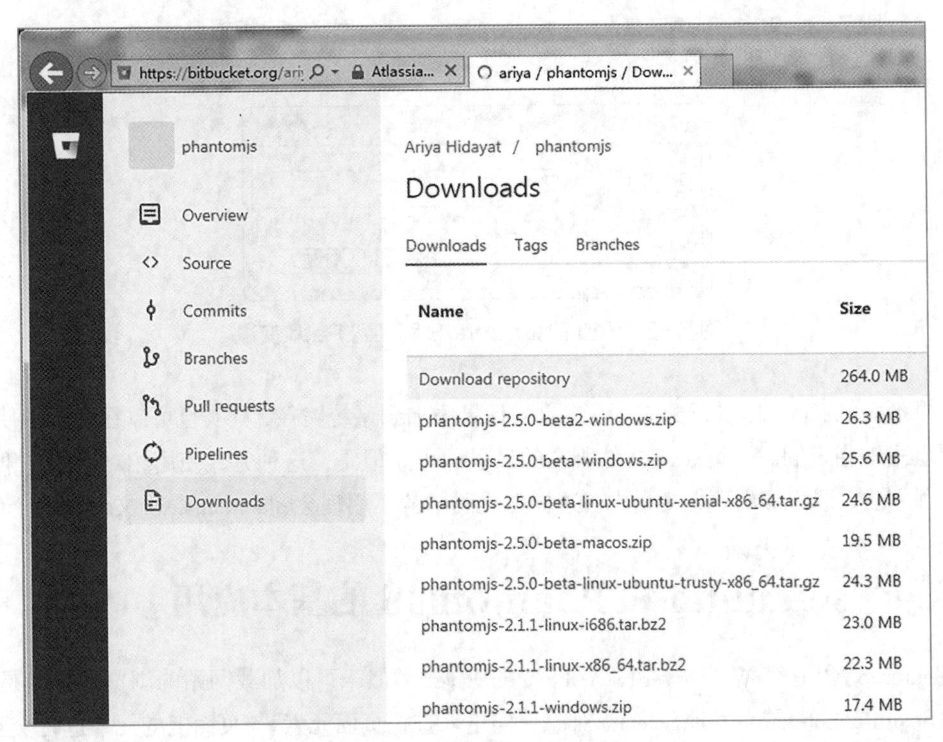

图 7–2　下载 PhantomJS

下载到本地后，解压缩即可。然后，对 PhantomJS 进行配置，只需要将文件夹目录放入系统环境变量中。操作步骤如下：

（1）右击“计算机”图标，选择“属性”→“高级系统设置”，进入“系统属性”对话框。然后，单击“高级”选项卡中的“环境变量”按钮，如图 7–3 所示。

（2）在“系统变量”中找到 Path，单击“编辑”按钮，如图 7–4 所示。

（3）在“变量值”文本框中添加 phantomjs.exe 文件所在的目录，例如，本书中将 PhantomJS 解压到 D 盘，那么使用的是 D:\phantomjs–2.1.1–windows\bin 目录，如图 7–5 所示。

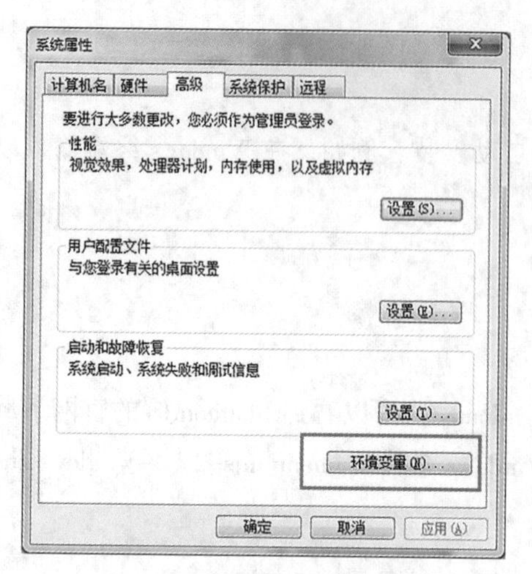

图 7-3　单击“环境变量”

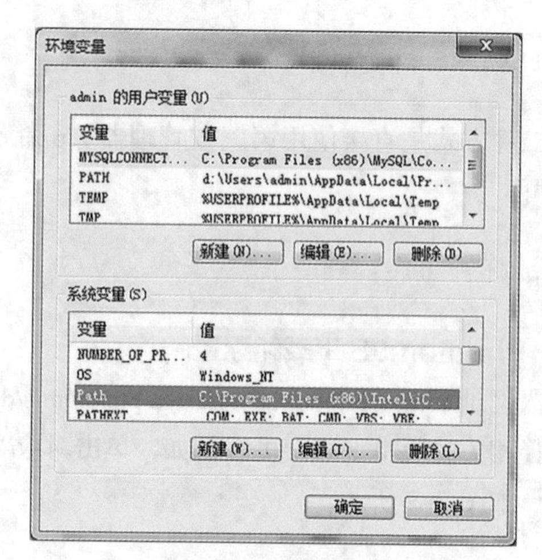

图 7-4　编辑 Path

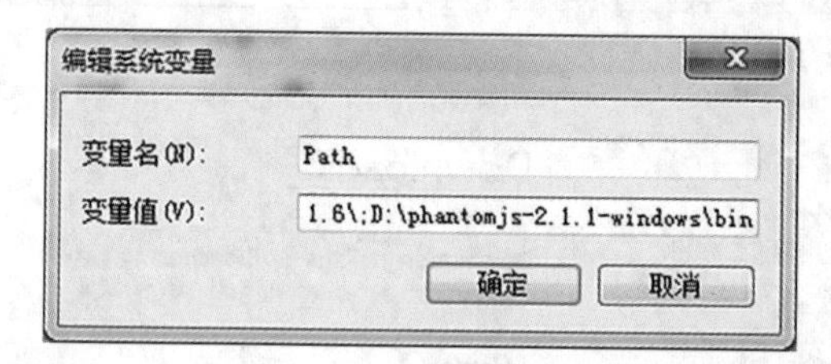

图 7-5　添加 PhantomJS 路径到 Path 变量

如果不对 PhantomJS 进行配置，不将它的目录添加到系统路径，其实也可以在代码中使用，只需要显式地指定 phantomjs.exe 文件所在的目录即可。但是，这种方式使用相对麻烦，推荐使用第一种方法，即添加到环境变量中，这样在代码中就不用理会 phantomjs.exe 文件在哪个位置。

7.4　selenium 和 PhantomJS 的基本应用

Selenium 库里有个 WebDriver 的 API。WebDriver 类似于可以加载网站的浏览器，但是它也可以像 Beautiful Soup 或者其他 Selector 对象一样用来查找页面元素，与页面上的元素进行交互（发送文本、点击等），以及执行其他动作来运行网络爬虫。

7.4.1　入门操作

下面以访问百度网页为例，逐步介绍 selenium 和 PhantomJS 的一些基本操作。

（1）导入 WebDriver。代码如下：

```
>>> from selenium import webdriver
```

（2）调用环境变量指定的 PhantomJS 浏览器创建浏览器对象。代码如下：

```
>>> driver=webdriver.PhantomJS()
```

如果没有在环境变量指定 PhantomJS 位置，则需要传入 phantomjs.exe 文件所在的路径。代码如下：

```
driver=webdriver.PhantomJS(executable_path='D:\\phantomjs-2.1.1-windows\\
bin\\phantomjs.exe')
```

（3）获取页面内容。代码如下：

```
>>> driver.get("http://www.baidu.com/")
```

使用 get() 方法将页面的内容加载到浏览器对象 driver 中，get() 方法会一直等到页面被完全加载，然后才继续执行程序。

（4）获取页面名为 wrapper 的 id 标签的文本内容。代码如下：

```
>>> data=driver.find_element_by_id("wrapper").text
>>> data
'新闻\nhao123\n地图\n视频\n贴吧\n学术\n登录\n设置\n更多产品\n手机百度\n
把百度设为主页关于百度 About  Baidu 百度推广\n©2017 Baidu 使用百度前必读 意见反馈 京
ICP 证 030173 号  京公网安备 11000002000001 号'
```

浏览器对象通过 find_element_by_id() 方法定位页面元素，后面还会介绍其他定位元素的方法。

（5）打印页面标题。代码如下：

```
>>> print(driver.title)
百度一下，你就知道
```

通过浏览器对象的 title 属性可以获取当前页面的标题信息。

（6）生成当前页面快照并保存，代码如下。

```
>>> driver.save_screenshot("baidu.png")
True
```

PhantomJS 浏览器虽然不显示页面，但是可以生成页面快照，并通过 save_screenshot() 方法将页面快照保存成图片。此时，在 python.exe 文件的同目录下生成了一个名为 baidu.png 的图片文件。打开 baidu.png 文件，可以看到它保存了百度搜索页面在浏览器上的显示效果，如图 7–6 所示。

（7）打印页面源代码。代码如下：

```
>>> print(driver.page_source)
```

此时，会打印出页面的整个源代码。

图 7-6 百度首页

（8）在页面的输入框中添加内容。

下面代码中，通过 id="kw" 定位百度搜索输入框，往输入框中添加字符串 " 长城 "，然后保存页面快照。

```
>>> driver.find_element_by_id("kw").send_keys(u" 长城 ")
>>> driver.save_screenshot("baidu.png")
True
```

send_keys() 方法的作用就是往页面元素上添加内容。此时，再次打开 baidu.png 文件，可以看到字符串“长城”已经添加到百度页面的搜索框中，如图 7-7 所示。

图 7-7 在搜索框中添加“长城”

（9）模拟单击页面上的按钮。

下面的示例代码中，通过 id="su" 定位百度搜索按钮，然后通过 click() 方法模拟单击页面上的按钮。

```
>>> driver.find_element_by_id("su").click()
>>> driver.save_screenshot("changcheng.png")
True
```

此时，在 Python.exe 文件同目录下生成了名为 changcheng.png 的图片，内容如图 7-8 所示。

图 7-8 “长城”搜索结果

（10）调用键盘按键操作，首先引入 Keys 包。示例代码如下：

```
>>> from selenium.webdriver.common.keys import Keys
```

（11）通过模拟【Ctrl+A】键全选输入框内容。代码如下：

```
>>> driver.find_element_by_id("kw").send_keys(Keys.CONTROL, 'a')
```

（12）通过模拟【Ctrl+X】键剪切输入框内容。代码如下：

```
>>> driver.find_element_by_id("kw").send_keys(Keys.CONTROL, 'x')
```

在输入框重新输入搜索关键字 itcast。代码如下：

```
>>> driver.find_element_by_id("kw").send_keys("itcast")
```

（13）模拟按【Enter】键。代码如下：

```
>>> driver.find_element_by_id("kw").send_keys(Keys.RETURN)
```

等待 2 s，等页面响应完毕，然后生成新的页面快照。代码如下：

```
>>> time.sleep(2)
>>> driver.save_screenshot("itcast.png")
True
```

此时，在 Python.exe 文件同目录下生成了名为 itcast.png 的图片，内容如图 7-9 所示。

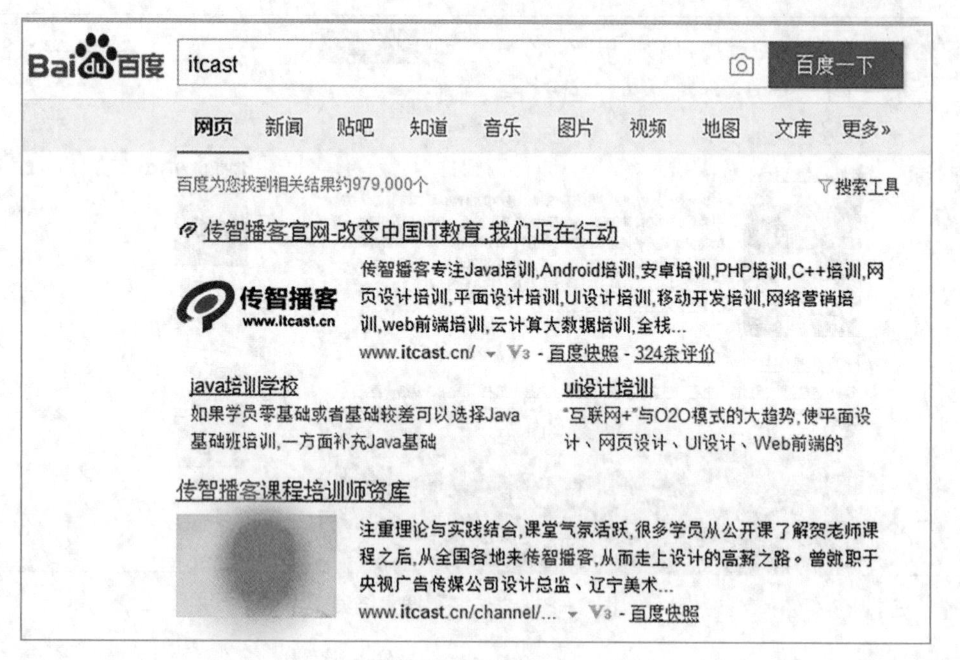

图 7-9　搜索结果

（14）清除输入框内容。

清除输入框内容，使用 clear() 方法。示例代码如下：

```
>>> driver.find_element_by_id("kw").clear()
```

（15）获取当前页面 Cookie。

使用 get_cookies() 方法获取当前页面的 Cookie。示例代码如下：

```
>>> print(driver.get_cookies())
```

（16）获取当前 URL。

使用 current_url 属性获取当前页面的 URL。示例代码如下：

```
>>> print(driver.current_url)
```

（17）关闭当前页面。

使用 close() 方法关闭当前页面，如果只有一个页面，会关闭浏览器。示例代码如下：

```
>>> driver.close()
```

（18）关闭浏览器。

当浏览器使用完毕时，应使用 quit() 方法关闭浏览器。示例代码如下：

```
>>> driver.quit()
```

7.4.2 定位 UI 元素

selenium 的 WebDriver 中提供了各种方法来定位页面上的元素。这些方法具体如下：

```
find_element_by_id
find_elements_by_name
find_elements_by_xpath
find_elements_by_link_text
find_elements_by_partial_link_text
find_elements_by_tag_name
find_elements_by_class_name
find_elements_by_css_selector
```


下面通过一些示例介绍这些方法是如何定位页面元素的。

1. 通过 id 标签值定位页面元素

例如，对如下表单元素：

```
<div id="coolestWidgetEvah">...</div>
```

可使用 id 标签值来定位。具体实现如下：

```
element=driver.find_element_by_id("coolestWidgetEvah")
```

或者：

```
from selenium.webdriver.common.by import By
element=driver.find_element(by=By.ID, value="coolestWidgetEvah")
```

2. 通过 name 标签值定位页面元素

例如，对如下表单元素：

```
<input name="cheese" type="text"/>
```

可使用 name 标签值来定位。具体实现如下：

```
cheese=driver.find_element_by_name("cheese")
```

或者：

```
from selenium.webdriver.common.by import By
cheese=driver.find_element(By.NAME,"cheese")
```

3. 通过标签名定位页面元素

例如，对如下表单元素：

```
<iframe src="..."></iframe>
```

可使用标签名来定位。具体实现如下：

```
frame=driver.find_element_by_tag_name("iframe")
```

或者：

```
from selenium.webdriver.common.by import By
frame=driver.find_element(By.TAG_NAME,"iframe")
```

4. 通过 XPath 来定位页面元素

例如，对如下表单元素：

```
<input type="text" name="example"/>
<INPUT type="text" name="other"/>
```

可使用 XPath 来定位。具体实现如下：

```
inputs=driver.find_elements_by_xpath("//input")
```

或者：

```
from selenium.webdriver.common.by import By
inputs=driver.find_elements(By.XPATH,"//input")
```

5. 通过链接文本定位页面元素

例如，对如下表单元素：

```
<a href="http://www.google.com/search?q=cheese">cheese</a>
```

可使用链接文本 cheese 来定位。具体实现如下：

```
cheese=driver.find_element_by_link_text("cheese")
```

或者：

```
from selenium.webdriver.common.by import By
cheese=driver.find_element(By.LINK_TEXT,"cheese")
```

6. 通过部分链接文本定位页面元素

例如，对如下表单元素：

```
<a href="http://www.google.com/search?q=cheese">search for cheese</a>>
```

可使用链接文本的一部分来定位。具体实现如下：

```
cheese=driver.find_element_by_partial_link_text("cheese")
```

或者：

```
from selenium.webdriver.common.by import By
cheese=driver.find_element(By.PARTIAL_LINK_TEXT,"cheese")
```

7. 通过 CSS 定位页面元素

例如，对如下表单元素：

```
<div id="food"><span class="dairy">milk</span>
<span class="dairy aged">cheese</span></div>
```

可使用 CSS 样式名称来定位。具体实现如下：

```
cheese=driver.find_element_by_css_selector("#food span.dairy.aged")
```

或者：

```
from selenium.webdriver.common.by import By
cheese=driver.find_element(By.CSS_SELECTOR,"#food span.dairy.aged")
```

7.4.3 鼠标动作链

有些时候，需要在页面上模拟一些鼠标操作，比如双击、右击、拖动甚至按住不动等，可以通过使用 ActionChains 类来实现。下面就介绍如何导入和使用 ActionChains 类。

1. 导入 ActionChains 类

代码如下：

```
from selenium.webdriver import ActionChains
```

2. 鼠标移动到元素位置

例如，下面的代码定位了一个元素，并将鼠标移动到 ac 的位置。

```
ac=driver.find_element_by_xpath('element')
ActionChains(driver).move_to_element(ac).perform()
```

3. 在元素位置单击

下面的示例代码在元素 ac 的位置上实现鼠标单击。

```
ac=driver.find_element_by_xpath("elementA")
ActionChains(driver).move_to_element(ac).click(ac).perform()
```

4. 在元素位置双击

下面的示例代码在元素 ac 的位置上实现鼠标双击。

```
ac=driver.find_element_by_xpath("elementB")
ActionChains(driver).move_to_element(ac).double_click(ac).perform()
```

5. 在元素位置右击

下面的示例代码在元素 ac 的位置上实现鼠标右击。

```
ac=driver.find_element_by_xpath("elementC")
ActionChains(driver).move_to_element(ac).context_click(ac).perform()
```

6. 在元素位置左键单击并保持

下面的示例代码在元素 ac 的位置上实现鼠标左键单击并保持。

```
ac=driver.find_element_by_xpath('elementF')
ActionChains(driver).move_to_element(ac).click_and_hold(ac).perform()
```

7. 将元素拖动到另一位置

下面的示例代码将元素 ac1 拖动到元素 ac2 的位置。

```
ac1=driver.find_element_by_xpath('elementD')
ac2=driver.find_element_by_xpath('elementE')
ActionChains(driver).drag_and_drop(ac1, ac2).perform()
```

7.4.4 填充表单

前面已经学习了怎样向文本框中输入文字，但有时会遇到 <select> </select> 标签的下拉列表框，直接点击下拉框中的选项不一定可行。例如，下列代码是一个下拉列表框的示例。

```
<select id="status" class="form-control valid" onchange="" name="status">
    <option value=""></option>
    <option value="0">未审核</option>
```

```
    <option value="1">初审通过</option>
    <option value="2">复审通过</option>
    <option value="3">审核不通过</option>
</select>
```

下拉列表框的显示图片如图 7-10 所示。

图 7-10 下拉列表框

对于下拉列表框，selenium 专门提供了 Select 类来处理，该类提供了选择下拉列表框的 3 种方式：根据索引选择、根据值选择以及根据文字选择。示例代码如下：

```
# 导入 Select 类
from selenium.webdriver.support.ui import Select
# 找到下拉框元素
select = Select(driver.find_element_by_name('status'))
# 选择下拉框的某一个选项
select.select_by_index(1)                              # 根据索引选择
select.select_by_value("0")                            # 根据值选择
select.select_by_visible_text(u"未审核")               # 根据文字选择
```

在选择下拉列表框中的选项时要注意：

（1）index 索引从 0 开始。

（2）value 是 option 标签的一个属性值，并不是显示在下拉框中的值。

（3）visible_text 是在 option 标签文本的值，是显示在下拉列表框的值。

那么，取消全部选择怎么办？很简单，只需使用如下代码即可。

```
select.deselect_all()
```

7.4.5 弹窗处理

当触发了某个事件之后，页面出现了弹窗提示，处理这个提示或者获取提示信息，可以使用浏览器对象的 switch_to_alert() 方法。示例代码如下：

```
alert=driver.switch_to_alert()
```

7.4.6 页面切换

一个浏览器会有很多窗口，所以要有方法来实现窗口的切换。切换窗口的方法如下：

```
driver.switch_to.window("this is window name")
```

也可以使用 window_handles() 方法来获取每个窗口的操作对象。例如：

```
for handle in driver.window_handles:
    driver.switch_to_window(handle)
```

7.4.7 页面前进和后退

操作页面的前进和后退功能，使用 forward() 和 back() 方法。代码如下：

```
driver.forward()       # 前进
driver.back()          # 后退
```

7.4.8 获取页面 Cookies

可使用 get_cookies() 方法获取页面上的所有 Cookie。下面代码演示了如何获取页面上的每个 Cookie 的值。

```
for cookie in driver.get_cookies():
print("%s=%s;"%(cookie['name'], cookie['value']))
```

删除 Cookies 可以使用 delete_cookie()（根据 Cookie 名称删除）和 delete_all_cookies()（删除该页面的所有 Cookie）方法。示例代码如下：

```
# 根据 Cookie 名称删除
driver.delete_cookie("BAIDUID")
# 删除该页面上所有的 Cookie
driver.delete_all_cookies()
```

7.4.9 页面等待

现在的网页越来越多地采用了 Ajax 技术，这样程序便不能确定何时某个元素能被完全加载。如果实际页面响应时间过长，导致某个页面元素还没出来，就被代码引用，抛出 NullPointer 异常。

为了解决这个问题，selenium 提供了两种等待方式：一种是显式等待；一种是隐式等待。

隐式等待是等待特定的时间，显式等待是指定某一条件，直到这个条件成立后才继续执行。

1. 显式等待

显式等待指定某个条件，然后设置最长等待时间。如果这个时间结束时还没有找到元素，就会抛出异常。

显式等待使用 WebDriverWait 类，其构造函数定义如下：

```
WebDriverWait(driver, timeout, poll_frequency=0.5,
ignored_exceptions=None)
```

它有 4 个参数，分别是：

（1）driver：WebDriver 的驱动程序（IE、Chrome、PhantomJS 等浏览器或远程）。

（2）timeout：最长超时时间，默认以秒为单位。

（3）poll_frequency：休眠时间的间隔（步长）时间，默认为 0.5 。

（4）ignored_exceptions：超时后的异常信息，默认情况下抛出 NoSuchElementException 异常。

WebDriverWait 对象一般与 unit() 或 until_not() 方法配合使用，这两个方法的介绍如下：

（1）until(method, message=''）：调用该方法提供的驱动程序作为一个参数，直到返回值不为 False。

（2）until_not(method, message=''）：调用该方法提供的驱动程序作为一个参数，直到返回值为 False。

下面是一个使用 WebDriverWait 对象的示例。代码如下：

```
1 from selenium import webdriver
2 from selenium.webdriver.common.by import By
3 # WebDriverWait 库，负责循环等待
4 from selenium.webdriver.support.ui import WebDriverWait
5 # expected_conditions 类，负责条件触发
6 from selenium.webdriver.support import expected_conditions as EC
7 driver=webdriver.PhantomJS()
8 driver.get("http://heima.com/")
9 try:
10     # 查找页面元素 id="myDynamicElement"，直到出现则返回，如果超过 10 s 则报出异常
11     element=WebDriverWait(driver, 10).until(
12         EC.presence_of_element_located((By.ID,"myDynamicElement"))
13     )
14 finally:
15     driver.quit()
```

上述代码中，第 9~15 行是显式等待的代码，第 11 行构造了一个 WebDriverWait 对象，并设置超时时间为 10 s。程序默认 0.5 s 调用一次来查看元素是否已经生成，如果元素已经生成，那么立即返回；如果超过 10 s 还没有生成，则报出异常。

下面是一些内置的等待条件，可以直接调用这些条件，而不用自己写等待条件。

```
title_is
title_contains
presence_of_element_located
visibility_of_element_located
visibility_of
presence_of_all_elements_located
text_to_be_present_in_element
text_to_be_present_in_element_value
frame_to_be_available_and_switch_to_it
invisibility_of_element_located
element_to_be_clickable - it is Displayed and Enabled.
staleness_of
element_to_be_selected
element_located_to_be_selected
element_selection_state_to_be
element_located_selection_state_to_be
alert_is_present
```

2. 隐式等待

隐式等待就是设置一个全局的最大等待时间，单位为秒。在定位元素时，对所有元素设置超时时间，超出了设置时间则抛出异常。

隐式等待使用 implicitly_wait() 方法，它使得 WebDriver 在查找一个 Element 或者 Element 数组时，每隔一段特定的时间就会轮询一次 DOM，直到 Element 或数组被发现为止。

隐式等待的时间一旦设置，这个设置会在 WebDriver 对象实例的整个生命周期起作用。

下面是使用隐式等待的一个示例：代码如下：

```
from selenium import webdriver
driver=webdriver.PhantomJS()
driver.implicitly_wait(10)      # 设置等待时间
driver.get("http://heima.com/")
dynamic_element=driver.find_element_by_id("myDynamicElement")
```

在上述代码中，将隐式等待的时间设置为 10 s。如果不设置，则使用默认的时间 0 s，也就是不等待。

7.5 案例——模拟豆瓣网站登录

下面使用 selenium 和 PhantomJS 演示如何模拟网站的登录，这里以登录豆瓣网（https://www.douban.com/）的网站为例进行讲解。

豆瓣网的页面如图 7-11 所示。

图 7–11　豆瓣网页面

模拟用户登录网站的实现步骤如下：

（1）定位用户名输入框，往里添加用户名。

（2）定位密码输入框，往里添加密码。

（3）最后定位“登录豆瓣”的按钮，并在代码中模拟单击该按钮即可。

要想定位这些页面元素，首先使用浏览器打开网站，查看网站的源代码，从中找到用户名输入框、密码输入框和登录按钮的 ID。其中：

用户名输入框源代码如下：

```
<input name="form_email" tabindex="1" class="inp" id="form_email"
type="text" placeholder=" 邮箱 / 手机号 " value="lchuanmei@yeah.net">
```

密码输入框源代码如下：

```
<input name="form_password" tabindex="2" class="inp" id="form_password"
type="password" placeholder=" 密码 ">
```

登录按钮的源代码如下：

```
<input tabindex="4" class="bn-submit" type="submit" value=" 登录豆瓣 ">
```

有了源代码，就可以通过各种定位 UI 元素的方法来进行定位。

在实现这个案例之前，如果没有豆瓣网的账号，最好事先在豆瓣网上注册一个用户，这样就可以进行测试。

案例的实现代码如下：

```
1 # -*- coding:utf-8 -*-
2 # douban.py 代码文件名
3 from selenium import webdriver
4 from selenium.webdriver.common.keys import Keys
5 import time
6 driver=webdriver.PhantomJS()
7 driver.get("http://www.douban.com")
```

```
8 # 输入用户名
9 driver.find_element_by_name("form_email").send_keys("xxxxx@xxxx.xxx")
10 # 输入密码
11 driver.find_element_by_name("form_password").send_keys("xxxxxxxxx")
12 # 模拟点击登录
13 driver.find_element_by_xpath("//input[@class='bn-submit']").click()
14 # 等待3s
15 time.sleep(3)
16 # 生成登录后快照
17 driver.save_screenshot("douban.png")
18 driver.quit()
```

上述代码中，第 9 行和第 11 行代码通过 find_element_by_name() 方法分别定位用户名输入框和密码输入框，并使用 send_keys() 方法往输入框中输入内容。

第 13 行代码通过 find_element_by_xpath() 方法定位到登录按钮，并调用 click() 方法模拟单击该按钮，提交网页。

第 15 行代码使线程等待 3 s，等待网页响应全部加载完毕。

第 17 行将响应完成后的网页快照保存到 douban.png 文件中。

运行程序后，打开目录下的 douban.png 文件，可以看到登录成功后的页面，如图 7-12 所示。

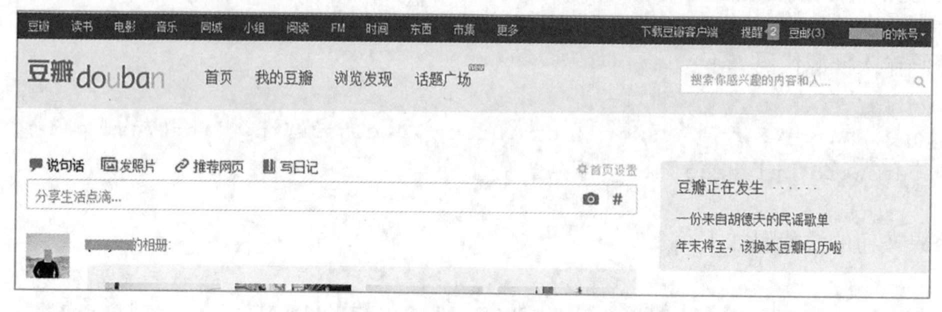

图 7-12　文件 douban.png 的内容

小　结

本章介绍了爬取动态网页数据的技术：selenium 和 PhantomJS。首先介绍了什么是动态网页，然后讲解了 selenium 和 PhantomJS 的内容，包括概述、安装配置、基本使用，最后结合一个模拟豆瓣网站登录的案例，讲解了在项目中如何应用 selenium 和 PhantomJS 技术。通过对本章的学习，读者能够掌握爬取动态网页的一些技巧，并灵活加以运用。

习　题

一、填空题

1. 使用了 JavaScript 脚本的网页，能够在________不变的情况下改变网页的内容。

2. ________是一个 Web 的自动化测试工具，可以按指定的命令自动操作。

3. PhantomJS 是一个________浏览器，它能将网站加载到内存并执行页面上的 JavaScript。

4. selenium 库的________有点儿像加载网站的浏览器，它不仅可以查找页面元素，而且可以与页面上的元素进行交互。

5. 当浏览器使用完毕时，应使用________方法关闭浏览器。

二、判断题

1. JavaScript 无须重载页面，可直接提交表单，在页面嵌入多媒体文件。（　　）

2. 若提交表单后，网站的页面不需要重新刷新，则当前访问的网站用的是 AJAX 技术。（　　）

3. selenium 支持浏览器的功能，可以直接被用来执行指令。（　　）

4. 通过 driver 的 get() 方法可以将页面的内容加载到浏览器对象中，如果页面还没有加载完，此方法会一直阻塞等待。（　　）

5. PhantomJS 浏览器虽然不能显示页面，但是可以生成页面快照。（　　）

三、选择题

1. 下列方法中，可以生成 PhantomJS 浏览器当前页面快照的是（　　）。

A. PhantomJS()　　B. get()

C. find_element_by_id()　　D. save_screenshot()

2. 如果需要在页面上模拟一些鼠标操作，可以通过使用（　　）类来实现。

A. WebDriver　　B. ActionChains

C. Select　　D. Ajax

3. 下列选项中，关于页面等待描述错误的是（　　）。

A. 如果实际页面响应时间过长，那么某个元素被代码引用后可能会抛出 NullPointer 异常

B. 显式等待就是设置一个全局的最大等待时间

C. 显式等待是指定某一条件，直到这个条件成立后才继续执行

D. 隐式等待就是等待特定的时间

4. 阅读下面一段示例程序：

```
for handle in driver.window_handles:
    driver.switch_to_window(handle)
```

上述程序可以用作（　　）操作。

A. 填充表单　　B. 弹窗处理

C. 页面切换　　D. 获取页面的 Cookie

5. 请看下面表单的示例程序：

```
<div id="coolestWidgetEvah">...</div>
```

若要使用 WebDriver 定位上述元素，可以使用如下（　　）方法实现。

A. find_element_by_id　　B. find_elements_by_name

C. find_elements_by_link_text　　D. find_elements_by_tag_name

四、简答题

1. 什么是动态网页？

2. 简述什么显式等待和隐式等待。

五、编程题

结合爬取动态网页的技术，编写一个爬虫程序，用来爬取斗鱼直播平台上的所有房间标题和观众人数，其网址为 https://www.douyu.com/directory/all。针对爬虫程序的具体要求如下：

（1）定义一个爬虫类 DouyuSelenium，专门负责从斗鱼网站中爬取需要的数据。

（2）在 DouyuSelenium 类中定义 3 个方法，分别是 __init__()、start_work()、tear_down()。其中：

- __init__() 方法用来创建浏览器。
- start_work() 方法中，先加载整个网页，然后在一直点击下一页循环中，提取出房间标题和观众人数的信息，并使用 print() 函数将最终爬取到的这些数据以“房间标题：*** 观众人数：***”的形式进行输出。注意，当点击到最后一页时，需要退出循环。
- tear_down() 方法用来退出浏览器。

（3）在 main() 中创建 DouyuSelenium 类对象，并依次调用 start_work()、tear_down() 方法，等数据爬取完后关闭浏览器。

第8章 图像识别与文字处理

学习目标

- ◆了解什么是 OCR 技术，知道 OCR 识别的整个过程。
- ◆会安装 Tesseract 工具，可以为后续开发配置环境。
- ◆熟悉 PIL 和 pytesseract 库，可以用它们简单地处理图像中的字符。
- ◆知道什么是文字规范的图像，能够利用 pytesseract 识别和处理字符。
- ◆了解验证码的分类，能够利用 pytesseract 识别简单的图形验证码。

机器视觉是人工智能领域一个正在快速发展的分支，简单来说，机器视觉就是用机器代替人眼来做测量和判断。从 Google 研究的无人驾驶到能识别假钞的自动售卖机，机器视觉一直是一个应用广泛且具有深远影响的领域。

在机器视觉领域，字符识别扮演着重要的角色，它可以利用计算机自动识别字符。对于图像中的字符，人类能够轻松地阅读，然而机器阅读却非常困难。验证码（CAPTCHA）技术就是基于这种人类能正常阅读而机器无法读取的图片。当网络爬虫采集数据时，一旦遇到验证码，就无法提取里面的字符信息。

为了解决将图像翻译成字符的问题，Python 中引入了光学字符识别（Optical Character Recognition，OCR）技术，而 Tesseract 是目前公认最优秀和最精确的开源 OCR 系统。为了能够支持 Tesseract，Python 专门提供了 pytesseract 库来处理图像文字以辅助开发。本章将针对 OCR、Tesseract、pytesseract 的内容进行详细讲解。

8.1 OCR 技术概述

光学字符识别（Optical Character Recognition，OCR）是指对包含文本资料的图像文件进行分析识别处理，获取文字及版面信息的技术。一般包括以下几个过程：

1. 图像输入

针对不同格式的图像，有着不同的存储格式和压缩方式。目前，用于存取图像的开源项目有 OpenCV 和 CxImage 等。

2. 预处理

预处理主要包括二值化、噪声去除和倾斜较正。具体内容如下：

（1）二值化：大多数情况下，使用摄像头拍摄的图像都是彩色图像，彩色图像包含的信息量非常丰富，需要进行简化。可以将图像的内容简单地分为前景和背景，为了让计算机更快、更好地识别文字，需要先对彩色图像进行处理，使图像只剩下前景与背景信息，即简单地定义前景信息为黑色，背景信息为白色，这就是二值化图。彩色图像和二值化图像处理前后对比如图 8-1 所示。

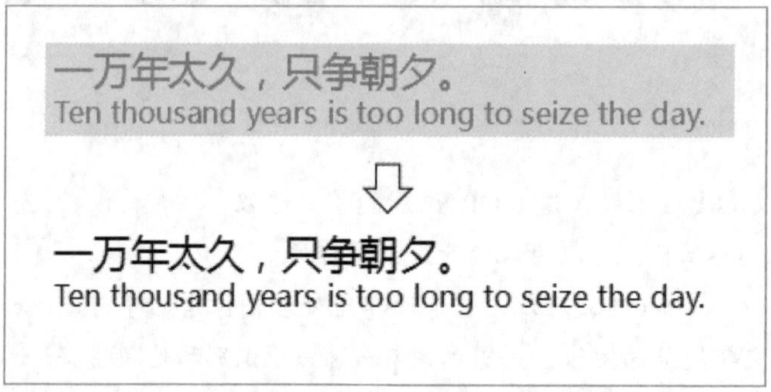

图 8-1　彩色图和二值化图

（2）噪声清除：对于不同的文档，噪声的定义可以不同。根据噪声的特征进行消除处理，叫作噪声去除。

（3）倾斜校正：通常情况下，用户拍摄的照片比较随意，拍照文档很有可能会产生倾斜。这时，需要使用文字识别软件进行校正。

3. 版面分析

将文档图片分段落、分行的过程叫作版面分析。由于实际文档的多样性和复杂性，目前没有一个固定的、最好的切割模型。

4. 字符切割

由于拍照条件的限制，经常会造成字符粘连、断笔等情况，因此极大地限制了识别系统的性能。此时，就需要文字识别软件具备字符切割功能。

5. 字符识别

很早的时候就有模板匹配，后来是以特征提取为主。由于文字的位移、笔画的粗细、断笔、粘连、旋转等因素的影响，极大地增加了提取的难度。

6. 版面恢复

通常，人类希望识别后的文字，仍然按照原文档图片那样排列着，保持段落不变、位置不变、顺序不变，之后输出到 Word 文档或 PDF 文档，这个过程就叫作版面恢复。

7. 后处理、核对

不同的语言环境中，语言的逻辑顺序是不同的。因此，需要根据语言特征的上下文，对识别后的结果进行校正，这个过程就是后处理。

8.2　Tesseract 引擎的下载和安装

Tesseract 是一个开源的 OCR 库，是目前公认的最优秀、最精确的开源 OCR 系统，具有精准度高、灵活性高等特点。它不仅可以通过训练识别出任何字体（只要字体的风格保持不变即可），而且可以识别出任何 Unicode 字符。

Tesseract 支持 60 种以上的语言，它提供了一个引擎和命令行工具。要想在 Windows 系统下使用 Tesseract，需要先安装 Tesseract-OCR 引擎，可以从网址 https://github.com/UB-Mannheim/tesseract/wiki 进行下载，如图 8-2 所示。

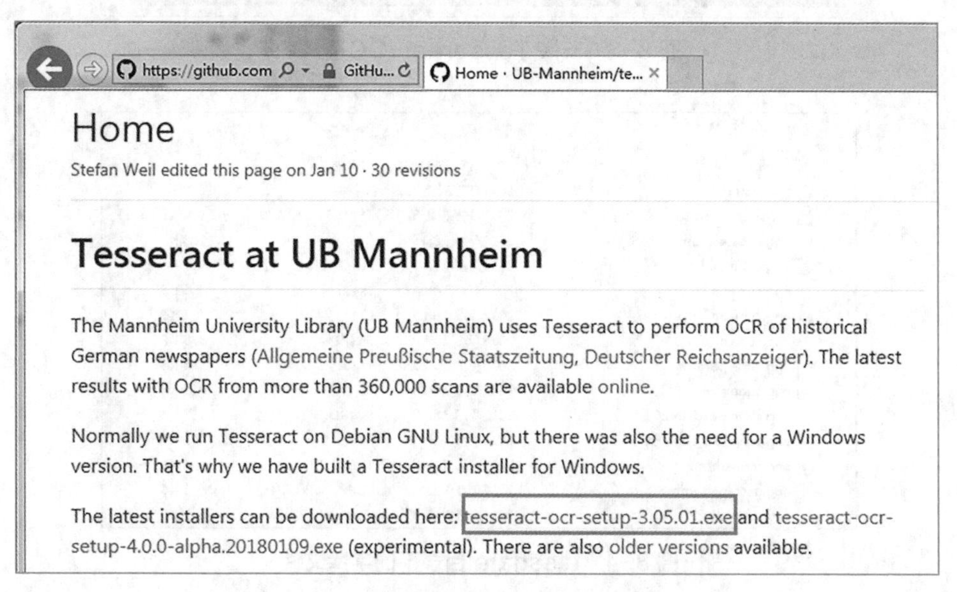

图 8-2　开始安装 Tesseract-OCR

该网址提供的下载版本为 3.05.01，下载完成后，双击安装文件，按照默认设置进行安装。默认情况下，安装文件会为其配置系统环境变量，以指向安装目录。这样，就可以在任意目录下使用 tesseract 命令运行。如果没有配置环境变量，可以手动进行设置，默认安装目录为：

```
C:\Program Files (x86)\Tesseract-OCR
```

打开命令行窗口，输入 tesseract 命令进行验证。如果安装成功，则会输出如图 8-3 所示的信息。

在 Tesseract 的安装目录下，默认有个 tessdata 目录，该目录中存放的是语言字库文件，如图 8-4 所示。其中，chi_sim.traineddata 存放的是中文字库，其余的都是英文字库。

```
管理员: C:\Windows\system32\cmd.exe
Microsoft Windows [版本 6.1.7601]
版权所有 (c) 2009 Microsoft Corporation。保留所有权利。

C:\Users\admin>tesseract
Usage:tesseract imagename outputbase [-l lang] [-psm pagesegmode] [configfile...
]

pagesegmode values are:
0 = Orientation and script detection (OSD) only.
1 = Automatic page segmentation with OSD.
2 = Automatic page segmentation, but no OSD, or OCR
3 = Fully automatic page segmentation, but no OSD. (Default)
4 = Assume a single column of text of variable sizes.
5 = Assume a single uniform block of vertically aligned text.
6 = Assume a single uniform block of text.
7 = Treat the image as a single text line.
8 = Treat the image as a single word.
9 = Treat the image as a single word in a circle.
10 = Treat the image as a single character.
-l lang and/or -psm pagesegmode must occur before anyconfigfile.

Single options:
  -v --version: version info
  --list-langs: list available languages for tesseract engine

C:\Users\admin>_
```

图 8-3　安装 Tesseract-OCR 成功

名称	修改日期	类型	大小
configs	2017/11/22 16:02	文件夹	
tessconfigs	2017/11/22 16:02	文件夹	
chi_sim.traineddata	2017/11/22 17:20	TRAINEDDATA ...	41,104 KB
eng.cube.bigrams	2012/2/3 15:15	BIGRAMS 文件	168 KB
eng.cube.fold	2012/2/3 15:15	FOLD 文件	1 KB
eng.cube.lm	2012/7/23 4:04	LM 文件	1 KB
eng.cube.lm_	2012/2/3 15:15	LM_ 文件	1 KB
eng.cube.nn	2012/2/3 15:15	NN 文件	838 KB
eng.cube.params	2012/2/3 15:15	PARAMS 文件	1 KB
eng.cube.size	2012/2/3 15:15	SIZE 文件	12,715 KB
eng.cube.word-freq	2012/2/3 15:15	WORD-FREQ 文件	2,387 KB
eng.tesseract_cube.nn	2012/2/3 15:15	NN 文件	1 KB
eng.traineddata	2012/2/3 14:47	TRAINEDDATA ...	21,364 KB
eng.user-patterns	2017/5/10 23:09	USER-PATTERNS...	1 KB
eng.user-words	2017/5/10 23:09	USER-WORDS ...	1 KB

图 8-4　tessdata 目录下的字库文件

8.3　pytesseract 和 PIL 库概述

Tesseract 是一个命令行工具，安装后只能通过 tesseract 命令在 Python 的外部运行，而不能通过 import 语句引入使用。为了解决上述问题，Python 提供了支持 Tesseract-OCR 引擎的 Python 版本的库 pytesseract。

安装 pytesseract 需要遵守如下要求：

（1）Python 的版本必须是 python 2.5+ 或 python 3.x。

（2）安装 Python 的图像处理库 PIL（或 Pillow）。

（3）安装谷歌的 OCR 识别引擎 Tesseract-OCR。

本节将针对 PIL 和 pytesseract 的相关内容进行讲解。

8.3.1 pytesseract 库概述

pytesseract 是一款用于光学字符识别（OCR）的 Python 工具，即从图片中识别和读取其中嵌入的文字。pytesseract 是对 Tesseract-OCR 的一层封装，同时也可以单独作为 Tesseract 引擎的调用脚本，支持使用 PIL 库（Python Imaging Library）读取各种图片文件类型，包括 jpeg、png、gif、bmp、tiff 等格式。作为脚本使用时，pytesseract 将打印识别出的文字，而不是将其写入文件。

在 pytesseract 库中，提供了如下函数将图像转换成字符串：

```
image_to_string(image, lang=None, boxes=False, config=None)
```

上述函数用于在指定的图像上运行 tesseract，首先将图像写入到磁盘，然后在图像上运行 tesseract 命令进行识别读取，最后删除临时的文件。其中，image 表示图像，lang 表示语言，默认使用英文。如果 boxes 设为 True，那么 batch.nochop makebox 命令被添加到 tesseract 调用中；如果设置了 config，则配置会添加到命令中，例如 config = – psm 6。

8.3.2 PIL 库概述

图像处理是一门应用非常广泛的技术，拥有丰富第三方扩展库的 Python 语言也具有此项功能。其中，PIL（Python Imaging Library）是 Python 最常用的图像处理库，它不仅提供了广泛的文件格式支持，而且具有强大的图像处理功能。

PIL 库中一个非常重要的类是 Image 类，该类定义在与它同名的模块中。创建 Image 类对象的方法有很多种，包括从文件中读取得到，或从其他图像经过处理得到，或者创建全新的。下面对 PIL 库的一些常用函数和方法进行简单介绍。

1. new() 函数

new() 函数的定义格式如下：

```
Image.new(mode, size, color=0)
```

上述函数用于创建一个新图像。其中，mode 表示模式，size 表示大小。当创建单通道图像时，color 是单个值；当创建多通道图像时，color 是一个元组。若省略了 color 参数，则图像被填充成全黑；若 color 参数的值为 None，则图像不被初始化。

2. open() 函数

open() 函数的定义格式如下：

```
open(fp, mode="r")
```

上述函数可以打开并识别给定的图像文件。其中，fp 表示字符串形式的文件名称，mode 参数可以省略，但只能设置为“r”。如果载入文件失败，则会引起一个 IOError 异常，否则返回一个 Image 类对象。

实际上，上述函数会被延迟操作，实际的图像数据并不会马上从文件中读取，而是等到需要处理这些数据时才被读取。这时，可以调用 load() 函数进行强制加载。

创建图像对象后，可以通过 Image 类提供的方法处理这些图像。为了让大家更好地理解，下面以常用的两个方法（save() 和 point() 方法）进行说明。

（1）save() 方法，其语法格式如下：

```
save(self, fp, format=None, **params)
```

上述方法将以特定的图片格式保存图片。大多数情况下，可以省略图片的格式。这时，该方法会根据文件的扩展名来选择相应的图片格式。具体示例代码如下：

```
image.save("test.jpg","JPG")
```

或者：

```
save("test.jpg")
```

（2）point() 方法：可以对图像的像素值进行变换。其语法格式如下：

```
point(self, lut, mode=None)
```

在大多数场合中，可以使用函数（带一个参数）作为参数传递给 point() 方法，图像的每个像素都会使用这个函数进行变换。示例代码如下：

```
# 每个像素乘以 1.2
out=im.point(lambda i: i * 1.2)
```

需要注意的是，如果图像的模式为“I”（整数）或“F”（浮点数），则必须使用函数，且必须具有以下格式：

```
argument（参数）*scale（倍率）+offset（偏移量）
```

例如，映射浮点图像的示例如下：

```
out=im.point(lambda i:i*1.2+10)
```

8.4 处理规范格式的文字

图像中的文字最好比较干净，且格式规范。通常，格式规范的文字具有以下几个特点：

（1）使用一种标准的字体，不包含手写字体、草书，或者十分花哨的字体。

（2）经过复印或拍照，字体仍然很清晰，没有多余的痕迹或污点。

（3）排列整齐，没有歪歪斜斜的文字。

（4）文字没有超出图片的范围，没有残缺不全或者紧紧地贴在图片的边缘。

图 8-5 所示为一张文字十分符合格式规范的图像。

This is some text, written in Arial, that will be read by
Tesseract. Here are some symbols: !@#$%^&*()

图 8-5　符合文字规范的图像

下面将针对格式规范的图像文件的处理进行详细讲解。

8.4.1　读取图像中格式规范的文字

对于图像中那些格式非常符合规范的文本而言，通过 pytesseract 识别且处理以后，读取到的文字跟图像中的文字基本一致，可识别的精准度很高，可以达到 90% 以上。

以图 8-5 进行举例，使用 pytesseract 将图像中识别到的文本提取出来。具体代码如下：

```
# 导入模块
import pytesseract
from PIL import Image
# 将图像文件转换成 Image 实例
image=Image.open('test.jpg')
# 将图像中的文本转换成文本，进行输出
text=pytesseract.image_to_string(image)
print(text)
```

程序运行结果为：

```
This is some text, written in Arial, that will be read by
Tesseract. Here are some symbols: !@#$%” &*()
```

从结果可以看出，识别到的文本是很准确的，只有个别字符识别错误（如“^”识别成了双引号），不过整体上可以让人很舒服地阅读。

8.4.2　对图片进行阈值过滤和降噪处理

前面所介绍的图像比较接近于理想图像，文字极易被识别与处理。但是，大多数情况下，网络上看到的图片是带有背景颜色的。例如，图片中的文字位于带有渐变背景的图像中，如图 8-6 所示。

This is some text, written in Arial, that will be read by
Tesseract. Here are some symbols: !@#$%^&*()

图 8-6　符合文字规范的图像

图 8–6 中描述了带有渐变背景的文字图片。从图 8–6 中可以看出，随着背景颜色从左向右不断地加深，文字的清晰度不断降低，这使得文字的识别变得越来越难。

遇到上述这类问题，可以预先过滤掉图片中的渐变背景色，留下图像中的文字，从而增加图像的清晰度，便于文本的识别与读取。例如，通过阈值过滤器处理上述图片，处理后如图 8–7 所示。

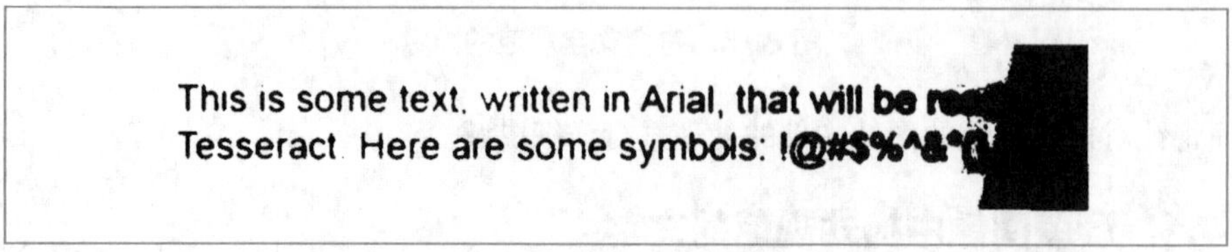

This is some text. written in Arial, that will be
Tesseract Here are some symbols: !@#$%^&*(

图 8–7 阈值过滤后的图像

从图 8–7 中可以看到，大部分文字都可以被识别到，只剩下一些不太清晰的标点符号及丢失的文字。

下面通过 PIL 库将图 8–6 中的图像进行阈值过滤处理成二值图，之后对通过 Tesseract 引擎处理后的图像进行文字识别。具体示例代码如下：

```
from pytesseract import *
from PIL import Image
def clean_file(file, newfile):
    '''
    将图片经过过滤后进行识别
    :param file: 图片文件的路径
    :param newfile: 处理后图片的路径
    '''
    image=Image.open(file)
    # 对图片进行阈值过滤（低于 143 的置为黑色，否则为白色）
    image=image.point(lambda x: 0 ifx<143 else 255)
    # 重新保存图片
    image.save(newfile)
    text=pytesseract.image_to_string(image)
    print(text)
if __name__ == '__main__':
    clean_file("test.png","test_copy.png")
```

上述示例中，定义了一个用于处理图像的方法 clean_file()，在该方法中，首先调用 open() 函数打开给定的图像文件，之后调用 point() 方法进行阈值过滤，即将图像中像素颜色数低于 143 的像素点置为黑色，其余置为白色，从而得到一个二值图，并将这个图保存到新的路径下。最后，通过 pytesseract 库的 image_to_string() 函数将图像以 OCR 识别技术转换成字符串进行输出。

上述图片识别的最好结果如下：

```
This is some text, written in Arial, that will be,
Tesseract. Here are some symbols: IW “
```

8.4.3　识别图像的中文字符

除了英文字符外，pytesseract 还支持识别中文字符。默认情况下，pytesseract 只能识别英文字符，为了让其支持中文，需要显式地指明使用中文字库。因此，在调用 image_to_string() 函数时需要指明语言，即将 lang 参数的值设为 chi_sim。

例如，下面有一张关于排序算法的图片，该图片以表格的形式显示了编程中关于排序的大量算法，具体如图 8-8 所示。

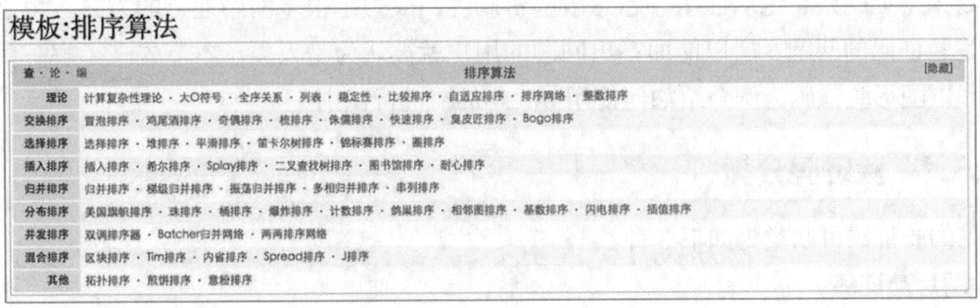

模板:排序算法

查 · 论 · 编	排序算法 [隐藏]
理论	计算复杂性理论 · 大O符号 · 全序关系 · 列表 · 稳定性 · 比较排序 · 自适应排序 · 排序网络 · 整数排序
交换排序	冒泡排序 · 鸡尾酒排序 · 奇偶排序 · 梳排序 · 侏儒排序 · 快速排序 · 臭皮匠排序 · Bogo排序
选择排序	选择排序 · 堆排序 · 平滑排序 · 笛卡尔树排序 · 锦标赛排序 · 圈排序
插入排序	插入排序 · 希尔排序 · Splay排序 · 二叉查找树排序 · 图书馆排序 · 耐心排序
归并排序	归并排序 · 梯级归并排序 · 振荡归并排序 · 多相归并排序 · 串列排序
分布排序	美国旗帜排序 · 珠排序 · 桶排序 · 爆炸排序 · 计数排序 · 鸽巢排序 · 相邻图排序 · 基数排序 · 闪电排序 · 插值排序
并发排序	双调排序器 · Batcher归并网络 · 两两排序网络
混合排序	区块排序 · Tim排序 · 内省排序 · Spread排序 · J排序
其他	拓扑排序 · 煎饼排序 · 意粉排序

图 8-8　排序算法

下面使用 pytesseract 技术将上述图片中的中文识别并提取出来。具体代码如下：

```
from pytesseract import *
from PIL import Image
# 打开并识别指定的图片
data=Image.open("paixu.png")
# 将图像以中文的形式进行转换
text=image_to_string(data,lang="chi_sim")
print(text)
```

识别出的文字最好效果如下：

```
模板：排序算法

查 ' 论 ' 编 排序算法 隐藏 ]
理论 计算复杂性理论 _ 大 O 符号 ' 全序关系 ' 列表 ' 稳定性 ' 比较排序 ' 自适应排序 ' 排序网络 ' 整数排序
交换排序 冒泡排序 ' 鸡尾酒排序 ' 奇偶排序 ' 梳排序 ' 侏儒排序 ' 快速排序 - 昊皮匠排序 ' Bogo 排序
选择排序 选择排序 ' 堆排序 ' 平滑排序 ' 笛卡尔树排序 _ 锦标赛排序 ' . 排序
```

```
插入排序 插入排序 ' 希尔排序 - sp 怕 y 排序 ' 二叉查找树排序 ' 图书馆排序 ' 耐心排序
归并排序 归并排序 ' 梯级归并排序 _ 振荡归并排序 _ 多相归并排序 ' 串列排序
分布排序 美国旗帜排序 ' 珠排序 ' 桶排序 ' 爆炸排序 ' 计数排序 ' 鸽巢排序 - 相邻图排序 '
基数排序 - 闪电排序 ' 插值排序
并发排序 双调排序器 _ B(】tCher 归并网络 ' 两两排序网络
混合排序 区块排序 ' nm 排序 ' 内省排序 ' spreGd 排序 ' J 排序
其他 拓扑排序 ' 煎饼排序 _ 意粉排序
```

8.5 处理验证码

验证码是一种区分用户是计算机还是人的公共全自动程序，能够有效阻止自动脚本反复提交垃圾数据，如刷票、论坛灌水、恶意破解密码等，成为了很多网站通行的方式。由于计算机无法解答验证码的问题，所以能回答出问题的用户就被认为是人类。本节先来了解一些常见的验证码，以图形验证码为例介绍如何使用 pytesseract 进行识别。

8.5.1 验证码分类

常见的验证码可归类为如下 3 种：

1. 图片验证码

图片验证码是指将一串随机产生的数字或符号生成一幅图片，图片里加上一些干扰像素（如画数条直线或数个圆点），如图 8-9 所示，由用户肉眼识别其中的验证码信息，输入表单提交网站验证，验证成功后才能使用某项功能。

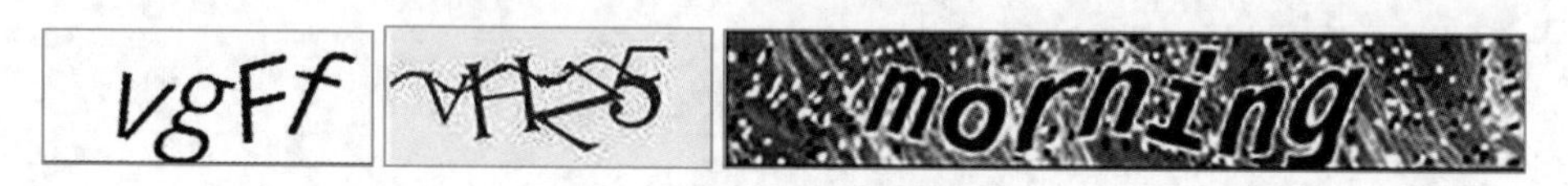

图 8-9 图片验证码

图 8-9 中列举的验证码有所升级，辨识度降低，出现了扭曲文字、杂点背景干扰对图像中文字的识别。其中，对付扭曲文字干扰的方法主要是对文字纹路矢量化，然后计算它们的基线还原文字扭曲；对抗杂点背景的主要方法是通过颜色过滤杂点，这些方法都包含在 OCR 技术中。

2. 手机短信验证码

手机短信验证码是通过发送验证码到手机上进行用户验证。大型网站尤其是购物网站，都提供了手机短信验证码的功能，可以保证购物的安全性和验证用户的正确性，如图 8-10（左图）所示。

3. 语音验证码

语音验证码常作为图片验证码的补充，提供给有视觉障碍的人士使用，如图 8-10（右图）所示。

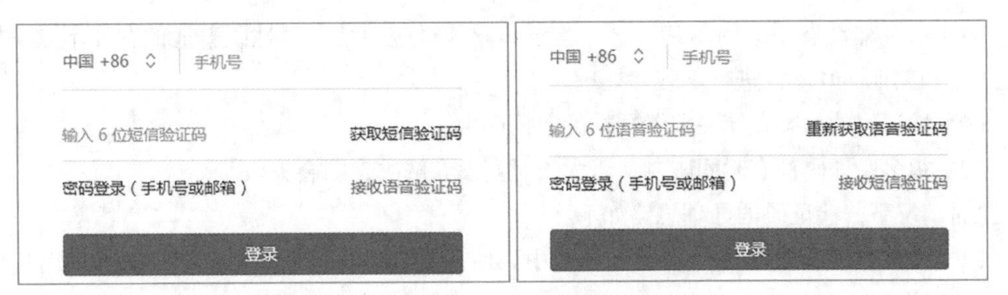

图 8-10　手机短信和语音验证码

4. 智力测试答题验证码

智力测试验证码采用另一种设计思路，通过服务器随机抽取一个简单的常识性智力题给最终用户，然后让最终用户进行作答。例如，在八张混有动物和其他的图片中选出某种动物，或要求用户计算 9 除以 9 等于多少，如图 8-11 所示。

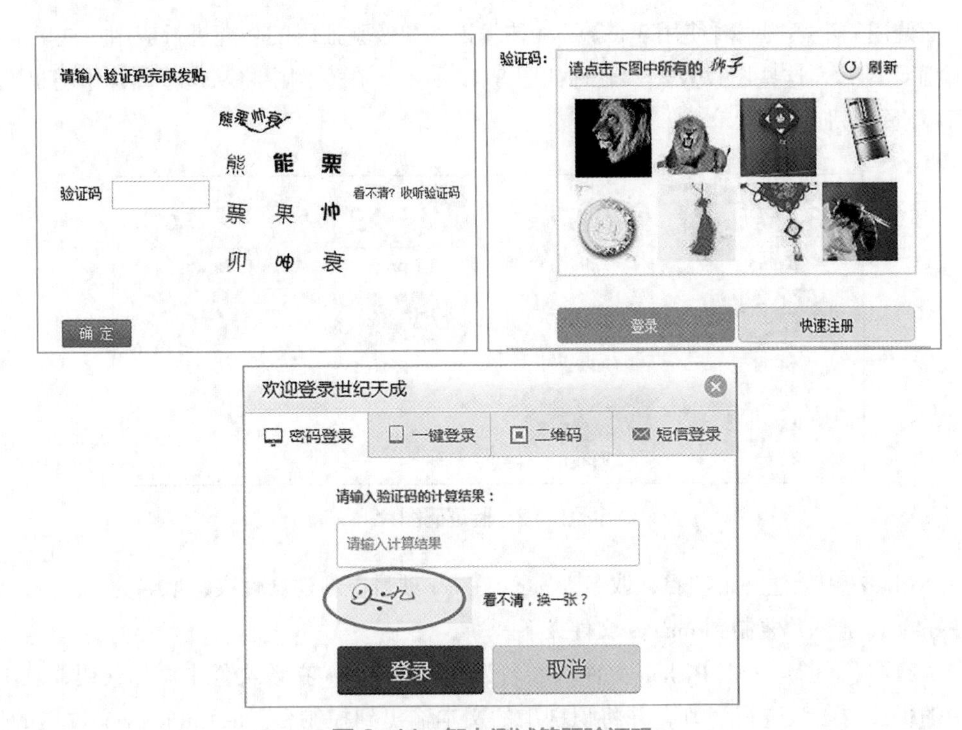

图 8-11　智力测试答题验证码

智力测试验证码的样式繁多，五花八门，出题的方式可以是文字或图片，想攻破这种验证码具有相当大的难度，需要计算机具备高级智慧，还要兼用图像识别技术。

8.5.2　简单识别图形验证码

目前，不少网站为了防止用户利用爬虫自动注册、登录等，都采用了验证码技术。但是，人们已经研究出了破解之策，这些网站的注册 / 登录页面经常会遭到网络机器人的垃圾注册。

事实上，大多数网站生成的图片验证码都具有以下几个特性：

（1）服务器动态生成的图片。虽然验证码图片对应的结点属性跟普通的图片不太一样，但是可以和其他图片一样进行下载和处理。

（2）验证码的答案存储在服务器端的数据库中。

（3）很多验证码都有时间限制，若太长时间没有解决，则会失效。

通常情况下，验证码的处理思路如下：

（1）将网站的验证码图片下载到硬盘中，使用 PIL 库处理干净（如图片降噪、图片切割等）。

（2）利用 Tesseract 技术识别图片中的文字。

（3）返回符合网站要求的识别结果。

8.6 案例——识别图形验证码

下面使用一个案例来对使用 pytesseract 技术识别图像验证码的功能进行应用。这里准备了 10 张验证码图片，这些图片及图片名称如图 8-12 所示。在案例中将从这些图片中随机选取 1 张进行验证码识别。

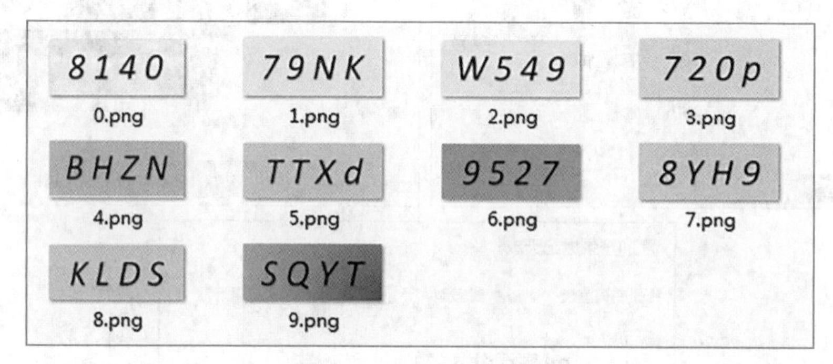

图 8-12 验证码图片

在 PyCharm 中创建一个项目，取名为 ocr。在 ocr 项目下新建文件夹，取名为 images，然后将准备好的 10 张图片复制到 images 文件夹下。

在 ocr 项目下创建一个 Python 文件，取名为 textInPic.py，在该文件中添加代码，从 10 张图片中随机选取 1 张进行识别，并将识别出的文本输出到控制台。textInPic.py 文件内的代码如下：

```
from random import randint
import pytesseract
from PIL import Image
#随机获取一个本地验证码图片的名称
picName=str(randint(0,9))+'.png'
#加载图片
image=Image.open('images/'+picName)
```

```
# 从图片中识别验证码
text=pytesseract.image_to_string(image)
# 输出图片名称和识别到的验证码文字
print(picName+":"+text)
```

运行代码，它的一次输出结果可能为：

```
6.png:9527
```

小　结

本章主要介绍了如何识别图像中的文字，及如何识别处理验证码。首先介绍了识别图像中文字的 OCR 技术，接着介绍了封装 OCR 技术的引擎 Tesseract，介绍了在 Python 中使用这个引擎的一些库 pytesseract 和 PIL，并演示了如何利用这些库处理具有规范字符格式的图像及中文字符，介绍了当下验证码的具体分类，以及处理一些简单验证码的思路，最后结合一个识别本地验证码图片的程序，讲解了如何利用 pytesseract 识别图像中的验证码。通过本章的学习，希望读者可以处理一些字符格式的图像和简单的验证码。

习　题

一、填空题

1. OCR 技术可以对________资料的图像文件进行分析和识别处理，以获取文字及版面信息。

2. 图像的前景信息为黑色，背景信息为白色，这就是________图。

3. pytesseract 是一款用于光学字符识别的 Python 工具，可以从图片中识别和读取其中嵌入的________。

4. 在 PIL 库中，使用________函数可以创建一个新的 Image 对象。

5. 为了避免使用 open() 函数打开图像时出现延迟操作，可以调用________函数进行强制加载。

二、判断题

1. 在创建 Image 类对象时，只能从图像文件中读取得到。（　　）

2. 如果使用 open() 函数载入文件识别，那么程序会抛出一个 IOError 异常。（　　）

3. 图像中文本的格式越规范，那么利用 pytesseract 识别文字的精准度一定很高。（　　）

4. 验证码是一种区分用户是计算机和人的公共全自动程序。（　　）

5. 如果网站的验证码带有背景色和杂点，那么使用 OCR 技术肯定无法识别处理。（　　）

三、选择题

1. 下列函数或方法中，能够将图像的像素值进行变换的是（　　）。

A. new()　　B. open()　　C. point()　　D. save()

2. 下列选项中，不属于格式规范的文字的特点是（　　）。
   A. 图像中使用的字体是宋体
   B. 版面上没有多余的痕迹或污点
   C. 文字围绕着基线发生一定角度的偏转
   D. 文字没有超出图片范围
3. 阅读下面一段示例程序：

```
image=Image.open(file)
image=image.point(lambda x:0 if x<143 else 255)
```

   关于上述代码的用途，下面描述错误的是（　　）。
   A. 调用 point() 方法对图像进行阈值过滤
   B. 将图像中像素颜色数低于 143 的像素点置为白色，其余为黑色
   C. 将图像中像素颜色数低于 143 的像素点置为黑色，其余为白色
   D. 最终会得到一个二值图

四、简答题

1. 什么是 OCR 技术？
2. 格式规范的文字具有哪些特点？

第9章 存储爬虫数据

学习目标

◆熟悉数据存储的几种方式，能够区分它们的使用场景。

◆了解什么是 MongoDB 数据库，可以理解 NoSQL 与 SQL 数据库的不同之处。

◆会在 Windows 平台安装和配置 MongoDB 数据库，搭建好开发环境。

◆掌握 PyMongo 库的使用，能够基于这个库简单地操作 MongoDB 数据库。

通常，从网页爬取到的数据需要进行分析、处理或格式化，然后进行持久化存储，以备后续使用。数据存储主要有两种方式：文件存储和数据库存储。前面章节中已经接触过文件存储，在本章将着重介绍如何使用数据库来保存爬取到的数据。

9.1 数据存储概述

一般来说，爬虫处理数据的能力往往是决定爬虫价值的决定性因素，同时稳定的数据存储方式也是爬虫价值的体现。爬虫的数据存储可分为如下两种方式：

1. 存储到本地

前面章节涉及的案例中，都会将爬虫数据以文件的形式存储到本地。对于这种中小规模的爬虫而言，可以将爬虫结果汇合到一个文件进行持久化存储。

Python 中的文件操作相当方便，既能将爬虫数据以二进制形式保存，又能处理成字符串后以文本形式保存，只需要改动打开文件的模式，就能以不同的形式保存数据。

2. 存储到数据库

对于爬取的数据种类丰富、数量庞大的大规模爬虫来说，把数据存储成一堆零散的文件就不太合适了。此时，可以将这些爬虫结果存入数据库中，不仅方便存储，也方便进一步整理。

在 Python 中，常用的数据库系统主要包括如下两种：

（1）MySQL：一种开源的关系型数据库，使用最常用的数据库管理语言（SQL）进行数据库管理。它会将数据保存到不同的表中，不仅速度快，而且灵活性高。

（2）MongoDB：一个基于分布式文件存储的数据库，是当前 NoSQL（非关系型的数据库）中比较热门的一种。它面向集合存储，易存储对象类型的数据，具有高性能、易部署、易使用等特点。

在实际应用中，上述两种数据库各有利弊，都能够用作数据存储，用户可以根据自己的需求进行相应的选择。下面以 MongoDB 数据库为例，介绍如何使用 MongoDB 数据库系统存储爬虫数据。

9.2 MongoDB 数据库概述

9.2.1 MongoDB 的概念

MongoDB 是一款由 C++ 语言编写的，基于分布式文件存储的 NoSQL 数据库，具有免费、操作简单、面向文档存储等特点，旨在为 Web 应用提供可扩展的高性能数据存储解决方案。

MongoDB 数据库主要的功能特性如下：

（1）模式自由：可以把不同结构的文档存储在同一个数据库中。

（2）面向集合的存储：适合存储 JSON 文件风格的形式。

（3）完整的索引支持：对任何属性可索引。

（4）复制和高可用性：支持服务器之间的数据复制，支持主 - 从模式及服务器之间的相互复制，复制的主要目的是提供冗余及自动故障转移。

（5）自动分片：支持云级别的伸缩性，自动分片功能支持水平的数据库集群，可动态地添加额外的机器。

（6）丰富的查询：支持丰富的查询表达方式，查询指令使用 JSON 形式的标记，可以轻易查询文档中内嵌的对象及数组。

（7）快速就地更新：查询优化器会分析查询表达式，并生成一个高效的查询计划。

（8）高效的传统存储方式：支持二进制数据及大型对象（如图片）。

9.2.2 Windows 平台安装 MongoDB 数据库

要想直接操作 MongoDB 数据库，需要在系统中安装它。这里以 Windows 系统为例，讲解如何从官网 https://www.mongodb.com/download-center#community 下载 MongoDB，并且安装和配置到计算机上。具体步骤如下：

（1）打开 MongoDB 下载网站，单击 Community Server 选项查看当前可用于下载的数据库版本。默认情况下，会选中 Windows 系统支持的可用版本。到目前为止，支持的最新、最稳定的版本是 3.6.3，如图 9-1 所示。

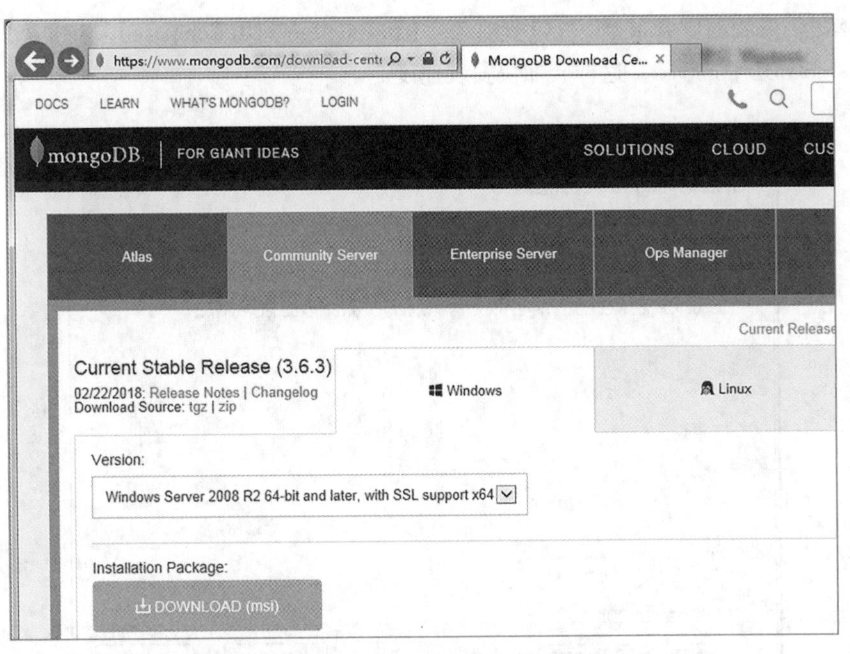

图 9-1　Windows 系统支持的可用版本

（2）单击 DOWNLOAD (msi) 按钮，下载 msi 文件。当下载完成以后，双击文件，弹出如图 9-2 所示的界面。

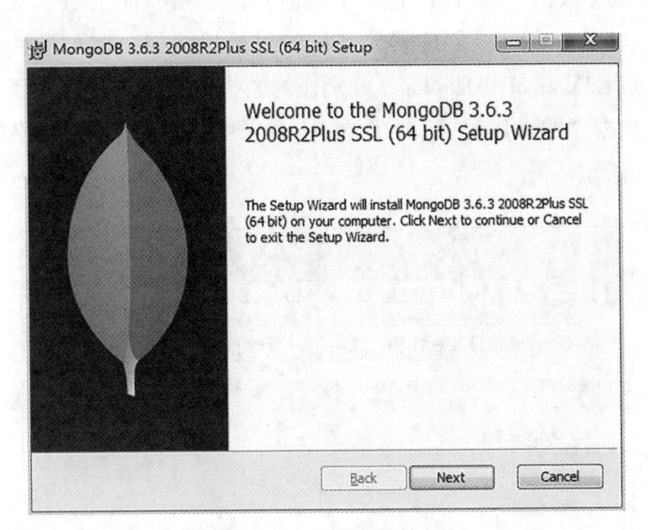

图 9-2　安装开始界面

（3）单击图 9-2 中的 Next 按钮，开始安装程序，之后直接按照提示安装即可。值得一提的是，当进入到选择程序安装目录的窗口时，该窗口中包括两个选项：Complete 和 Custom。若单击 Complete 按钮，则将会安装程序到默认的目录（C:\Program Files\MongoDB）下；若想自定义安装的目录，可单击 Custom 进行选择。这里选择默认安装。

在安装时可以选择是否安装 MongoDB Compass，这是 MongoDB 数据库的 GUI 管理系统。默认选择安装，但安装速度会很慢。可以取消选择【Install MongoDB Compass】复选框（见图 9-3），即不安装 MongoDB Compass，这样会加快安装速度。

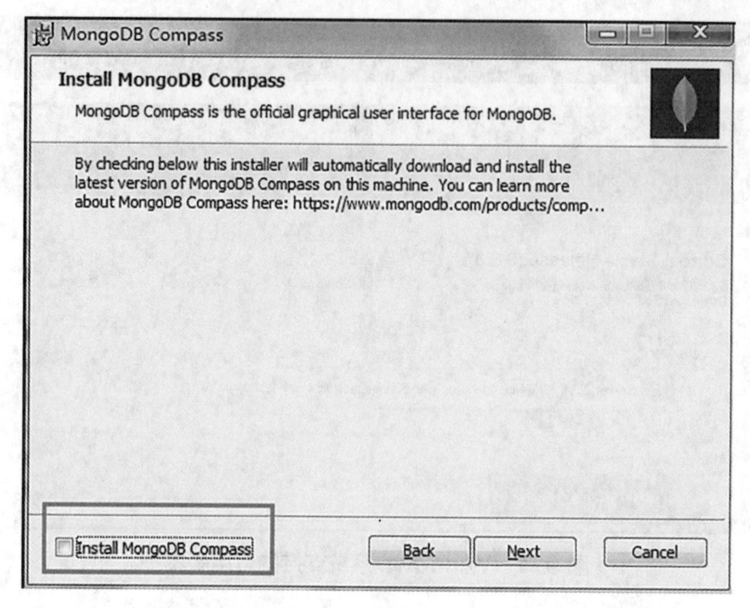

图 9-3 取消安装 MongoDB Compass

（4）MongoDB 会将数据存储在 db 目录下，但是这个目录不会被主动创建，需要在安装完成后手动创建 db 目录。也可以创建其他名称的目录，例如，在 C 盘目录下创建两个目录 C:\MongoDBData\db 和 C:\MongoDBData\log，分别作为数据和日志文件夹。其中，db 用于存放数据库，log 用于存放数据库的操作记录。下面在 log 目录中创建一个日志文件 mongodb.log，最终的目录结构如图 9-4 所示。

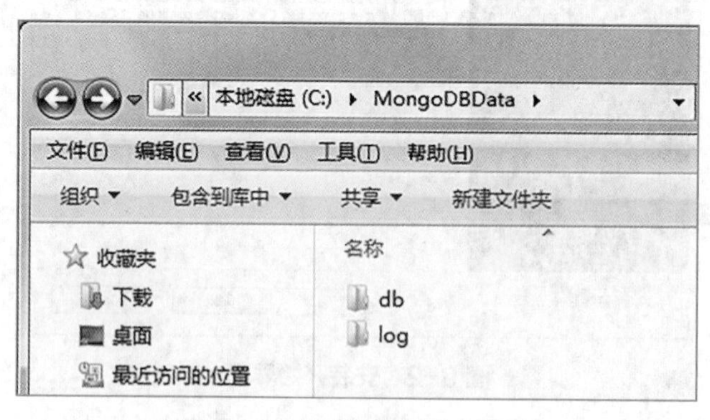

图 9-4 创建数据和日志目录

（5）打开控制台，将当前路径切换到 MongoDB 的安装目录下，即 C:\Program Files\MongoDB\Server\3.6\bin，在该路径下输入如下命令：

```
mongod.exe --dbpath c:\MongoDBData\db
```

上述命令用于将 MongoDB 的数据库文件创建到新建的 db 文件夹。

（6）MongoDB 服务器主要有两种启动方式：以程序的方式打开和以 Windows 服务的方式打开。在实际使用中，使用 Windows 服务的方式打开比较方便。打开控制台，切换到 MongoDB 的安装目录，之后输入如下命令：

```
mongod.exe --logpath "C:\MongoDBData\log\mongodb.log" --logappend --dbpath
 "c:\MongoDBData\db" --serviceName "MongoDB" --install
```

通过上述命令安装 Windows 服务运行模式，其中 MongoDB 是为服务器设置的名称。

（7）输入如下命令，启动 MongoDB 服务器。

```
net start MongoDB
```

（8）启动以后，可以看到如图 9-5 所示的信息，表示成功启动了 MongoDB 服务。

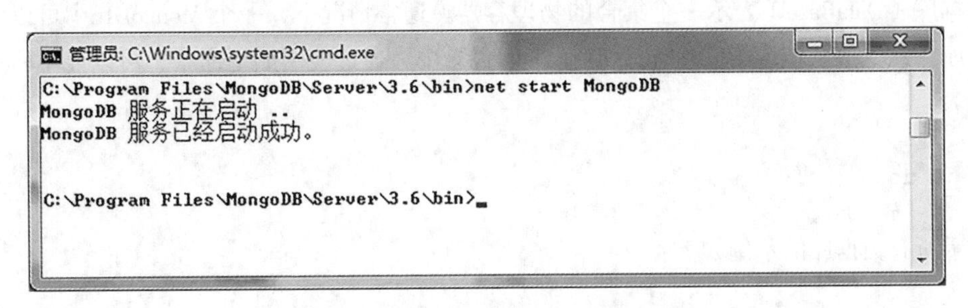

图 9-5　成功启动 MongoDB 服务

如果要关闭 MongoDB 服务，可以输入如下命令：

```
net stop MongoDB
```

当下次打开计算机时，无须再次输入配置和启动命令，可以直接进入 MongoDB 安装目录的 bin 目录下，双击 mongo.exe 打开数据库的交互窗口（mongo shell）即可。

9.2.3 比较 MongoDB 和 MySQL 的术语

MySQL 是使用 SQL 语言访问数据库的，该数据库的基本组成单元是数据表。而 MongoDB 是一种非关系型数据库，它没有表的概念，其数据库的基本组成单元是集合。为了进一步了解 MongoDB 的结构，下面列出 MongoDB 的一些常见术语，并且与 MySQL 中的术语进行对比，如表 9-1 所示。

表 9-1　MongoDB 和 MySQL 的常见术语

SQL 术语 / 概念	MongoDB 术语 / 概念	解释 / 说明
database	database	数据库
table	collection	数据库表 / 集合

续表

SQL 术语 / 概念	MongoDB 术语 / 概念	解释 / 说明
row	document	数据记录行 / 文档
column	field	数据字段 / 域
index	index	索引
table joins	—	表连接 /MongoDB 不支持
primary key	primary key	主键，MongoDB 自动将 _id 字段设置为主键

表 9-1 列举了 MongoDB 的常见术语。在 MongoDB 中最基本的概念就是数据库、集合和文档，它们是 MongoDB 的 3 个组成元素。下面分别介绍它们的作用。

1. 数据库

数据库（DataBase）表示一个集合的物理容器。通常情况下，一个 MongoDB 中可以创建多个数据库，默认的数据库为 db，它存储在 data 目录中。通过使用如下命令，可以显示所有的数据库列表。

```
show dbs
```

显示所有数据库的示例如下：

```
> show dbs
admin       0.000GB
local       0.000GB
test        0.000GB
```

通过使用 db 命令，可以显示当前数据库对象或者集合。例如：

```
> db
test
```

2. 文档

文档（Document）是一组由键 / 值对组成的对象，对应着关系型数据库的行。文档的示例代码如下：

```
{"name": "Jane", "age": 30}
```

值得一提的是，文档中的键 / 值对是有顺序的。文档中的值不仅可以是字符串类型，而且可以是其他数据类型。

每个文档中都有一个属性，名称为 _id，用于保证文档的唯一性。在进行插入文档操作时，可以自行设置 _id 的值。如果没有提供，那么 MongoDB 会为每个文档设置一个独特的 _id，类型为 objectID。

objectID 是一个 12 字节的十六进制数。其中，前 4 字节表示当前的时间戳，后面跟着 3 字节的机器 ID，接着是 2 字节的服务进程 id，最后面是 3 字节的简单增量值。

3. 集合

集合（Collection）就是一组文档，类似于关系数据库中的表，它没有固定的结构，这意味着可以往集合中插入不同格式和类型的数据。例如：

```
{'name': 'Jay', 'gender': 'man'}
{'name': 'Jay', 'age': 30}
```

9.3 使用 PyMongo 库存储到数据库

Python 是目前比较流行的程序设计语言，特别是在人工智能和大数据分析处理上，市场空间是比较大的。与此同时，MongoDB 是比较流行的 NoSQL 数据库的解决方案，两者结合使用的场景非常多。

要想在 Python 项目中使用 MongoDB 数据库，需要在 Python 标准库的基础上添加对 MongoDB 的支持。截止到目前，常用的开发 MongoDB 的包为 PyMongo。本节将针对 PyMongo 的相关内容进行详细介绍。

9.3.1 PyMongo 的概念

PyMongo 是用于 MongoDB 的开发工具，是 Python 操作 MongoDB 数据库的推荐方式。

PyMongo 中主要提供了如下类与 MongoDB 数据库进行交互：

- ◆ MongoClient 类：用于与 MongoDB 服务器建立连接。
- ◆ DataBase 类：表示 MongoDB 中的数据库。
- ◆ Collection 类：表示 MongoDB 中的集合。
- ◆ Cursor 类：表示查询方法返回的结果，用于对多行数据进行遍历。

PyMongo 库的基本使用流程如下：

（1）创建一个 MongoClient 类的对象，与 MongoDB 服务器建立连接。

（2）通过 MongoClient 对象访问数据库（DataBase 对象）。

（3）使用上个步骤的数据库创建一个集合（Collection 对象）。

（4）调用集合中提供的方法在集合中插入、删除、修改和查询文档。

9.3.2 PyMongo 的基本操作

由于 PyMongo 是第三方库，所以需要安装之后才能在 Python 中使用。在 Windows 系统下安装可使用 pip 命令：

```
pip install pymongo
```

安装完成之后，就可以使用 PyMongo 操作 MongoDB 数据库。首先要在项目中导入 PyMongo 库的全部内容或者使用到的类，通常情况下采用如下方式引入：

```
from pymongo import *
```

导入 PyMongo 库之后，就可以使用该库进行与数据库相关的操作。下面就针对 PyMongo 库的基本操作一一进行介绍。

1. 创建连接

开始使用 PyMongo 的第一步是创建一个 MongoClient 类的对象，用于连接 MongoDB 服务器。可以通过 MongoClient 类的构造方法进行创建。该方法语法格式如下：

```
class pymongo.mongo_client.MongoClient(host='localhost', port=27017,
document_class=dict, tz_aware=False, connect=True, **kwargs)
```

上述方法中包含的参数含义如下：

（1）host 参数：表示主机名或 IP 地址。

（2）port 参数：表示连接的端口号。

（3）document_class 参数：从此客户端查询返回的文档默认使用此类。

（4）tz_aware 参数：如果为 True，则此 MongoClient 作为文档中的值返回的 datetime 实例，将会被时区所识别。

（5）connect 参数：若为 True（默认），则立即开始在后台连接到 MongoDB，否则连接到第一个操作。

建立连接的示例如下：

```
client=MongoClient()
```

上述示例中没有传入任何参数，将建立连接到默认的主机（localhost）和端口（27017）。除此之外，可以显式地指定主机和使用端口。例如：

```
client=MongoClient('localhost', 27017)
```

也可以使用 MongoDB 的 URL 路径形式传入参数。例如：

```
client=MongoClient('mongodb://localhost:27017')
```

2. 访问数据库

只要已经建立了与 Mongo 服务器的连接，就可以直接访问任何数据库。访问数据库的方式比较简单，可以将其当作属性一样，使用点语法进行访问。例如：

```
db=client.pymongo_test
```

此外，还可以使用字典的形式进行访问。例如：

```
db=client['pymongo_test']
```

注意：如果指定的数据库已经存在，就直接访问这个数据库；如果指定的数据库不存在，就会自动创建一个数据库。

3. 创建集合

创建集合的方式与创建数据库类似，通过数据库使用点语法的形式进行访问。其语法格式如下：

```
数据库名称 . 集合名称
```

例如，访问 db 数据库中的 student 集合，示例代码如下：

```
column=db.student
```

4. 插入文档

往集合中插入文档的方法主要有如下两个：

（1）insert_one() 方法：插入一条文档对象。

（2）insert_many() 方法：插入列表形式的多条文档对象。

插入一条文档的示例如下：

```
try:
    client=MongoClient(host='localhost', port=27017)
    db=client.mongo_insert
    collection=db.student
    result=collection.insert_one({'name':'zhangsan', 'age':20})
    print(result)
except Exception as error:
    print(error)
```

输出结果为：

```
<pymongo.results.InsertOneResult object at 0x00000000034CFF88>
```

插入多条文档的示例如下：

```
result=column.insert_many([{'name': 'zhangsan', 'age': 20},
                          {'name': 'lisi', 'age': 21},
                          {'name': 'wangwu', 'age': 22}])
```

5. 查询文档

用于查找文档的方法主要有如下几个：

9

（1）find_one() 方法：查找一条文档对象。

（2）find_many() 方法：查找多条文档对象。

（3）find() 方法：查找所有文档对象。

下面以 find() 方法为例，介绍如何查询集合中的所有文档。具体如下：

```
try:
    client=MongoClient()
    db=client.mongo_insert
    collection=db.student
    result=collection.find({'age': 20})
    print(result)
    for doc in result:
        print(doc)
except Exception as error:
    print(error)
```

输出结果为：

```
<pymongo.cursor.Cursor object at 0x00000000038F89B0>
{'_id': ObjectId('59f420f386d7080f1824d8c1'), 'name': 'zhangsan',
'age': 20}
```

6. 更新文档

用于更新文档的方法主要有如下几个：

（1）update_one() 方法：更新一条文档对象。

（2）update_many() 方法：更新多条文档对象。

更新一条文档的示例如下：

```
collection.update_one({'age': 22}, {'$set': {'name': 'zhaoliu'}})
```

更新多条文档的示例如下：

```
collection.update_many({'age': 22}, {'$set': {'name': 'zhaoliu'}})
```

7. 删除文档

用于删除文档的方法包括如下几个：

（1）delete_one() 方法：删除一条文档对象。

（2）delete_many() 方法：删除所有记录。

下面以 delete_many() 方法进行举例，介绍如何从集合中删除所有的文档。具体代码如下：

```
collection.delete_many({})
```

通过对上述操作的学习，熟练地掌握了数据库的增加、删除、查找、修改等基本操作之后，再去学习和提升就不会再有很大的障碍。实际上，使用 PyMongo 库操作数据库是非常简单的，以后如果遇到更加复杂的需求，在网络上查一下官方文档或者技术博客，应该都能顺利解决。

9.4 案例——存储网站的电影信息

为了巩固前面几个小节所学的知识，本节将介绍如何爬取豆瓣 Top250 排行榜上的电影，并且将电影名称、豆瓣评分及相关链接存储到 MongoDB 数据库中。

9.4.1 分析待爬取的网页

通过地址 https://movie.douban.com/top250 打开豆瓣排行榜的网页，在网页中任意一个电影名称上右击，选择“检查”命令，打开其对应的 HTML 源代码。部分源代码如下：

```
<div class="hd">
<a href="https://movie.douban.com/subject/1291546/" class="">
<span class="title">霸王别姬</span>
<span class="other"> / 再见，我的妾/Farewell
My Concubine</span>
...省略N行...
</div>
```

上述加粗的源代码表示描述某部电影名称的标签 <span>，其中该标签中的文本就是最终要选取的内容。通过查看整个文档可知，该文档中含有多个 <span> 标签，为了同其他标签进行区分，需要向上查找其对应的父标签 <a>。因此，最终查找的路径为 <a>/<span>/text()。

按照同样的方式，查找豆瓣评分和相关链接所对应的 HTML 源代码，最终找到的评分对应的路径为 div[class='star']/span[class='rating_num']/text()，而相关链接对应的路径为 a/[href]。

9

9.4.2 通过 urllib 爬取全部页面

创建一个用作开发的文件 douban.py，在该文件中定义一个负责爬取网页的方法 douban()，一旦调用该方法，就能够将包含数据的整个网页爬取下来。具体实现步骤如下：

1. 导入 urllib 库

关于爬取贴吧的操作，这里使用前面讲述的 urllib 库爬取网页。在 douban.py 文件中导入 urllib 库，代码如下：

```
import urllib.request
```

2. 准备请求的完整 URL

定义一个用于爬取电影信息的方法 douban()。在该方法中，需要提前准备好请求 URL 和请求头信息，其中，用作请求的 URL 路径会随着页数的变化而变化。下面查看前 5 页对应的地址，找出其中的规律，具体如表 9-2 所示。

表 9-2　豆瓣电影每页的 URL 路径（前 5 页）

页　码	URL 路径
第 1 页	https://movie.douban.com/top250?start=0
第 2 页	https://movie.douban.com/top250?start=25
第 3 页	https://movie.douban.com/top250?start=50
第 4 页	https://movie.douban.com/top250?start=75
第 5 页	https://movie.douban.com/top250?start=100

表 9-2 列举了豆瓣电影网站的前 5 页的 URL 路径。从该表中可以看出，整个 URL 可以分为两部分：一部分可以作为固定的基础 URL“https://movie.douban.com/top250?start=”；另一部分是 start 参数，数值一直在以 25 的倍数向上增加，结果为 25×（页数 -1）。

在 douban() 函数中，定义请求头和基本 URL 路径。具体代码如下：

```
def douban():
    '''
    存储豆瓣电影 Top 250 数据
    '''
    # 准备基本 URL 和请求头
    user_agent="Mozilla/5.0 (compatible; MSIE 9.0; Windows NT 6.1;
            Trident/5.0;)"
    headers={"User-Agent": user_agent}
    base_url="https://movie.douban.com/top250?start="
```

定义一个可以遍历 10 次的循环，以拼接豆瓣网站中 10 页所对应的 URL 路径。具体代码如下：

```
for i in range(0,10):
    # 准备全路径
    full_url=base_url+str(i*25)
```

通过上述完整的路径发送请求到服务器，并且拿到从服务器返回的所有 HTML 网页。具体代码如下：

```
# 发送请求到服务器，返回响应
request=urllib.request.Request(full_url, headers=headers)
response=urllib.request.urlopen(request)
html=response.read()
print(html)
```

程序运行以后，默认会先执行 if __name__ == '__main__' 语句，在该语句中，调用 douban() 方法。运行程序，最终输出的结果如下：

```
b'<!DOCTYPE html>\n<html lang="zh-cmn-Hans" class="ua-windows ua-ie9">\n
<head>\n  <meta http-equiv="Content-Type" content="text/html;
... 省略N行 ...
<!-- sindar13d-docker-->\n\n  <script>_SPLITTEST=\'\'</script>\n
</body>\n\n</html>\n\n\n'
```

9.4.3 通过 bs4 选取数据

前面已经获取了网站的全部内容。下面通过 bs4 解析这些 HTML 源代码，并从中筛选出需要用到的结点信息。

首先，从 bs4 中导入 BeautifulSoup 类。具体代码如下：

```
from bs4 import BeautifulSoup
```

然后，将网页转换成一个完整的 HTML DOM，根据树结构搜索所有的 <div class="info"> 结点，并且保存到一个列表中。具体代码如下：

```
# 选取符合要求的结点信息
soup=BeautifulSoup(html,"lxml")
div_list=soup.find_all('div', {'class': 'info'})
```

遍历 div_list 列表，依次获取如下结点的具体信息：

（1）提取 <a> 结点的子结点 <span class="title"> 的文本，结果对应着电影的名称。

（2）提取 <div class="star"> 结点的子结点 <span class="rating_num"> 的文本，结果对应着电影的评分。

（3）提取 <a> 结点的 href 属性的值，结果对应着电影的详情链接。

按照上述要求，调用 find() 方法提取用到的数据。具体代码如下：

```
for node in div_list:
    # 电影名称
    title = node.find('a').find('span').text
    # 电影评分
    score=node.find('div', class_='star').find('span',
      class_='rating_num').text + '分'
    # 详情链接
    link=node.find('a')['href']
```

上面这些提取出来的数据都要存储到 MongoDB 数据库，由于数据库只能插入字典类型的数据，所以每遍历一个 node，都将这些信息以键值对的形式保存到一个字典中。具体代码如下：

```
data_dict={'电影':title, '评分':score, '链接':link}
```

将上述字典中保存的信息使用 print() 函数打印输出。具体代码如下：

```
print(data_dict)
```

输出结果为：

```
... 省略N行 ...
{'电影': '美丽人生', '评分': '9.5分', '链接':
    'https://movie.douban.com/subject/1292063/'}
{'电影': '千与千寻', '评分': '9.2分', '链接':
'https://movie.douban.com/subject/1291561/'}
... 省略N行 ...
```

9.4.4 通过 MongoDB 存储电影信息

导入用于操作 MongoDB 数据库的库 PyMongo。具体代码如下：

```
from pymongo import MongoClient
```

然后在 douban() 方法的开始位置添加代码，依次创建一个连接到 MongoDB 服务端，一个用于操作各种集合的数据库，以及一个用于操作文档的集合。具体代码如下：

```
client=MongoClient("localhost", 27017)
db=client.spider
collection=db.movie250
```

每获得一条 data_dict 字典数据，就将该字典的数据添加到集合中。具体代码如下：

```
# 逐条往集合中插入文档
collection.insert_one(data_dict)
```

为了能够核对存入数据库的信息的正确性，下面以评分为例，通过调用集合的 find() 方法将评分等于 9.5 的文档筛选出来。具体代码如下：

```
# 查找score等于9.5的文档
cursor=collection.find({'评分': '9.5分'})
for doc in cursor:
   print(doc)
```

运行程序，程序最终输出结果如下：

```
{'_id': ObjectId('59f4530886d7080d4401666f'), '电影': '霸王别姬',
'评分': '9.5分', '链接': 'https://movie.douban.com/subject/1291546/'}
{'_id': ObjectId('59f4530886d7080d44016672'), '电影': '美丽人生',
'评分': '9.5分', '链接': 'https://movie.douban.com/subject/1292063/'}
```

小 结

本章介绍了爬虫的最后一个步骤——存储爬虫数据。首先，介绍了数据存储的一些方法，然后讲解了MongoDB数据库的相关知识，包括如何在Windows平台进行安装、MongoDB和MySQL的比较，然后介绍了Python中提供的开发MongoDB的一个库PyMongo，并介绍了PyMongo库的基本应用，最后结合豆瓣网站电影排行榜的案例，讲解了如何一步步从该网站中爬取、解析、存储电影信息。通过本章的学习，读者可简单地操作MongoDB数据库保存数据，并灵活加以运用。

习 题

一、填空题

1. MongoDB是一个基于分布式文件存储的数据库，属于当前________数据库中比较热门的一种。
2. MongoDB数据库中没有表的概念，它的基本组成单元是________。
3. ________是一组由键/值对组成的对象，对应着关系型数据库的行。
4. 每个文档中都有一个________属性，用来保证文档的唯一性。
5. 集合就是一组文档，类似于关系数据库中的________。

二、判断题

1. MongoDB是一种关系型的数据库。 （ ）
2. MySQL数据库的基本组成单元是多张表。 （ ）
3. MongoDB中可以建立多个数据库，默认的数据库为db。 （ ）
4. 文档中的键/值对是没有顺序的。 （ ）
5. MongoDB的集合中可以插入不同格式和类型的数据。 （ ）

三、选择题

1. 下列关于MySQL和MongoDB的说法中，错误的是（ ）。
   A. MySQL是一种开源的关系型数据库，使用NoSQL语言管理
   B. MongoDB是一种非关系型数据库
   C. MySQL数据库以表为单位来存储数据
   D. MongoDB数据库以集合为单位来存储数据
2. 下列选项中，不属于MongoDB组成元素的是（ ）。
   A. 数据库　　B. 集合　　C. 文档　　D. 表

3. 下列几个类中，用于跟 MongoDB 服务器建立连接的是（　　）。

A. MongoClient　　B. DataBase　　C. Collection　　D. Cursor

4. 下列创建连接的代码中，错误的是（　　）。

A. client = MongoClient()

B. client = MongoClient('localhost', 27017)

C. client = MongoClient('localhost:27017')

D. client = MongoClient('mongodb://localhost:27017')

5. 下列示例程序中，用于查找所有文档对象的是（　　）。

A. column = db.student

B. column.update_one({'age': 22}, {'$set': {'name': 'zhaoliu'}})

C. result = column.find({'age': 20})

D. result = column.insert_one({'name':'zhangsan', 'age':20})

四、简答题

1. MySQL 和 MongoDB 有什么区别？

2. 简述 PyMongo 库的基本使用流程。

五、编程题

在第 7 章编程题目的基础上，将爬取到的斗鱼平台的数据全部保存在 MongoDB 中，具体要求如下：

（1）在 DouyuSelenium 类中，定义一个保存数据的方法 save_data()。

（2）在 save_data() 方法中，将解析的数据以字典的形式保存到 MongoDB 中。

第 10 章 初识爬虫框架 Scrapy

学习目标

◆了解常见的爬虫框架，可以体会到 Scrapy 框架的通用性。

◆掌握 Scrapy 框架的架构，理解 Scrapy 的每个组件是怎样通力合作达到目的。

◆熟悉 Scrapy 框架的运作流程，明确每个组件的工作。

◆学会在不同的平台上安装 Scrapy 框架，提前搭建好开发环境。

◆掌握 Scrapy 框架的基本操作，可以初步建立一个简单的 Scrapy 项目。

随着网络爬虫的应用越来越多，一些爬虫框架逐渐涌现，这些框架将爬虫的一些常用功能和业务逻辑进行了封装。在这些框架的基础上，根据自己的需求添加少量代码，就可以实现一个自己想要的爬虫。Scrapy 是最常用、最流行的爬虫框架之一，本章就针对 Scrapy 进行详细介绍。

10.1 常见爬虫框架介绍

使用 Python 语言开发的爬虫框架有很多，但是实现方式和原理大同小异，用户只需要深入掌握一种框架，对其他框架做简单了解即可。

常见的 Python 框架主要有以下 5 种：Scrapy、Crawley、Portia、Newspaper 和 Python-goose，下面分别对这些框架进行简单介绍。

1. Scrapy 框架

Scrapy 是用纯 Python 实现的一个开源爬虫框架，是为了高效地爬取网站数据、提取结构性数据而编写的应用框架，用途非常广泛，可用于爬虫开发、数据挖掘、数据监测、自动化测试等领域。

Scrapy 使用了 Twisted（其主要对手是 Tornado）异步网络框架来处理网络通信，该网络框架可以加快下载速度，并且包含了各种中间件接口，可以灵活地完成各种需求。

Scrapy 的官网地址是 https://scrapy.org/，其官网界面如图 10-1 所示。

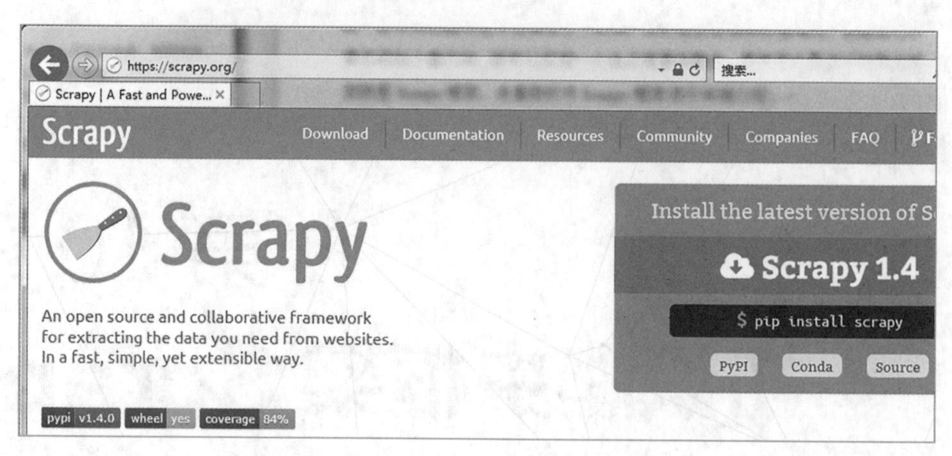

图 10-1 Scrapy 官网界面

Scrapy 功能很强大，它支持自定义 Item 和 pipeline 数据管道；支持在 Spider 中指定 domain（网页域范围）以及相应的 Rule（爬取规则）；支持 XPath 对 DOM 的解析等。而且 Scrapy 还有自己的 shell，可以方便地调试爬虫项目和查看爬虫运行结果。

由于 Scrapy 运行速度快、操作简单、可扩展性强，它已成为目前最常用的通用爬虫框架，也是本节主要介绍的框架。

2. Crawley 框架

Crawley 是用 Python 开发出的、基于非阻塞通信（NIO）的 Python 爬虫框架，它能高速爬取对应网站的内容，支持关系型和非关系型数据库（如 MongoDB、Postgre、Mysql、Oracle、Sqlite 等），支持输出 Json、XML 和 CSV 等各种格式。

Crawley 框架的官网地址是 http://project.crawley-cloud.com/，其官网主界面如图 10-2 所示。

图 10-2 Crawley 官网主界面

Crawley 框架的功能也比较多，大家如果对 Crawley 感兴趣，也可以自行探索。

3. Portia 框架

Portia 是 scrapyhub 开源的一款可视化的爬虫规则编写工具，提供可视化的 Web 页面，用户只需要点击标注页面上需要抽取的数据，不需要任何编程知识即可完成规则的开发（但是动态网页需要自己编写 JS 解析器）。

Portia 框架在 GitHub 上的项目地址为 https://github.com/scrapinghub/portia，可以从该地址将 Portia 框架下载到本地使用。图 10–3 所示为 Portia 框架在 GitHub 上的主页。

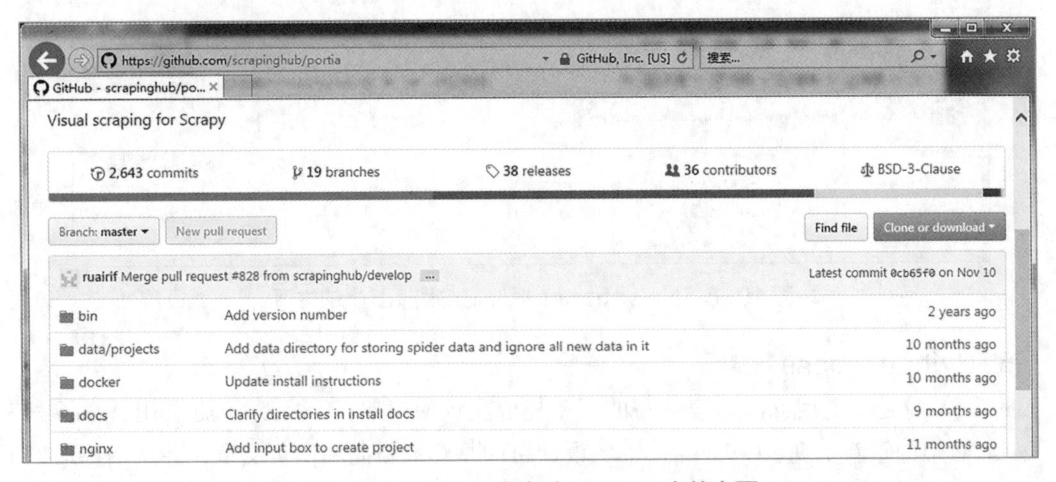

图 10–3　Portia 框架在 Github 上的主页

除此之外，Portia 框架还提供了网页版，用户只需要注册一个账号，不需要下载框架就可以直接使用。网页版 Portia 的地址是：https://portia.scrapinghub.com/，它的注册界面如图 10–4 所示。

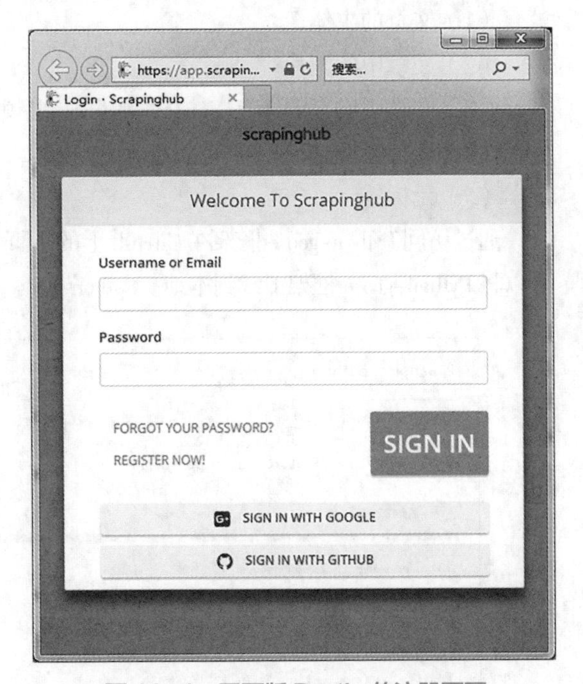

图 10–4　网页版 Portia 的注册页面

Portia 框架不需要任何编程基础就可以使用，用户如果感兴趣，可以通过它的在线网页自行探索该框架的使用方法。

4. Newspaper 框架

Newspaper 框架是专门用于提取新闻、文章和内容分析的爬虫框架。该框架的特点如下：

（1）支持 10 多种语言（英语、中文、德语等）。

（2）所有内容都使用 Unicode 编码。

（3）使用多线程下载文章。

（4）能够识别新闻网站的 URL。

（5）能够从网页中提取文本和图片，并且从文本中提取关键词、摘要和作者。

Newspaper 框架在 GitHub 上的主页地址是 https://github.com/codelucas/newspaper，其页面如图 10-5 所示。

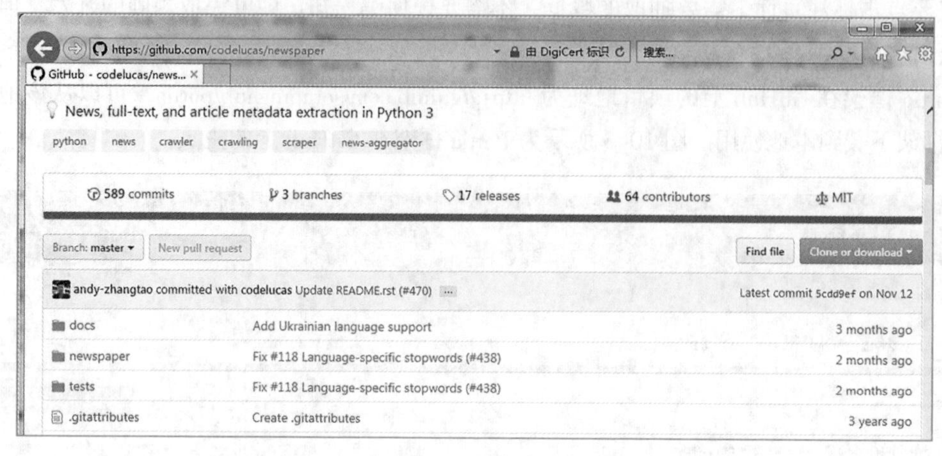

图 10-5　Newspaper 框架在 GitHub 上的主页

5. Python-goose 框架

goose 本身是一个用 Java 语言编写的用于提取文章的框架，Python-goose 是用 Python 语言对 goose 框架的重新实现。Python-goose 的设计目的是爬取新闻和网页文章，并从中提取以下内容：

（1）文章的主体；

（2）文章中的图片；

（3）文章中包含的所有 YouTube/Vimeo 视频；

（4）元描述信息；

（5）元标签。

通过访问 Python-goose 框架在 GitHub 上的主页（地址是 https://github.com/grangier/python-goose），可以将 Python-goose 框架下载到本地。Python-goose 框架在 GitHub 上的主界面如图 10-6 所示。

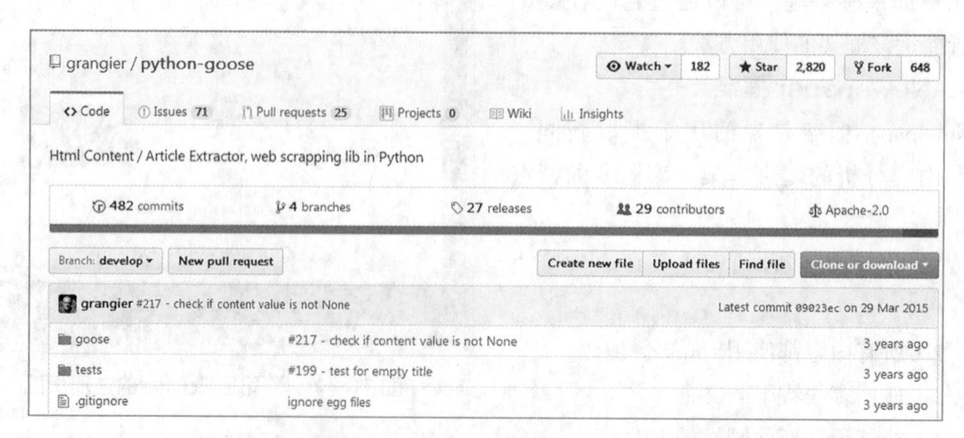

图 10-6　Python-goose 框架在 GitHub 上的主界面

10.2 Scrapy 框架的架构

学习 Scrapy 框架，从理解它的架构开始。图 10-7 所示为 Scrapy 的架构图。

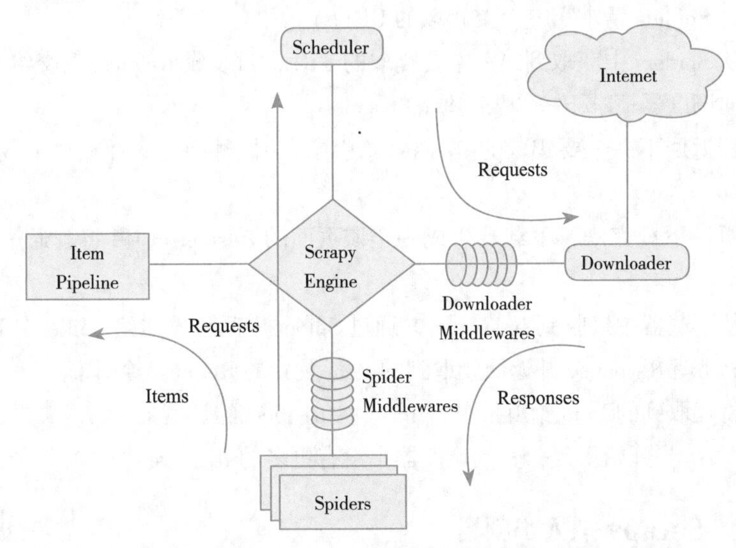

图 10-7　Scrapy 框架的架构图

从图 10-7 可知，Scrapy 框架主要包含以下组件：

（1）Scrapy Engine（引擎）：负责 Spiders、Item Pipeline、Downloader、Scheduler 之间的通信，包括信号和数据的传递等。

（2）Scheduler（调度器）：负责接收引擎发送过来的 Request 请求，并按照一定的方式进行整理排列和入队，当引擎需要时，交还给引擎。

（3）Downloader（下载器）：负责下载 Scrapy Engine 发送的所有 Requests（请求）；并将其获取到的 Responses（响应）交还给 Scrapy Engine，由 Scrapy Engine 交给 Spider 来处理。

（4）Spiders（爬虫）：负责处理所有 Responses，从中分析提取数据，获取 Item 字段需要的数据，并将需要跟进的 URL 提交给引擎，再次进入 Scheduler（调度器）。

（5）Item Pipeline（管道）：负责处理 Spiders 中获取到的 Item 数据，并进行后期处理（详细分析、过滤、存储等）。

（6）Downloader Middlewares（下载中间件）：是一个可以自定义扩展下载功能的组件。

（7）Spider Middlewares（Spider 中间件）：是一个可以自定义扩展 Scrapy Engine 和 Spiders 中间通信的功能组件（例如，进入 Spiders 的 Responses 和从 Spiders 出去的 Requests）。

Scrapy 的这些组件通力合作，共同完成整个爬取任务。架构图中的箭头是数据的流动方向，首先从初始 URL 开始，Scheduler 会将其交给 Downloader 进行下载，下载之后会交给 Spiders 进行分析。Spiders 分析出来的结果有两种：一种是需要进一步爬取的链接，例如之前分析的“下一页”的链接，这些会被传回 Scheduler；另一种是需要保存的数据，它们被送到 Item Pipeline，这是对数据进行后期处理（详细分析、过滤、存储等）的地方。另外，在数据流动的通道里还可以安装各种中间件，进行必要的处理。

10.3 Scrapy 框架的运作流程

Scrapy 的运作流程由引擎控制，其过程如下：

（1）引擎向 Spiders 请求第一个要爬取的 URL(s)。

（2）引擎从 Spiders 中获取到第一个要爬取的 URL，封装成 Request 并交给调度器。

（3）引擎向调度器请求下一个要爬取的 Request。

（4）调度器返回下一个要爬取的 Request 给引擎，引擎将 Request 通过下载中间件转发给下载器。

（5）一旦页面下载完毕，下载器生成一个该页面的 Response，并将其通过下载中间件发送给引擎。

（6）引擎从下载器中接收到 Response 并通过 Spider 中间件发送给 Spider 处理。

（7）Spider 处理 Response 并返回爬取到的 Item 及新的 Request 给引擎。

（8）引擎将爬取到的 Item 给 Item Pipeline，将 Request 给调度器。

（9）从第（2）步开始重复，直到调度器中没有更多的 Request。

多学一招：Scrapy 拟人小剧场

为了帮助大家更好地理解 Scrapy 的一次完整运行流程，下面把 Scrapy 的运作流程用拟人小剧场的方式进行表现，如下所示：

（1）引擎：Hi！ Spider，你要处理哪一个网站？

（2）Spider：老大要我处理 xxxx.com。

（3）引擎：你把第一个需要处理的 URL 给我吧。

（4）Spider：给你，第一个 URL 是 xxxxxxx.com。

（5）引擎：Hi！调度器，我这有 Request 请求，你帮我排序入队一下。

（6）调度器：好的，正在处理，你等一下。

（7）引擎：Hi！调度器，把你处理好的 Request 请求给我。

（8）调度器：给你，这是我处理好的 Request。

（9）引擎：Hi！下载器，你按照老大的下载中间件的设置帮我下载一下这个 Request 请求。

（10）下载器：好的！给你，这是下载好的东西。（如果失败：Sorry，这个 Request 下载失败了。然后引擎告诉调度器，这个 Request 下载失败了，你记录一下，我们待会儿再下载）。

（11）引擎：Hi！ Spider，这是下载好的东西，并且已经按照老大的下载中间件处理过了，你自己处理一下（注意！这儿 Responses 默认是交给 def parse() 这个函数处理的）。

（12）Spider：（处理完毕数据之后对于需要跟进的 URL），Hi！引擎，我这里有两个结果，这个是我需要跟进的 URL，还有这个是我获取到的 Item 数据。

（13）引擎：Hi！管道，我这儿有个 item 你帮我处理一下！调度器！这是需要跟进的 URL 你帮我处理下。

（14）管道，调度器：好的，现在就做！

然后，从第（4）步开始循环，直到获取完老大需要的全部信息。

10.4　安装 Scrapy 框架

Scrapy 是第三方框架，如果要使用 Scrapy，需要先进行安装。目前常用的 Python 版本包括 Python 2.x 和 Python 3.x 两个版本，而 Python3.x 是大势所趋，所以这里安装 Scrapy 也是基于 Python3.x 的。下面分别介绍 Scrapy 在常用操作系统（Windows 7 系统、Linux 系统和 Mac 系统）下的安装方式。

10.4.1　Windows 7 系统下的安装

由于 Windows 系统本身不带 Python，所以在安装 Scrapy 之前，需要保证 Windows 7 系统下已经安装了 Python 3，并将 Python 3 和 pip 升级到最新版本。然后，就可以通过 pip 命令安装 Scrapy 框架。

打开终端，输入如下命令：

```
pip install scrapy
```

安装完成之后，在命令终端输入 scrapy，提示类似如图 10-8 所示的结果，表示已经安装成功。

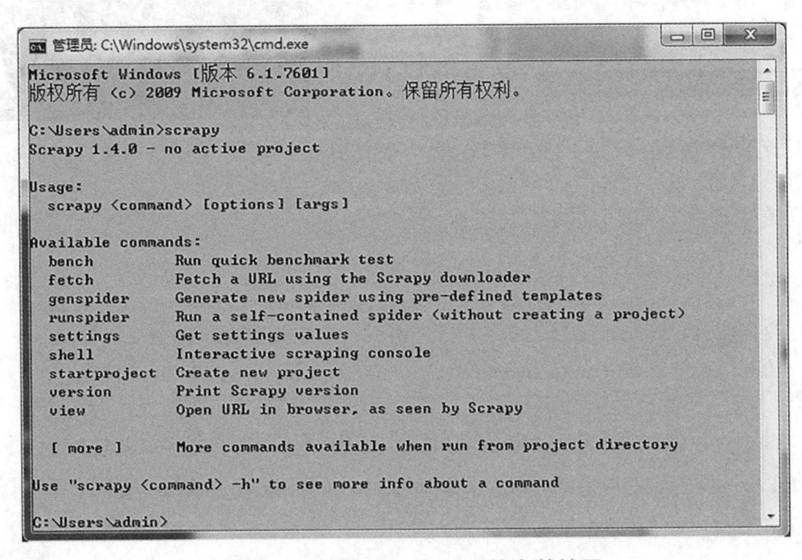

图 10-8　Windows 7 下的安装结果

但是，在 Windows 7 系统下安装 Scrapy 的过程并不会一帆风顺，经常会遇到一些问题导致安装失败，以下就是两个常见的问题和解决办法。

（1）第一个常见问题是缺乏 Microsoft Visual C++ 14.0 组件，提示信息如下：

```
    error: Microsoft Visual C++ 14.0 is required. Get it with "Microsoft Visual C++ Build Tools": http://landinghub.visualstudio.com/visual-cpp-build-tools
```

可以看到，提示信息中提供了一个 URL 地址，访问这个地址，会显示如图 10-9 所示的界面。

在该页面上单击 Download Visual C++ Build Tools 2015 链接，就能将一个安装包文件（名称为 visualcppbuildtool_full.exe）下载到本地。然后，在本地双击该安装包文件进行安装，安装过程中不需要修改默认设置。如果计算机里没有安装 .NET Framework 4.5.1 或以上版本，那么安装过程中会出现错误提示，如图 10-10 所示。

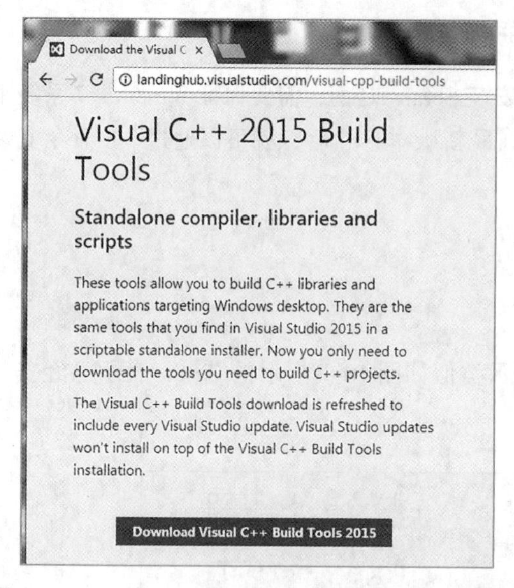

图 10-9 Microsoft Visual C++ Build Tools 下载页面

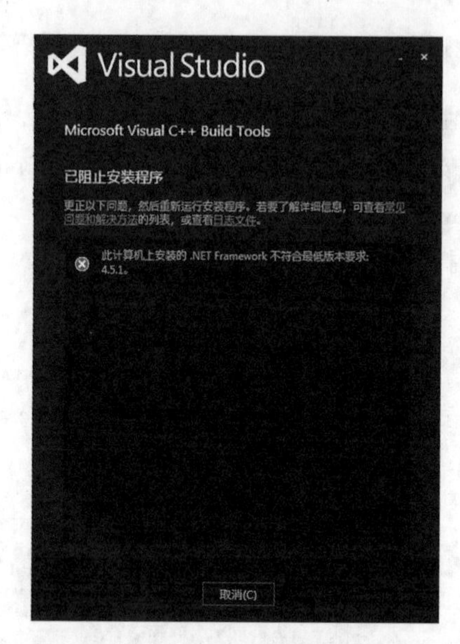

图 10-10 错误提示信息

如果出现这个提示，可以到网络上搜索 .NET Framework 4.5.1 安装包的下载地址，例如以下 URL 地址：

```
https://support.microsoft.com/zh-cn/help/2858728/the--net-framework-4-5-1-offline-installer-and--net-framework-4-5-1-la
```

打开该地址，下载 .NET Framework 4.5.1 的脱机安装程序到本地进行安装即可。.NET Framework 4.5.1 安装完成之后，再重新安装 visualcppbuildtool_full.exe 文件，就可以成功安装 Visual C++ Build Tools 2015 模块。

注意：Visual C++ Build Tools 2015 模块安装结束之后需要重启计算机。

（2）第二个可能遇到的问题是 Twisted 安装出错。之前介绍过，Scrapy 使用了 Twisted 异步网络框架，因此在安装 Scrapy 的过程中需要安装 Twisted。如果安装 Scarpy 的过程中提示以下信息，很可能是在安装 Twisted 时出现了错误。

```
fatal error C1083: Cannot open include file: 'basetsd.h': No such file or directory
error: command 'C:\\Program Files (x86)\\Microsoft Visual Studio 14.0\\VC\\BIN\\x86_amd64\\cl.exe' failed with exit status 2
```

解决办法是单独安装 Twisted，可以通过如下网址访问 Twisted 的下载网站。

```
https://www.lfd.uci.edu/~gohlke/pythonlibs/#twisted
```

访问该网站时，网站页面显示了 Twisted 的不同版本，如图 10–11 所示。

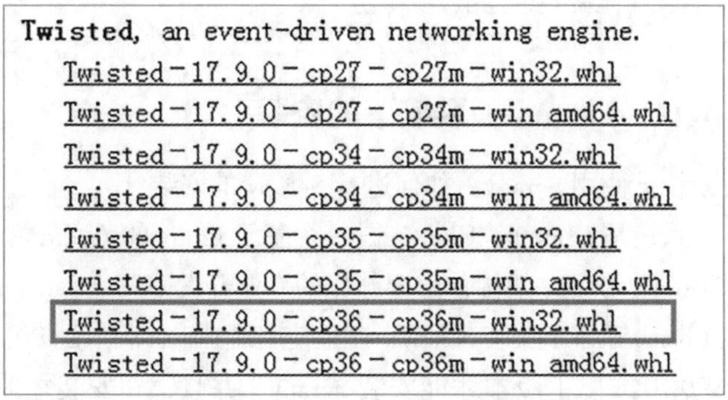

Twisted, an event-driven networking engine.
- Twisted‑17.9.0‑cp27‑cp27m‑win32.whl
- Twisted‑17.9.0‑cp27‑cp27m‑win_amd64.whl
- Twisted‑17.9.0‑cp34‑cp34m‑win32.whl
- Twisted‑17.9.0‑cp34‑cp34m‑win_amd64.whl
- Twisted‑17.9.0‑cp35‑cp35m‑win32.whl
- Twisted‑17.9.0‑cp35‑cp35m‑win_amd64.whl
- Twisted‑17.9.0‑cp36‑cp36m‑win32.whl
- Twisted‑17.9.0‑cp36‑cp36m‑win_amd64.whl

图 10–11 Twisted 下载页面

用户需要从页面上选择与计算机上已安装的 Python 版本和位数相符合的安装文件。要注意的是，必须按照 Python 的位数来选择，如果 Windows 系统是 64 位的，而 Python 安装的是 32 位的，那么应该下载 32 位的安装文件。如果不确定 Python 的版本和位数，可以打开终端，输入 python 命令，查看提示窗口，如图 10–12 所示。

```
管理员: C:\Windows\system32\cmd.exe - python
Microsoft Windows [版本 6.1.7601]
版权所有 (c) 2009 Microsoft Corporation。保留所有权利。

C:\Users\admin>python
Python 3.6.2 (v3.6.2:5fd33b5, Jul  8 2017, 04:14:34) [MSC v.1900 32 bit (Intel)]
 on win32
Type "help", "copyright", "credits" or "license" for more information.
>>>
```

图 10–12 查看 Python 的版本和位数

从提示窗口可以看到 Python 的版本和对应的位数：32 位还是 64 位。例如，图 10–12 中显示计算机安装的是 32 位的 Python，版本是 3.6.2，那么应该下载的安装文件就是 Twisted–17.9.0 cp36–cp36m–win32.whl。

将 Twisted 安装文件下载到本地之后，打开终端，进入已下载的 Twisted 安装文件所在的文件夹，执行以下命令进行安装。

```
pip install 带扩展名的完整文件名（例如：Twisted1-7.9.0-cp36-cp36m-win32.whl）
```

当出现以下提示时，说明 Twisted 安装成功。

```
Installing collected packages: Twisted
Successfully installed Twisted-17.9.0
```

以上介绍了安装 Scrapy 过程中常见的两个问题和解决方法。当安装 Scrapy 遇到问题时，可使用对应的方法进行解决。解决之后再次运行 pip install scrapy 命令尝试安装 Scrapy，当看到以下提示信息时，说明 Scrapy 已经安装成功。

```
Installing collected packages: Scrapy
Successfully installed Scrapy-1.4.0
```

10.4.2 Linux（Ubuntu）系统下的安装

如果要在 Linux 系统下使用 Scrapy，如何进行 Scrapy 的安装？

本节使用的 Linux 系统是 Ubuntu。Ubuntu 是一个基于 Linux 的免费开源桌面 PC 操作系统，支持 x86、amd64（即 x64）和 ppc 架构，由全球化的专业开发团队（Canonical Ltd）打造。

下面就绍如何在 Ubuntu 系统下安装 Scrapy，这里使用的 Python 版本是 Python 3。

Ubuntu 系统需要 9.10 或以上版本才能安装 Scrapy。并且，在安装之前，应先确定 Ubuntu 上已安装最新版的 Python 和 pip。Scrapy 的安装步骤如下：

（1）打开命令终端，输入以下命令，安装非 Python 的依赖。

```
sudo apt-get install python-dev python-pip libxml2-dev libxslt1-dev
zlib1g-dev libffi-dev libssl-dev
```

（2）通过 pip 命令安装 Scrapy 框架：

```
sudo pip install scrapy
```

安装完成之后，在命令终端输入 scrapy，如果提示如图 10-13 的信息，则代表 Scrapy 已经安装成功。

```
Power@PowerMac ~$ scrapy
Scrapy 1.1.1 - no active project

Usage:
  scrapy <command> [options] [args]

Available commands:
  bench         Run quick benchmark test
  commands
  fetch         Fetch a URL using the Scrapy downloader
  genspider     Generate new spider using pre-defined templates
  runspider     Run a self-contained spider (without creating a project)
  settings      Get settings values
  shell         Interactive scraping console
  startproject  Create new project
  version       Print Scrapy version
  view          Open URL in browser, as seen by Scrapy

  [ more ]      More commands available when run from project directory

Use "scrapy <command> -h" to see more info about a command
```

图 10-13 Ubuntu 下的安装结果

10.4.3 Mac OS 系统下的安装

如果使用的是苹果计算机，可能希望在 Mac OS 系统下使用 Scrapy，那么如何在 Mac OS 下安装 Scrapy？

Mac OS 自带 2.x 版本的 Python，可以打开终端，输入 python–V 命令进行查看，结果如下：

```
itcastdeMacBook-Pro:~ itcast$ python -V
Python 2.7.10
```

可以看到，此时系统自带的 Python 版本是 2.7.10。

由于 Mac OS 依赖于自带的 Python 版本，所以要保留该版本的 Python，并安装最新的 Python 3.x 版本，让两个版本的 Python 在 Mac OS 中共存。

在 Mac OS 上安装 Scrapy 分为 2 步进行：

（1）保留系统自带的 Python，安装 Python 3。

（2）使用 Python 3 自带的 pip 安装 Scrapy。

1. 安装 Python 3

登录 Python 的官网，地址为 https://www.python.org/downloads/，其主界面如图 10–14 所示。

图 10–14 Python 官网主界面

Python 官网的主界面上分别列出了最新版的 Python 3.x 和 Python 2.x 的安装链接。在界面上单击 Download Python 3.6.3 链接，可以下载一个扩展名为 .pkg 的安装包到本地。双击该 .pkg 文件，然后按照提示进行安装即可。

安装完成之后，可以使用 python 命令调用系统自带的 Python 2.x 版本，使用 python3 命令调用新安装的 Python 3.x 版本。在终端输入 python3 命令，可以看到新安装的 Python 3.x 的版本信息，说明安装成功。代码如下：

```
itcastMacBook-Pro:~ itcast$ python3
Python 3.6.3 (v3.6.3:2c5fed86e0, Oct  3 2017, 00:32:08)
[GCC 4.2.1 (Apple Inc. build 5666) (dot 3)] on darwin
Type"help","copyright","credits"or"license"for more information.
```

2. 安装 Scrapy

新安装的 Python 3.x 自带了 pip 命令，可以在终端中使用命令 python3 –m pip install scrapy 来安装 Scrapy。Pip 会自动安装 Scrapy 需要的组件，如下所示：

```
itcastMacBook-Pro:~ itcast$ python3 -m pip install scrapy
Collecting scrapy
  Downloading Scrapy-1.4.0-py2.py3-none-any.whl (248kB)
    100% |████████████████████████████████| 256kB 27kB/s
Collecting Twisted>=13.1.0 (from scrapy)
  Downloading Twisted-17.9.0.tar.bz2 (3.0MB)
 ...............（以下省略）
```

安装完成之后，可以在终端输入 scrapy 命令，如果显示出 Scrapy 的版本和提示信息，则说明 Scrapy 已经安装成功。

10.5　Scrapy 框架的基本操作

使用 Scrapy 框架制作爬虫一般需要以下 4 个步骤：

（1）新建项目（scrapy startproject xxx）：创建一个新的爬虫项目。

（2）明确目标（编写 items.py）：明确想要爬取的目标。

（3）制作爬虫（spiders/xxspider.py）：制作爬虫，开始爬取网页。

（4）存储数据（pipelines.py）：存储爬取内容（一般通过管道进行）。

下面依照这些步骤，使用 Scrapy 框架爬取一个示例网站，讲解如何使用 Scrapy 框架。

10.5.1　新建一个 Scrapy 项目

使用 Scrapy 框架制作爬虫的第一步，就是为爬虫创建一个新的 Scrapy 项目。需要在终端使用命令创建 Scrapy 项目，命令格式如下：

```
scrapy startproject 项目名称
```

命令中包含了 Scrapy 项目的名称，可以为自己的项目取一个合适的名称（例如 mySpider）。打开终端，进入自定义的项目目录（例如，在 Windows 系统下的 D:\PythonProject 目录），运行如下命令：

```
scrapy startproject mySpider
```

命令执行结果如图 10-15 所示。

```
D:\PythonProject>scrapy startproject mySpider
New Scrapy project 'mySpider', using template directory 'c:\\users\\admin\\appda
ta\\local\\programs\\python\\python36-32\\lib\\site-packages\\scrapy\\templates\
\project', created in:
    D:\PythonProject\mySpider

You can start your first spider with:
    cd mySpider
    scrapy genspider example example.com
```

图 10-15　创建 Scrapy 项目

从图 10-15 中可以看出，系统显示了 mySpider 项目的完整目录。为了方便项目的管理，使用 PyCharm 打开该项目，可以看到 Scrapy 自动生成了若干文件和目录，这些文件和目录的结构如图 10-16 所示。

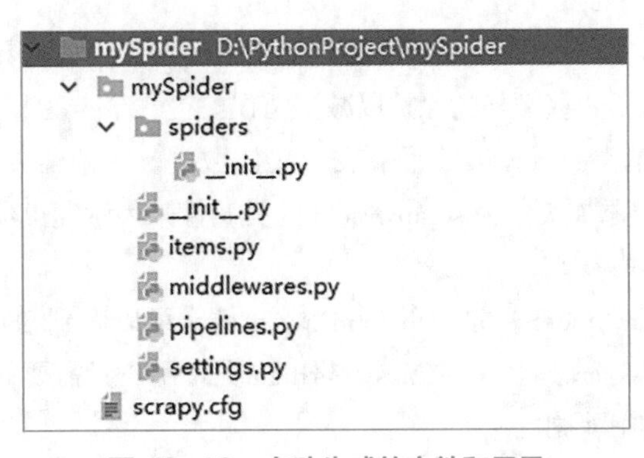

图 10-16　自动生成的文件和目录

下面简单介绍一下各个文件的作用：

（1）scrapy.cfg：配置文件，用于存储项目的配置信息。

（2）mySpider：项目的 Python 模块，将会从这里引用代码。

（3）items.py：实体文件，用于定义项目的目标实体。

（4）middlewares.py：中间件文件，用于定义 Spider 中间件。

（5）pipelines.py：管道文件，用于定义项目使用的管道。

（6）settings.py：设置文件，用于存储项目的设置信息。

（7）spiders：存储爬虫代码的目录。

10.5.2　明确爬取目标

这里使用某培训公司的讲师介绍页面作为示例进行讲解，该页面的网址如下 http://www.itcast.cn/channel/teacher.shtml，页面内容如图 10-17 所示。mySpider 项目的爬取内容就是该页面中所有讲师的姓名、级别和个人信息等数据，这就明确了该项目的爬取目标。

图 10-17　讲师介绍页面

Scrapy 使用 Item（实体）来表示要爬取的数据。Item 定义结构化数据字段，类似于 Python 中的字典 dict，但是提供了一些额外的保护以减少错误。

Scrapy 框架提供了基类 scrapy.Item 用来表示实体数据。一般需要创建一个继承自 scrapy.Item 的子类，并为该子类添加类型为 scrapy.Field 的类属性来表示爬虫项目的实体数据（可以理解成类似于 ORM 的映射关系）。

在 PyCharm 中打开 mySpider 目录下的 items.py 文件，可以看到 Scrapy 框架已经在 items.py 文件中自动生成了继承自 scrapy.Item 的 MyspiderItem 类。用户只需要修改 MyspiderItem 类的定义，为它添加属性即可。代码如下：

```
import scrapy
class MyspiderItem(scrapy.Item):
   name=scrapy.Field()
   title=scrapy.Field()
   info=scrapy.Field()
```

在上述代码中，为 MyspiderItem 类添加了 3 个属性：name、title 和 info，分别用于表示讲师的姓名、级别和个人信息。

10.5.3　制作 Spiders 爬取网页

使用 Scrapy 框架制作爬虫的第三步就是制作 Spiders，也就是负责爬取和提取数据的爬虫。通常把制作 Spiders 分为 3 个步骤实现，分别是创建爬虫、运行爬虫以爬取网页和提取数据。下面就对这 3 个步骤进行详细介绍。

1. 创建爬虫

首先要在项目中创建一个爬虫，创建爬虫的命令格式如下：

```
scrapy genspider 爬虫名称 " 爬取域 "
```

在创建爬虫的命令中，需要为爬虫起一个名称，并规定该爬虫要爬取的网页域范围，也就是爬取域。

打开终端，来到当前目录的子目录 mySpider/spiders，使用创建爬虫的命令创建一个名为 itcast 的爬虫，并指定爬取域的范围为 itcast.cn。代码如下：

```
scrapy genspider itcast  "itcast.cn"
```

命令行提示，已经使用模板创建了爬虫 itcast，如图 10-18 所示。

```
D:\PythonProject\mySpider\mySpider\spiders>scrapy genspider itcast "itcast.cn"
Created spider 'itcast' using template 'basic' in module:
  mySpider.spiders.itcast
```

图 10-18　创建爬虫

在 PyCharm 中打开 mySpider/spiders 目录，可以看到新创建的爬虫文件 itcast.py。该文件的内容已经自动生成，具体如下：

```
# -*- coding: utf-8 -*-
import scrapy
class ItcastSpider(scrapy.Spider):
    name='itcast'
    allowed_domains=['itcast.cn']
    start_urls=['http://itcast.cn/']
    def parse(self, response):
        pass
```

此外，也可以自己创建 itcast.py 文件并编写上述代码，只不过使用命令可以免去编写固定代码的麻烦。

从代码中可以看到，自动创建的爬虫类名称是 ItcastSpider，它继承自 scrapy.Spider 类。scrapy.Spider 是 Scrapy 提供的爬虫基类，用户创建的爬虫类都需要从该类继承。爬虫类中需要定义 3 个属性（name、allowed_domains 和 start_urls）和一个方法（parse），这些属性和方法的介绍如下：

（1）name 属性：表示这个爬虫的识别名称。爬虫的名称必须是唯一的，不同的爬虫需要定义不同的名称。

（2）allow_domains 属性：表示爬虫搜索的域名范围，也就是爬虫的约束区域。该属性规定爬虫只能爬取这个域名下的网页，不在该域名下的 URL 会被忽略。

（3）start_urls 属性：表示爬取的起始 URL 元组或列表。爬虫第一次下载的数据将会从这些 URL 开始，其他子 URL 将会从这些起始 URL 中继承性的生成。

（4）parse(self, response) 方法：用于解析网络响应。该方法在每个初始 URL 完成下载后被调用，调用时传入从该 URL 返回的 Response 对象作为唯一参数。parse() 方法主要有两个功能：

◆解析返回的网页数据（response.body），提取结构化数据（生成 item）。

◆生成访问下一页数据的 URL 请求。

下面对生成的 ItcastSpider 类进行自定义修改。首先将 start_urls 的值修改为需要爬取的第一个 URL。代码如下：

```
start_urls=("http://www.itcast.cn/channel/teacher.shtml",)
```

然后，修改 parse() 方法，在该方法中将响应信息转换成文本，保存在 tearcher.html 文件中。代码如下：

```
def parse(self, response):
    with open("teacher.html", "w", encoding="utf-8") as file:
        file.write(response.text)
```

2. 运行爬虫，爬取网页

ItcastSpider 类的代码修改完成后，就可以运行 itcast 爬虫来爬取网页。运行爬虫的命令格式如下：

```
scrapy crawl 爬虫名称
```

在终端中进入 itcast.py 文件所在的目录，执行如下命令：

```
scrapy crawl itcast
```

上述命令中的 itcast 就是 ItcastSpider 类的 name 属性的值，也是使用 scrapy genspider 命令时确定的爬虫名称。

一个 Scrapy 爬虫项目中，可以存在多个爬虫，各个爬虫在执行时，就是按照 name 属性来区分的。

命令执行之后，如果打印的日志出现如下提示信息，则代表爬取过程执行完毕。

```
[scrapy.core.engine] INFO: Spider closed (finished)
```

之后当前文件夹就会出现一个 teacher.html 文件，文件内容就是使用爬虫 itcast 爬取到的网页的全部源代码信息。图 10-19 所示为该文件的部分内容。

3. 提取数据

通过前面两个步骤，已经成功爬取到了网页的源代码，下面就可以从源代码中提取数据。要提取数据，首先需要观察页面源代码，定位目标数据，分析和了解目标数据的展示结构，如图 10-20 所示。

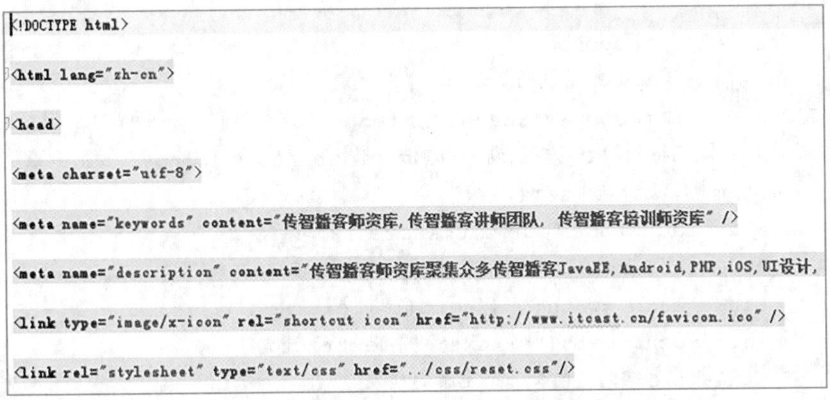

```
<!DOCTYPE html>
<html lang="zh-cn">
<head>
<meta charset="utf-8">
<meta name="keywords" content="传智播客师资库,传智播客讲师团队, 传智播客培训师资库" />
<meta name="description" content="传智播客师资库聚集众多传智播客JavaEE,Android,PHP,iOS,UI设计,
<link type="image/x-icon" rel="shortcut icon" href="http://www.itcast.cn/favicon.ico" />
<link rel="stylesheet" type="text/css" href="../css/reset.css"/>
```

图 10-19　teacher.html 文件的部分内容

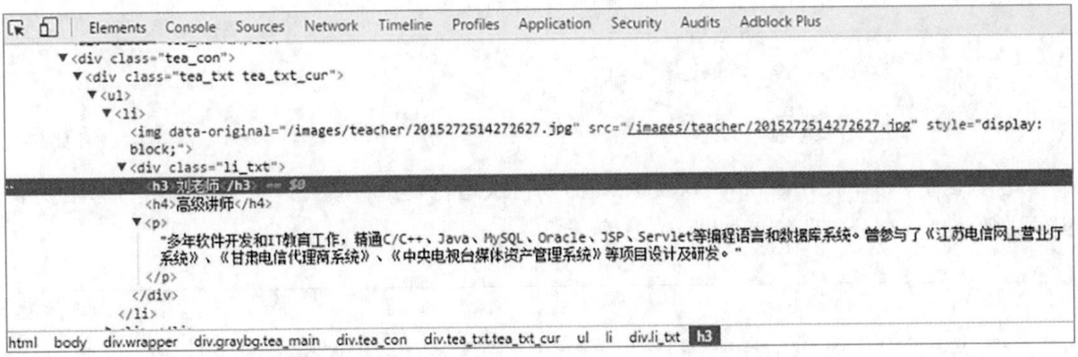

```
Elements  Console  Sources  Network  Timeline  Profiles  Application  Security  Audits  Adblock Plus
▼<div class="tea_con">
  ▼<div class="tea_txt tea_txt_cur">
    ▼<ul>
      ▼<li>
          <img data-original="/images/teacher/2015272514272627.jpg" src="/images/teacher/2015272514272627.jpg" style="display:
          block;">
        ▼<div class="li_txt">
            <h3>刘老师</h3> == $0
            <h4>高级讲师</h4>
          ▼<p>
              "多年软件开发和IT教育工作，精通C/C++、Java、MySQL、Oracle、JSP、Servlet等编程语言和数据库系统。曾参与了《江苏电信网上营业厅
              系统》、《甘肃电信代理商系统》、《中央电视台媒体资产管理系统》等项目设计及研发。"
            </p>
          </div>
        </li>
html  body  div.wrapper  div.graybg.tea_main  div.tea_con  div.tea_txt.tea_txt_cur  ul  li  div.li_txt  h3
```

图 10-20　观察页面源代码，定位目标数据

上述源代码中，每个讲师的信息都包含在一个 div 里，该 div 展示了讲师的名称、级别和个人信息。其结构如下：

```
<div class="li_txt">
    <h3> 讲师名称 </h3>
    <h4> 讲师级别 </h4>
<p> 讲师个人信息 </p>
</div>
```

分析并了解到目标数据的展示结构之后，就可以使用 Scrapy 支持的 Xpath 解析方式进行数据提取。

之前在项目的 mySpider/items.py 目录下定义了 MyspiderItem 类，需要将该类引入到 itcast.py 文件中。代码如下：

```
from mySpider.items import MyspiderItem
```

然后修改 ItcastSpider 类的 parse() 方法，将得到的数据封装成一个 MyspiderItem 对象，每个对象保存一个讲师的信息，再将所有的对象保存在一个列表 items 中。代码如下：

```
    def parse(self, response):
        items=[] # 存放老师信息的集合
        for each in response.xpath("//div[@class='li_txt']"):
            # 将我们得到的数据封装到一个'MyspiderItem'对象
            item=MyspiderItem()
            # extract 方法返回的都是 Unicode 字符串
            name=each.xpath("h3/text()").extract()
            title=each.xpath("h4/text()").extract()
            info=each.xpath("p/text()").extract()
            # XPath 返回的是包含一个元素的列表
            item["name"]=name[0]
            item["title"]=title[0]
            item["info"]=info[0]
            items.append(item)
            # 返回数据，不经过 pipeline
        return items
```

此时在命令行中使用 scrapy crawl itcast 命令再次运行爬虫，就可以看到控制台打印出获取到的讲师信息。部分打印信息如图 10-21 所示。

```
2017-12-12 13:55:11 [scrapy.core.scraper] DEBUG: Scraped from <200 http://www.itcast.cn/channel/teacher.shtml>
{'info': '15年以上的软件开发、大型软件项目设计和团队管理经验。精通C/C++、pascal、Basic等各种编程语言，精通MySQL、Ora
 'name': '朱老师',
 'title': '高级讲师'}
2017-12-12 13:55:11 [scrapy.core.scraper] DEBUG: Scraped from <200 http://www.itcast.cn/channel/teacher.shtml>
{'info': '2001年毕业于杭州电子科技大学计算机系，曾在Cisco Webex和华为3com从事研发工作。参与Webex meeting '
         'Center、华为3com多功能路由器(MSR序列)、磁盘阵列设备开发。精通C/C++/Lua/QT、Linux/windows系统开发。',
 'name': '薛老师',
 'title': '高级讲师'}
```

图 10-21　获取到的部分目标数据

多学一招：在 PyCharm 中执行爬虫项目

到现在为止，都是在命令行中输入命令来执行爬虫项目。用户可能会想，如果能够通过 PyCharm 来执行项目，不是更加简单吗？其实是可以实现的，只需要以下几个步骤：

（1）在 PyCharm 中打开项目，在项目中添加一个文件，取名为 start.py，内容如下：

```
from scrapy import cmdline
cmdline.execute("scrapy crawl itcast".split())
```

这个文件的内容就调用了命令行来执行语句。

（2）在 PyCharm 中运行 start.py 文件即可，这样就不用每次再手动通过命令行来运行了。

10.5.4 永久性存储数据

使用 Scrapy 框架制作爬虫的最后一步就是将获取到的目标数据进行永久性存储。Scrapy 保存数据最简单的方法主要有 4 种，在运行爬虫的命令后使用 -o 选项可以输出指定格式的文件，这些输出文件的示例如下：

```
# 输出 JSON 格式，默认为 Unicode 编码
scrapy crawl itcast -o teachers.json
# 输出 JSON Lines 格式，默认为 Unicode 编码
scrapy crawl itcast -o teachers.jsonl
# 输出 CSV 格式，使用逗号表达式，可用 Excel 打开
scrapy crawl itcast -o teachers.csv
# 输出 XML 格式
scrapy crawl itcast -o teachers.xml
```

下面使用第一条命令将数据保存成 JSON 格式的文件，命令执行完后，可以看到，项目目录下已经创建了 teachers.json 文件，包含了获取到的讲师的数据。teachers.json 文件的部分内容如图 10-22 所示。

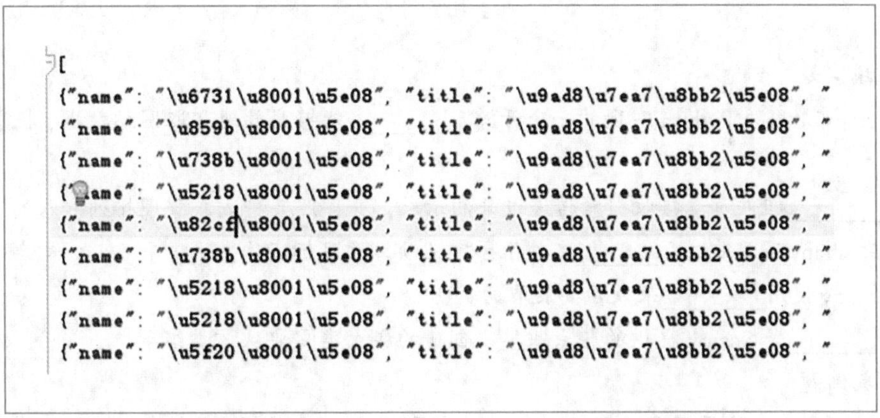

```
[
{"name": "\u6731\u8001\u5e08", "title": "\u9ad8\u7ea7\u8bb2\u5e08", "
{"name": "\u859b\u8001\u5e08", "title": "\u9ad8\u7ea7\u8bb2\u5e08", "
{"name": "\u738b\u8001\u5e08", "title": "\u9ad8\u7ea7\u8bb2\u5e08", "
{"name": "\u5218\u8001\u5e08", "title": "\u9ad8\u7ea7\u8bb2\u5e08", "
{"name": "\u82cf\u8001\u5e08", "title": "\u9ad8\u7ea7\u8bb2\u5e08", "
{"name": "\u738b\u8001\u5e08", "title": "\u9ad8\u7ea7\u8bb2\u5e08", "
{"name": "\u5218\u8001\u5e08", "title": "\u9ad8\u7ea7\u8bb2\u5e08", "
{"name": "\u5218\u8001\u5e08", "title": "\u9ad8\u7ea7\u8bb2\u5e08", "
{"name": "\u5f20\u8001\u5e08", "title": "\u9ad8\u7ea7\u8bb2\u5e08", "
```

图 10-22 teachers.json 文件的部分内容

从图 10-22 可知，文件中的中文显示的是 Unicode 格式，这是因为使用爬虫命令加上 -o 选项的方式，默认导出的就是 Unicode 字符，这种数据导出方式没有经过 Scrapy 的管道。

如果要对导出数据的编码格式进行设置，可以在 Scrapy 的管道（Item Pipeline）中进行，实际上，在使用 Scrapy 导出数据时一般都会使用 Scrapy 管道。但是，由于管道的内容比较多，本章仅做简单介绍。

10.5.5 Scrapy 常用命令

本节对 Scrapy 框架的常用命令进行总结，以方便用户进行查阅和比较。这些常用命令如表 10-1 所示。

表 10-1 Scrapy 框架的常用命令

命令用途	命令格式	举例
创建项目	scrapy startproject 项目名称	scrapy startproject mySpider
创建爬虫	scrapy genspider 爬虫名称 “ 爬取域 ”	scrapy genspider itcast “itcast.cn”
运行爬虫	scrapy crawl 爬虫名称	scrapy crawl itcast
保存数据	scrapy crawl 爬虫名称 -o 保存数据的文件名	scrapy crawl itcast -o teachers.json

小结

本章简单介绍了 Scrapy 框架的内容，首先，我们介绍了常见的一些爬虫框架，然后讲解了 Scrapy 框架的架构和运作流程，明确了该框架中每个组件的功能和职责，接着描述了在不同的平台上如何安装 Scrapy 框架，搭建了开发环境，最后详细介绍了使用 Scrapy 框架制作爬虫的一般步骤，并且对每个步骤中用到的一些命令进行了总结，便于读者更好地记忆。

通过本章的学习，读者可以对 Scrapy 框架有初步的认识，能够创建简单的 Scrapy 项目，为后续深入地学习打好基础。

习题

一、填空题

1. Scrapy 是用纯 Python 实现的一个开源________，能够高效地爬取网站数据、提取结构性数据。
2. ________组件负责接收引擎传递过来的请求，并按照某种方式整理排列和入列。
3. 在 Scrapy 项目中，________文件用于定义项目的目标实体。
4. Scrapy 使用________来表示要爬取的数据。
5. ________是 Scrapy 提供的爬虫基类，创建的爬虫类需要从该类继承。

二、判断题

1. Item Pipeline 主要用于处理从 Spiders 中获取到的 Item 数据。（ ）
2. 如果要创建一个爬虫文件，只能通过使用命令的方式来完成。（ ）
3. Scrapy 爬虫文件中，需要使用 start_urls 属性确定爬取的起始 URL 元组或列表。（ ）
4. 如果 Scrapy 爬虫文件中规定了爬虫的约束区域，那么不在这个区域的 URL 会被忽略。（ ）
5. 一个 Scrapy 爬虫项目中只能存在一个爬虫文件。（ ）

三、选择题

1. 下列框架组件中，用于从响应中提取 Item 数据和 URL 的是（ ）。

   A. Scheduler　B. Downloader　C. Spiders　D. Item Pipeline

2. 下列文件中，用于存储 Scrapy 项目设置信息的是（ ）。

   A. settings.py　B. scrapy.cfg　C. pipelines.py　D. items.py

3. 在 scrapy.Item 的子类中，可以添加（　　）类型的属性来表示爬虫项目的实体数据。

   A. scrapy.Item　　B. scrapy.Spider　　C. scrapy.Field　　D. scrapy.Pipeline

4. 下列命令中，用于运行爬虫的是（　　）。

   A. scrapy startproject mySpider　　B. scrapy genspider itcast "itcast.cn"

   C. scrapy crawl itcast　　D. scrapy crawl itcast –o teachers.json

5. 一个 Scrapy 项目中可以有多个爬虫，每个爬虫在执行时可以按照（　　）属性来区分。

   A. allowed_domains　B. name　　C. start_urls　　D. parse

四、简答题

1. 什么是 Scrapy？

2. 简单描述一下 Scrapy 框架的运作流程。

五、编程题

创建一个 Scrapy 项目 SunHot，用于爬取阳光热线问政平台的部分信息，主要包括投诉帖子的编号、帖子的 URL、帖子的标题及帖子的内容，其网址为 http://wz.sun0769.com/index.php/question/questionType?type=4。具体要求如下：

（1）在项目的 /spiders 目录下，新建用作爬虫的文件 sun.py。

（2）在 sun.py 文件中，使用 parse() 方法取出每个页面中帖子的链接列表，再从中迭代获取每个帖子，并交给回调函数 parse_item() 处理。

（3）在 parse_item() 方法中，提取上述提到的这些信息。

（4）将爬取到的数据以 JSON 文档的形式进行输出。

第11章 Scrapy 终端与核心组件

学习目标

◆会启动和使用 Scrapy 框架自带的 shell，可以在不启动爬虫时调试程序。

◆掌握 Spiders 组件，能够更深一步认识并使用这个组件。

◆掌握 Item Pipeline 组件，会自定义管道来处理数据。

◆掌握 Downloader Middlewares 组件，可以通过随机 IP 和随机用户代理应对反爬虫行为。

◆掌握 Settings 组件，能够明确和定制各个 Scrapy 组件的行为。

通过之前的章节我们已经对 Scrapy 框架有了初步的认识，本章将继续介绍 Scrapy 架构的详细内容，包括自带的 shell、框架中各个核心组件的功能和应用，让大家对 Scrapy 框架有更深入的了解。

11.1 Scrapy shell——测试 XPath 表达式

Scrapy shell 是一个交互式终端，可用于在不启动爬虫的情况下尝试及调试爬取代码。也可用来测试 XPath 或 CSS 表达式，查看它们的工作方式以及从爬取的网页中提取的数据。在编写爬虫时，Scrapy shell 提供了交互性测试表达式代码的功能，免去了每次修改后运行爬虫的麻烦，在开发和调试爬虫阶段能够发挥巨大的作用。

Scrapy shell 一般使用标准 Python 终端，但是如果安装了 IPython，Scrapy shell 将优先使用 IPython。因为 IPython 终端与标准终端相比功能更为强大，能提供代码自动补全、高亮输出、及其他提高易用性的特性。

11.1.1 启用 Scrapy shell

启用 Scrapy shell 的命令如下：

```
scrapy shell <URL>
```

在上述命令格式中，<URL> 就是要爬取的网页地址。例如，在 Windows 命令终端，输入 scrapy shell www.baidu.com 命令即可启用 Scrapy shell 访问百度的主页，并且终端会输出如下大量提示信息。

```
C:\Users\admin>scrapy shell www.baidu.com
2017-12-21 14:54:29 [scrapy.utils.log] INFO: Scrapy 1.4.0 started (bot:
scrapybot)
...（此处提示信息省略）
2017-12-21 14:54:30 [scrapy.core.engine] INFO: Spider opened
2017-12-21 14:54:33 [scrapy.core.engine] DEBUG: Crawled (200) <GET http://
www.baidu.com> (referer: None)
```

从提示信息中可以了解爬虫执行的过程和结果。在上述提示信息中，"Crawled (200) <GET http://www.baidu.com>"表示成功访问网页结果。

11.1.2　使用 Scrapy shell

Scarpy shell 可以看成是一个在 Python 终端（或 IPython）基础上添加了扩充功能的 Python 控制台程序，这些扩充包括若干功能函数和内置对象。

1. 功能函数

Scrapy shell 提供的功能函数主要包括以下 3 种：

（1）shelp()：打印可用对象和快捷命令的帮助列表。

（2）fetch(request_or_url)：根据给定的请求 request 或 URL 获取一个新的 response 对象，并更新原有的相关对象。

（3）view(response)：使用本机的浏览器打开给定的 response 对象，该函数会在 response 的 body 中添加一个 <base> 标签，使得外部链接（例如图片及 css）能正确显示。需要注意的是，该函数还会在本地创建一个临时文件，且该临时文件不会被自动删除。

2. 内置对象

使用 Scrapy shell 下载指定页面时，会生成一些可用的内置对象，例如 response 对象和 selector 对象（针对 Html 和 XML 内容）。这些对象包括：

（1）crawler：当前 Crawler 对象。

（2）spider：处理 URL 的 spider。

（3）request：最近获取到的页面的 request 对象。可以使用 replace() 修改该 request，也可以使用 fetch 功能函数来获取新的 request。

例如，下列代码将 request 的请求方式更改为 POST，然后再调用 fetch() 函数获取新的 response。

```
>>> request=request.replace(method="POST")
>>> fetch(request)
```

11

（4）response：包含最近获取到的页面的 Response 对象。

（5）sel：根据最近获取到的 response 构建的 Selector 对象。

（6）settings：当前的 Scrapy settings。

当 Scrapy shell 载入页面后，将得到一个包含 Response 数据的本地 response 变量。在终端输入 response.body 可以看到终端输出 response 的包体，输入 response.headers 可以看到 response 的包头。

输入 response.selector 时，将获取到一个 response 初始化的类 Selector 的对象（对 HTML 及 XML 内容），此时可以通过使用 response.selector.xpath() 或 response.selector.css() 来对 response 进行查询。另外，Scrapy 还提供了一些快捷方式，例如 response.xpath() 或 response.css() 同样可以生效。

11.1.3 Scrapy shell 使用示例

下面使用一个简单的示例来练习 Scrapy shell 的使用。在这个示例中，爬取腾讯社会招聘网的网页（http://hr.tencent.com/position.php?&start=0#a），然后使用 response.xpath() 方法访问页面内的 <title> 标签包含的内容。具体步骤如下：

1. 启动 Scrapy shell

在命令行中输入以下命令启动 Scrapy shell。

```
scrapy shell http://hr.tencent.com/position.php?&start=0#a -nolog
```

该命令执行后，Scrapy 会使用 downloader 下载指定 URL 的页面数据，并打印内置对象及功能函数列表，如图 11-1 所示。

```
[s] Available Scrapy objects:
[s]   scrapy     scrapy module (contains scrapy.Request, scrapy.Selector, etc)
[s]   crawler    <scrapy.crawler.Crawler object at 0x03611270>
[s]   item       {}
[s]   request    <GET http://hr.tencent.com/position.php>
[s]   response   <200 http://hr.tencent.com/position.php>
[s]   settings   <scrapy.settings.Settings object at 0x0403DBB0>
[s]   spider     <DefaultSpider 'default' at 0x4220110>
[s] Useful shortcuts:
[s]   fetch(url[, redirect=True]) Fetch URL and update local objects (by default
, redirects are followed)
[s]   fetch(req)                  Fetch a scrapy.Request and update local object
s
[s]   shelp()           Shell help (print this help)
[s]   view(response)    View response in a browser
```

图 11-1　内置对象及功能函数列表

启动 Scrapy shell 之后，就可以对这些内置对象进行操作。

2. 返回 XPath Selector（选择器）对象列表

使用 response.xpath() 方法传入 XPath 表达式，Scrapy shell 会返回该表达式所对应的所有结点的 Selector 对象列表。代码如下：

```
>>> response.xpath('//title')
[<Selector xpath='//title' data='<title>职位搜索 | 社会招聘 | Tencent 腾讯招聘
</title>'>]
```

上述代码使用 XPath 表达式（//title）获取到的是页面上的 title 标签对应的选择器对象列表，目前列表中只有一个元素。

3. 使用 extract() 方法返回 Unicode 字符串列表

如果要将选择器对象序列化为 Unicode 字符串，可以使用 extract() 方法，并返回该选择器对象列表对应的字符串列表。示例代码如下：

```
>>> response.xpath('//title').extract()
['<title>职位搜索 | 社会招聘 | Tencent 腾讯招聘 </title>']
```

从执行结果可以看出，extract() 方法返回的是 title 标签对应的字符串列表。

4. 打印列表第一个元素

下面打印字符串列表中的第一个元素，该元素将使用终端编码格式来显示。示例代码如下：

```
>>> print(response.xpath('//title').extract()[0])
<title>职位搜索 | 社会招聘 | Tencent 腾讯招聘 </title>
```

5. 获取不带标签的内容

如果需要获取不带标签的文本内容，可以使用（//title/text()）表达式获取对应的 XPath 选择器对象列表。示例代码如下：

```
>>> response.xpath('//title/text()')
[<Selector xpath='//title/text()' data='职位搜索 | 社会招聘 | Tencent 腾讯招聘'>]
```

从执行结果可以看到，该选择器对象中的 data 已经不包含标签（<title>）本身了。

如果要返回列表第一个元素的 Unicode 字符串，可使用以下代码：

```
>>> response.xpath('//title/text()')[0].extract()
'职位搜索 | 社会招聘 | Tencent 腾讯招聘'
```

从上述示例可以看出，Scrapy shell 对数据提取时的测试非常有用。在做数据提取时，可以先在 Scrapy shell 中测试，测试通过后再应用到代码中。

多学一招：Scrapy 选择器的相关方法。

与 Scrapy 选择器相关的有 4 个常用的方法，具体介绍如下：

（1）xpath() 方法：传入 XPath 表达式，返回该表达式所对应的所有结点的 Selector 对象列表。

（2）css() 方法：传入 CSS 表达式，返回该表达式所对应的所有结点的 selector list 列表，语法同 BeautifulSoup4。

（3）extract() 方法：返回该选择器对象（或对象列表）对应的字符串列表。

（4）re() 方法：根据传入的正则表达式对选择器对象（或对象列表）中的数据进行提取，返回 Unicode 字符串列表。

其中，前两个方法返回的都是选择器列表，最常用的是 xpath() 方法；后两个方法则是返回选择器对象（或对象列表）的字符串内容。

11.2 Spiders——爬取和提取结构化数据

Spiders 定义了爬取网站的方式，包括爬取的动作（例如，是否跟进链接）以及如何从网页内容中提取结构化数据（提取 item）。换句话说，Spiders 就是定义爬取的动作及分析网页的地方。

对爬虫来说，爬取的循环如下：

（1）以初始的 URL 初始化 Request，并设置回调函数。当该 Request 下载完毕并返回时，将生成 Response，并作为参数传给该回调函数。

Spider 中初始的 request 是通过调用 start_requests() 方法获取的。在 start_requests() 方法中读取 start_urls 中的 URL，并将 parse() 作为回调函数生成 Request。

（2）在回调函数内分析返回的（网页）内容，返回 Item 对象或者 Request 或者一个包括二者的可迭代容器。返回的 Request 对象之后会经过 Scrapy 处理，下载相应的内容，并调用设置的 callback() 函数（函数可相同）。

（3）在回调函数内，可以使用选择器（Selectors，也可以使用 BeautifulSoup、lxml 或者想用的任何解析器）来分析网页内容，并根据分析的数据生成 Item。

（4）由 spider 返回的 Item 将被存到数据库（由某些 Item Pipeline 处理）或文件中。

虽然该循环对任何类型的 Spider 都适用，但 Scrapy 仍然为不同需求提供了多种默认 Spider。后续将讨论这些 Spider。

Scrapy 框架提供了 scrapy.Spider 做为爬虫的基类，所有自定义的爬虫必须从这个类派生。scrapy.Spider 类的主要属性和方法介绍如下：

（1）name 属性：定义爬虫名称的字符串。爬虫名称用于 Scrapy 定位和初始化一个爬虫，所以必须是唯一的。通常，使用待爬取网站的域名作为爬虫名称。例如，爬取 mywebsite.com 的爬虫通常会被命名为 mywebsite。

（2）allowed_domains 属性：包含了爬虫允许爬取的域名列表，是可选属性。

（3）start_urls 属性：表示初始 URL 元组或列表。当没有指定特定的 URL 时，Spider 将从该列表中开始爬取。

（4）__init__() 方法：初始化方法，负责初始化爬虫名称和 start_urls 列表。

（5）start_requests(self) 方法：负责生成 Requests 对象，交给 Scrapy 下载并返回 response。

该方法必须返回一个可迭代对象，该对象包含了 Spider 用于爬取的第一个 Request，默认是使用 start_urls 列表中的第一个 URL。

（6）parse(self, response) 方法：负责解析 response，并返回 Item 或 Requests（需指定回调函数）。返回的 Item 传给 Item Pipline 持久化，而 Requests 则交由 Scrapy 下载，并由指定的回调函数处理（默认 parse()）。然后持续循环，直到处理完所有的数据为止。

（7）log(self, message[, level, component]) 方法：负责发送日志信息。

11.3 Item Pipeline——后期处理数据

当Item在Spiders中被收集之后，会被传递到Item Pipeline（管道）。用户可以在Scrapy项目中定义多个管道，这些管道按定义的顺序依次处理Item。

每个管道都是一个Python类，在这个类中实现了一些操作Item的方法。其中，有的方法用于丢弃重复的Item，有的方法用于将Item存储到数据库或文件等。以下是item pipeline的一些典型应用：

（1）验证爬取的数据，检查Item包含某些字段，例如name字段。

（2）查重，并丢弃重复数据。

（3）将爬取结果保存到文件或者数据库中。

11.3.1 自定义Item Pipeline

自定义Item Pipeline很简单，每个Item Pipeline组件都是一个独立的Python类，该类中的process_item()方法必须实现，每个Item Pipeline组件都需要调用process_item()方法。

process_item()方法必须返回一个Item（或任何继承类）对象，或者抛出DropItem异常，被丢弃的Item将不会被之后的Pipeline组件所处理。该方法的定义如下：

```
process_item(self, item, spider)
```

从定义可知，process_item()方法有2个参数，分别是：

（1）item：表示被爬取的Item对象。

（2）spider：表示爬取该Item的Spider对象。

以下代码就实现了一个自定义Item Pipeline类，取名为SomethingPipeline。

```
import something
class SomethingPipeline(object):
    def __init__(self):
        # 可选实现，做参数初始化等
        # doing something
    def process_item(self, item, spider):
        # item (Item 对象） - 被爬取的item
        # spider (Spider 对象） - 爬取该item的spider
        # 这个方法必须实现，每个item pipeline组件都需要调用该方法，
        # 这个方法必须返回一个 Item 对象，被丢弃的item将不会被之后的pipeline组件所处理
        return item
    def open_spider(self, spider):
        # spider (Spider 对象） - 被开启的spider
        # 可选实现，当spider被开启时，这个方法被调用
```

11

```
    def close_spider(self, spider):
        # spider (Spider 对象) - 被关闭的 spider
        # 可选实现，当 spider 被关闭时，这个方法被调用
```

11.3.2 完善之前的案例——item 写入 JSON 文件

在第 10 章介绍 Scrapy 框架的基本操作时，使用了某培训公司的讲师介绍页面作为示例，并在控制台打印了获取到的讲师信息。在本章学习了 Item Pipeline 组件之后，就可以使用管道将爬虫获取的信息，进行持久化存储。

下面就使用管道将该示例项目中爬取到的 Item，存储到一个独立的 teacher.json 文件中，文件的每行都包含一个序列化为 JSON 格式的 Item。步骤如下：

1. 创建一个管道类

创建一个管道类，取名为 MyspiderPipeline。打开 pipelines.py 文件，添加下列代码：

```
import json
class MyspiderPipeline(object):
    def __init__(self):
        self.file=open("teacher.json","w",encoding="utf-8")
    def process_item(self, item, spider):
        content=json.dumps(dict(item),ensure_ascii=False)+"\n"
        self.file.write(content)
        return item
    def close_spider(self,spider):
        self.file.close()
```

在该管道类中，首先在初始化方法中打开一个名为 teacher.json 的本地文件，然后在 process_item() 方法中，将 item 存入本地文件中，最后在 close_spider() 方法中关闭该文件。

2. 启用 Item Pipeline 组件

要启用 Item Pipeline 组件，必须将它的类添加到 settings.py 文件的 ITEM_PIPELINES 配置项中。代码如下：

```
# Configure item pipelines
# See http://scrapy.readthedocs.org/en/latest/topics/item-pipeline.html
ITEM_PIPELINES={
   'mySpider.pipelines.MyspiderPipeline': 300,
}
```

ITEM_PIPELINES 配置项中能够同时定义多个管道，它是一个字典类型。字典中的每一项都是一个管道，键是管道类名，值是一个整数，确定管道运行的顺序。Item 按整数从低到高的顺序通过这些管道，即数值越低，管道的优先级越高。通常将这些整数定义为 0 ~ 1 000 范围内的随意值。

3. 修改爬虫类——逐条返回 item

下面修改 itcast.py 文件的 parse() 方法，将 return 语句去掉，在 for 循环中增加 yield item 语句，使 parse() 方法变成一个生成器。代码如下：

```
def parse(self, response):
    items=[] # 存放老师信息的集合
    for each in response.xpath("//div[@class='li_txt']"):
        # 将我们得到的数据封装到一个 'MyspiderItem' 对象
        item=MyspiderItem()
        #extract 方法返回的都是 Unicode 字符串
        name=each.xpath("h3/text()").extract()
        title=each.xpath("h4/text()").extract()
        info=each.xpath("p/text()").extract()
        #XPath 返回的是包含一个元素的列表
        item["name"] = name[0]
        item["title"] = title[0]
        item["info"] = info[0]
        items.append(item)
        yield item
```

下面使用以下命令重新启动爬虫。

```
scrapy crawl itcast
```

待爬取过程结束后，查看当前目录，发现已经生成了 teacher.json 文件，并且该文件内已经包含了爬取到的讲师信息。

11.4 Downloader Middlewares——防止反爬虫

Downloader Middlewares（下载中间件）是处于引擎和下载器之间的一层组件，多个下载中间件可以被同时加载运行。

在引擎传递请求给下载器的过程中，下载中间件可以对请求进行处理（例如，增加 http header 信息，增加 proxy 信息等）。在下载器完成网络请求，传递响应给引擎的过程中，下载中间件可以对响应进行处理（例如，进行 gzip 的解压等）。

编写下载器中间件十分简单。每个中间件组件都是一个 Python 类，其中定义了 process_request() 方法和 process_response() 方法中的某一个或全部。这两个方法的介绍如下：

1. process_request(self, request, spider)

用于对请求进行处理，在每个 request 通过下载中间件时被调用。该方法的参数包括：

（1）request：要处理的 Request 对象。

（2）spider：该 request 对应的 Spider 对象。

该方法可能返回 None，一个 Response 对象，或者一个 Request 对象，也可能抛出 Ignore

11

Request 异常。针对这 4 种情况，Scrapy 有不同的处理方式，具体介绍如下：

（1）如果返回 None，Scrapy 将继续处理该 request，执行其他中间件的相应方法，直到合适的下载器处理函数被调用，该 request 被执行（即其 Response 被下载）。

（2）如果返回 Response 对象，Scrapy 将不会调用任何其他的 process_request() 方法、process_exception() 方法，或相应的下载函数，而是返回该 Response。已安装的中间件的 process_response() 方法则会在每个 Response 返回时被调用。

（3）如果返回 Request 对象，Scrapy 将停止调用 process_request() 方法并重新调度返回的 request。当新返回的 Request 被执行后，相应的中间件链将会根据下载的 Response 被调用。

（4）如果抛出一个 IgnoreRequest 异常，则安装的下载中间件的 process_exception() 方法会被调用。如果没有任何一个方法处理该异常，则 request 的 errback(Request.errback) 方法会被调用。如果没有代码处理抛出的异常，则该异常被忽略且不记录（不同于其他异常的处理方式）。

2. process_response(self, request, response, spider)

用于对 response 进行处理，当下载器完成 http 请求，传递响应给引擎的时候调用。

该方法有 3 个参数，分别介绍如下：

（1）request：是一个 Request 对象，表示 response 所对应的 request。

（2）response：是一个 Response 对象，表示被处理的 response。

（3）spider：是一个 Spider 对象，表示 response 所对应的 spider。

该方法有 3 种执行结果，分别是：返回一个 Response 对象，返回一个 Request 对象，或抛出一个 IgnoreRequest 异常。针对这 3 种结果，Scrapy 有不同的处理方式，具体介绍如下：

（1）如果返回一个 Response 对象（可以与传入的 response 相同，也可以是全新的对象），该 Response 会被处于链中的其他中间件的 process_response() 方法处理。

（2）如果返回一个 Request 对象，则中间件链停止，返回的 request 会被重新调度下载。处理方式类似 process_request() 返回 request 所做的操作。

（3）如果抛出一个 IgnoreRequest 异常，则调用 request 的 errback(Request.errback) 方法。如果没有代码处理抛出的异常，则该异常被忽略且不记录（不同于其他异常的处理方式）。

下面就通过一个案例介绍下载中间件的方法。步骤如下：

（1）创建 middlewares.py 文件。Scrapy 的代理 IP、Uesr-Agent 的切换都是通过下载中间件进行控制。在 settings.py 同级目录下创建 middlewares.py 文件，用于对网络请求进行包装。代码如下：

```
1 import random
2 import base64
3 from settings import USER_AGENTS
4 from settings import PROXIES
5 # 随机的 User-Agent
6 class RandomUserAgent(object):
7     def process_request(self, request, spider):
8         useragent=random.choice(USER_AGENTS)
```

```
9            request.headers.setdefault("User-Agent", useragent)
10 # 随机的代理IP
11 class RandomProxy(object):
12     def process_request(self, request, spider):
13         proxy=random.choice(PROXIES)
14         if proxy['user_passwd'] is None:
15             # 没有代理账户验证的代理使用方式
16             request.meta['proxy']="http://"+proxy['ip_port']
17         else:
18             # 对账户密码进行base64编码转换
19             base64_userpasswd=base64.b64encode(proxy['user_passwd'])
20             # 对应到代理服务器的信令格式里
21             request.headers['Proxy-Authorization']='Basic ' + base64_userpasswd
22             request.meta['proxy']="http://"+proxy['ip_port']
```

上述代码中第6~9行定义了RandomUserAgent()方法，用于从配置文件中获取User-Agent列表，从中随机选择一个并交给当前的request对象使用。

第11~22行定义了RandomProxy()方法，用于从配置文件中获取Proxy列表，从中随机选择一个并交给当前的request对象使用。

（2）修改settings.py配置USER_AGENTS和PROXIES。下面在配置文件中添加可用的USER_AGENTS和PROXIES列表，以及一些其他设置。

◆ 添加USER_AGENTS。代码如下：

```
USER_AGENTS=[
  "Mozilla/5.0 (compatible; MSIE 9.0; Windows NT 6.1; Win64; x64; 
Trident/5.0; .NET CLR 3.5.30729; .NET CLR 3.0.30729; .NET CLR 2.0.50727; 
Media Center PC 6.0)",
  "Mozilla/5.0 (compatible; MSIE 8.0; Windows NT 6.0; Trident/4.0; 
WOW64; Trident/4.0; SLCC2; .NET CLR 2.0.50727; .NET CLR 3.5.30729; .NET 
CLR 3.0.30729; .NET CLR 1.0.3705; .NET CLR 1.1.4322)",
  "Mozilla/4.0 (compatible; MSIE 7.0b; Windows NT 5.2; .NET CLR 1.1.4322; 
.NET CLR 2.0.50727; InfoPath.2; .NET CLR 3.0.04506.30)",
  "Mozilla/5.0 (Windows; U; Windows NT 5.1; zh-CN) AppleWebKit/523.15 
(KHTML, like Gecko, Safari/419.3) Arora/0.3 (Change: 287 c9dfb30)",
  "Mozilla/5.0 (X11; U; Linux; en-US) AppleWebKit/527+ (KHTML, like 
Gecko, Safari/419.3) Arora/0.6",
  "Mozilla/5.0 (Windows; U; Windows NT 5.1; en-US; rv:1.8.1.2pre) 
Gecko/20070215 K-Ninja/2.1.1",
  "Mozilla/5.0 (Windows; U; Windows NT 5.1; zh-CN; rv:1.9) Gecko/20080705 
Firefox/3.0 Kapiko/3.0",
```

```
    "Mozilla/5.0 (X11; Linux i686; U;) Gecko/20070322 Kazehakase/0.4.5"
]
```

◆ 添加代理 IP，设置 PROXIES。代码如下：

```
PROXIES=[
    {'ip_port': '111.8.60.9:8123', 'user_passwd': 'user1:pass1'},
    {'ip_port': '101.71.27.120:80', 'user_passwd': 'user2:pass2'},
    {'ip_port': '122.96.59.104:80', 'user_passwd': 'user3:pass3'},
    {'ip_port': '122.224.249.122:8088', 'user_passwd': 'user4:pass4'},
]
```

◆ 除非特殊需要，禁用 cookies，防止某些网站根据 Cookie 来封锁爬虫。代码如下：

```
COOKIES_ENABLED=False
```

◆ 设置下载延迟。代码如下：

```
DOWNLOAD_DELAY=3
```

◆ 设置 setting.py 中的 DOWNLOADER_MIDDLEWARES，添加自己编写的下载中间件类。代码如下：

```
DOWNLOADER_MIDDLEWARES = {
    #'mySpider.middlewares.MyCustomDownloaderMiddleware': 543,
    'mySpider.middlewares.RandomUserAgent': 1,
    'mySpider.middlewares.ProxyMiddleware': 100
}
```

11.5 Settings——定制 Scrapy 组件

在 Scrapy settings（设置）中可以定制各个 Scrapy 组件的行为，包括核心组件、扩展组件、管道及 Spiders 组件等。

下列是常用的设置项目及其含义：

（1）BOT_NAME：使用 Scrapy 实现的 bot 名称，也叫项目名称，该名称用于构造默认的 User-Agent，同时也用来记录日志。默认名称是 scrapybot。当使用 startproject 命令创建项目时该值会被自动赋值。

（2）CONCURRENT_ITEMS：设置 Item Pipeline 同时处理每个 response 的 item 的最大值，默认是 100。

（3）CONCURRENT_REQUESTS：设置 Scrapy downloader 并发请求的最大值，默认是 16。

（4）DEFAULT_REQUEST_HEADERS：设置 Scrapy HTTP Request 使用的默认 header，其默认值如下：

```
{
    'Accept':'text/html,application/xhtml+xml,application/xml;q=0.9,*/*;
        q=0.8','Accept-Language': 'en',
}
```

（5）DEPTH_LIMIT：设置爬取网站最大允许的深度值。默认值为 0，表示没有限制。

（6）DOWNLOAD_DELAY：设置了下载器在下载同一个网站下一个页面前需要等待的时间。该选项可以用来限制爬取速度，减轻服务器压力。默认值为 0，同时也支持小数。例如：

```
DOWNLOAD_DELAY=0.25 # 250 ms of delay
```

默认情况下，Scrapy 在两个请求间不会设置一个固定的等待值，而是使用 0.5 ~ 1.5 之间的一个随机值乘以 DOWNLOAD_DELAY 的结果作为等待间隔。

（7）DOWNLOAD_TIMEOUT：设置下载器的超时时间（单位：秒），默认值是 180。

（8）ITEM_PIPELINES：该设置项的值是一个保存项目中启用的 Pipeline 及其顺序的字典。该字典默认为空。字典的键表示 Pipeline 的名称，值可以是任意值，但习惯设置在 0 ~ 1000 范围内。值越小则优先级越高。

以下是一个 ITEM_PIPELINES 设置项的样例：

```
ITEM_PIPELINES={
    'mySpider.pipelines.SomethingPipeline': 300,
    'mySpider.pipelines.ItcastJsonPipeline': 800,
}
```

（9）LOG_ENABLED：设置是否启用 logging，默认是 True。

（10）LOG_ENCODING：设置 logging 使用的编码，默认值是 utf-8。

（11）LOG_LEVEL：设置 log 的最低级别。可选的级别有 CRITICAL、ERROR、WARNING、INFO、DEBUG，默认值是 DEBUG。

（12）USER_AGENT：设置爬取网站时使用的默认 User-Agent，除非被覆盖，它的默认值是 Scrapy/VERSION (+http://scrapy.org)。

（13）PROXIES：设置爬虫工作时使用的代理。示例如下：

```
PROXIES=[
    {'ip_port': '111.11.228.75:80', 'password': ''},
    {'ip_port': '120.198.243.22:80', 'password': ''},
    {'ip_port': '111.8.60.9:8123', 'password': ''},
    {'ip_port': '101.71.27.120:80', 'password': ''},
    {'ip_port': '122.96.59.104:80', 'password': ''},
```

```
    {'ip_port': '122.224.249.122:8088', 'password':''},
]
```

（14）COOKIES_ENABLED = False：该设置项禁用 Cookies，为了不让网站根据请求的 Cookies 判断出用户的身份是爬虫，一般将 Cookies 的功能禁用。

11.6 案例——斗鱼 App 爬虫

为了让用户更进一步了解 Scrapy 框架的应用，下面实现一个爬取斗鱼 App 的爬虫。这个案例的特点是爬取提供给移动 App 的数据。与网页数据不同的是，移动 App 的数据的访问地址（URL）没有直接显示在外部，需要通过抓包工具来拦截和获取。常用的抓包工具是 Fiddler，下面先使用 Fiddler 工具爬取手机 App 传递数据的 URL，然后再使用 Scrapy 框架实现一个爬取斗鱼直播 App 数据的爬虫。

11.6.1 使用 Fiddler 爬取手机 App 的数据

要爬取手机 App 的数据内容，可以先通过安装在计算机上的 Fiddler 进行手机数据抓包。通过 Fiddler 抓包工具，可以爬取手机的网络通信，但前提是手机和计算机处于同一局域网内（WIFI 或热点）。为了能够使用 Fiddler 截取手机 App 中的数据，需要对 Fiddler 和手机分别进行相应的设置。设置方法如下：

1. 设置 Fiddler 允许远程连接

打开 Fiddler 软件，选择 Tools → Options 命令，如图 11-2 所示。

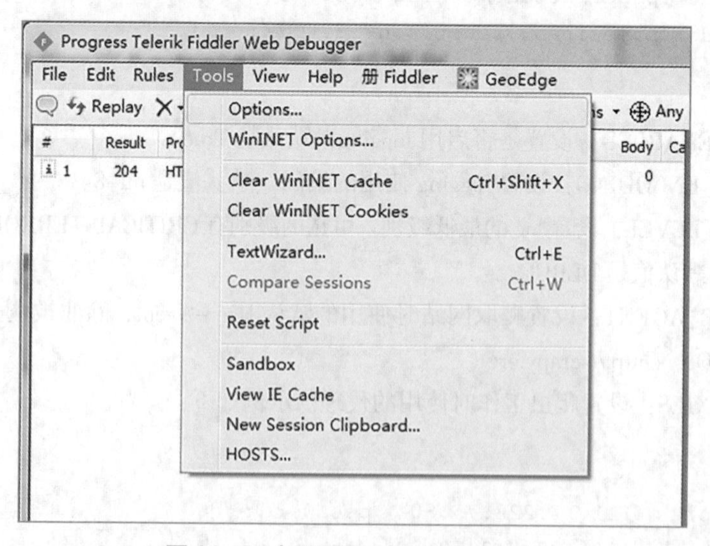

图 11-2 打开 Fiddler 软件工具栏

在 Options 页面单击 Connections 选项卡，然后选中 Allow remote computers to connect 复选框，用于设置允许远程计算机连接，如图 11-3 所示。设置完成后重新启动 Fiddler。

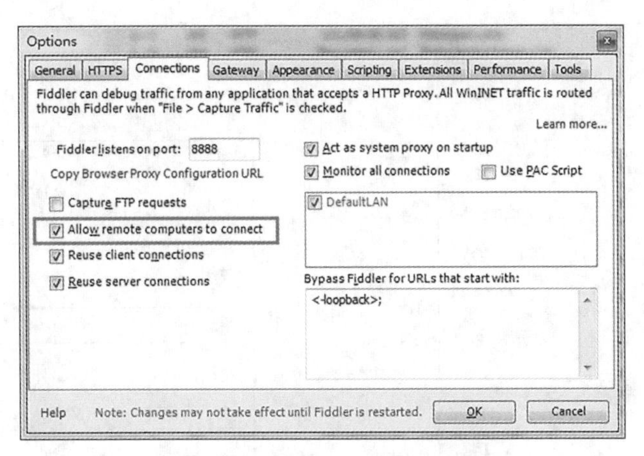

图 11-3　设置允许远程计算机连接

2. 查看计算机 IP 地址

打开终端，使用命令 ipconfig 查看计算机的 IP 地址，如图 11-4 所示。将计算机的 IP 地址保存下来，在下一步中将会用到。

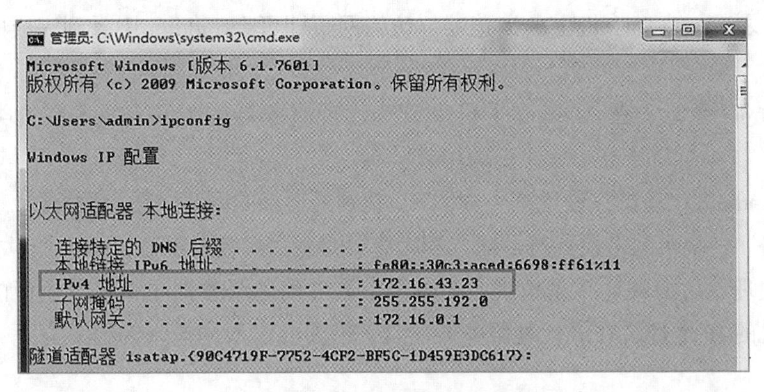

图 11-4　查看本机 IP 地址

3. 在手机上设置代理

目前流行的手机操作系统以 iOS 和 Android 系统为主，下面分别介绍在这两个系统下如何设置代理。

（1）iOS 系统：下面以 iOS 11.0 系统为例，介绍如何在 iPhone 手机上设置代理，为使用 Fiddler 截取网络请求做准备。首先打开“设置”→“无线局域网”，选择正在使用的网络名称，如图 11-5 所示。

点击正在使用的网络名称后，在界面上选择“配置代理”，如图 11-6 所示。

进入“配置代理”界面，选择“手动”条目，并在界面下方设置服务器地址为图 11-4 保存的计算机的 IP 地址，将端口设置为 8888，然后点击右上角的“存储”按钮进行存储，如图 11-7 所示。

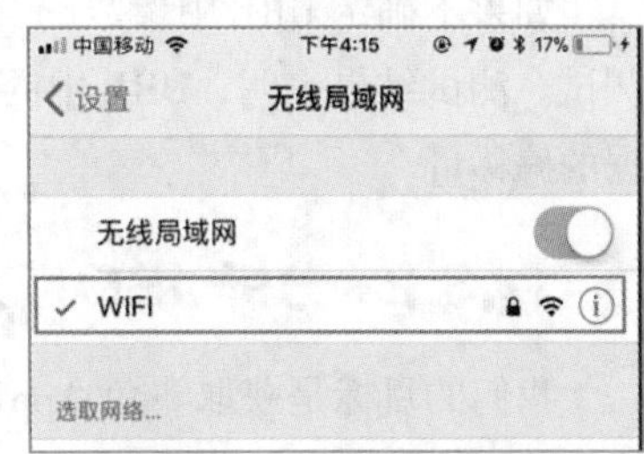

图 11-5　选择无线局域网

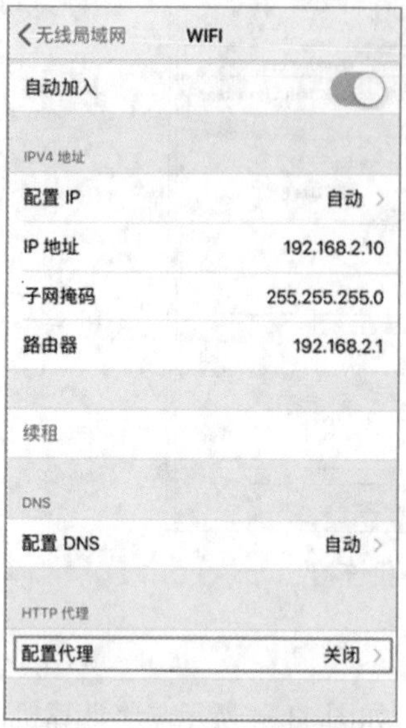

图 11-6　选择“配置代理”

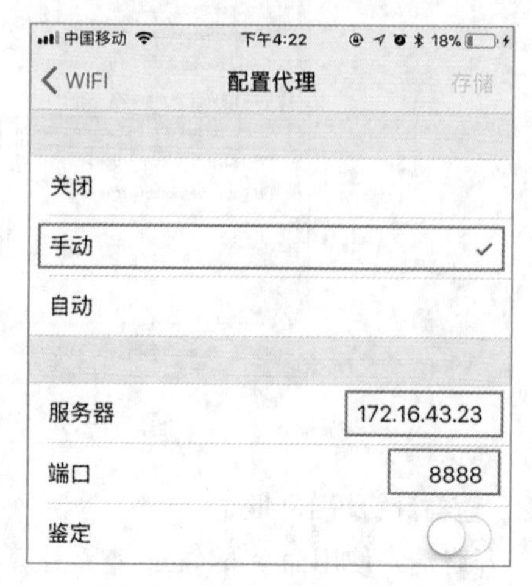

图 11-7　配置代理

完成设置之后，启动手机上的浏览器，访问网页即可在 Fiddler 中看到完成的请求和响应数据。

（2）Android 系统：在 Android 手机上设置代理服务器的方法与 iOS 系统类似。其步骤如下：

◆ 打开 Android 设备的“设置”→ WLAN，找到要连接的网络，在上面长按，然后选择“修改网络”，弹出网络设置对话框，然后选中“显示高级选项”。

◆ 在“代理”后面的输入框选择“手动”，在“代理服务器主机名”后面的输入框输入计算机的 IP 地址，在“代理服务器端口”后面的输入框输入 8888，然后点击“保存”按钮。

◆ 启动 Android 设备中的浏览器，访问网页，然后在 Fiddler 中查看请求和响应数据。

完成 Fiddler 和手机的设置之后，就可以在手机端打开斗鱼 App，然后在 Fiddler 截取的数据中进行查找和分析。经查找后发现，斗鱼 App 使用了 JSON 文件在服务器与 App 之间交换数据，这些 JSON 文件的 URL 地址如下：

```
http://capi.douyucdn.cn/api/v1/getVerticalRoom?limit=20&offset=0
```

如果不确定 URL 中参数的含义，可以将上述 URL 通过浏览器打开，修改参数的值并进行测试。测试结果表明，URL 中的 limit 参数表示每页显示的数据量，offset 参数表示当页起始数据的偏移量。

11.6.2　分析 JSON 文件的内容

我们的目标是获取斗鱼 App 中主播的昵称和图片链接，为此需要分析 JSON 文件中的数据格式，用于提取目标数据。

通过前面分析，已经得到斗鱼 App 传递数据的 URL 地址。访问该 URL 可以查看它所传递的 JSON 文件的内容。其中部分内容如下：

```
{
  "error": 0,
  "data": [
      {
         "room_id": "3769059",
         "room_src": "https://rpic.douyucdn.cn/live-cover/roomCover/
         2017/12/01/a40f3e1e74456af239f2ebc1aafa663a_big.jpg",
         "vertical_src": "https://rpic.douyucdn.cn/live-cover/roomCover/
         2017/12/01/a40f3e1e74456af239f2ebc1aafa663a_small.jpg",
         "isVertical": 1,
         "cate_id": 201,
         "room_name": "××× 的直播间 ",
         "show_status": "1",
         "subject": "",
         "show_time": "1512620754",
         "owner_uid": "178958982",
         "specific_catalog": "",
         "specific_status": "0",
         "vod_quality": "0",
         "nickname": "×××",
         "hn": 0,
         "online": 9,
         "game_name": " 颜值 ",
      }
  ]
}
```

分析 JSON 文件的结构，可以看到，它主要包含 error 和 data 两个结点，在 data 结点下 vertical_src 表示的是主播的头像地址，nickname 是主播的昵称。

11.6.3　使用 Scrapy 爬取数据

知道了数据的 URL 和目标数据的存储结构之后，就可以使用 Scrapy 框架来爬取数据并提取目标数据。步骤如下：

1. 创建 Scrapy 项目

进入项目目录（例如 Windows 系统下的 D:\PythonProject 目录），使用以下命令，创建一个名为 douyu 的项目。

```
scrapy startproject douyu
```

2. 编辑 Item

使用 PyCharm 打开该项目，编辑 items.py 文件，添加一个名为 DouyuItem 的类，用于表示要提取的 Item。代码如下：

```
class DouyuItem(scrapy.Item):
    nick_name=scrapy.Field()        # 昵称
    image_link=scrapy.Field()       # 图片链接地址
    image_path=scrapy.Field()       # 图片保存在本地的路径
    pass
```

上述代码中，nick_name 表示主播的昵称，image_link 表示主播头像图片的网络地址，这两个属性是从网页上爬取下来的数据。image_path 表示图片保存在本地的路径，是在本地赋值的数据。

3. 爬取数据

进入当前目录的子目录（douyu\spiders），输入以下命令创建 Spider。

```
scrapy genspider douyupic "capi.douyucdn.cn"
```

此时，程序提示已经使用模板创建了一个爬虫。提示信息如下：

```
Created spider 'douyupic' using template 'basic' in module:
douyu.spiders.douyupic
```

在 PyCharm 中打开 douyupic.py 文件，修改 url 地址和 parse() 方法。代码如下：

```
import scrapy
import json
from douyu.items import DouyuItem
class DouyupicSpider(scrapy.Spider):
    name='douyupic'
    allowed_domains=['capi.douyucdn.cn']
    offset=0
    url="http://capi.douyucdn.cn/api/v1/getVerticalRoom?limit=20&offset="
    start_urls=[url+str(offset)]
    def parse(self, response):
        # 返回从 json 里获取 data 段数据集合
        data=json.loads(response.text)["data"]
        for each in data:
            item=DouyuItem()
            item["nick_name"]=each["nickname"]
            item["image_link"]=each["vertical_src"]
            yield item
```

```
        self.offset+=20
        # 循环发送请求
        yield scrapy.Request(self.url+str(self.offset),callback=self.parse)
```

4. 修改配置文件

修改 settings.py，添加管道信息、本地存储图片的文件夹信息，以及默认的请求头信息。代码如下：

```
ITEM_PIPELINES = {
   'douyu.pipelines.ImagesPipeline': 1,
}
IMAGES_STORE="D:\PythonProject\douyu\images"
DEFAULT_REQUEST_HEADERS={
    'USER_AGENT': 'DYZB/2.290 (iPhone; iOS 9.3.4; Scale/2.00)',
}
```

5. 添加管道类

修改管道文件 pipelines.py，添加管道类。将管道名称更改为设置文件中定义的 ImagesPipeline。代码如下：

```
import scrapy
import os
from scrapy.pipelines.images import ImagesPipeline
from scrapy.utils.project import get_project_settings
class ImagesPipeline(ImagesPipeline):
    IMAGES_STORE=get_project_settings().get("IMAGES_STORE")
    def get_media_requests(self, item, info):
        image_url=item["image_link"]
        yield scrapy.Request(image_url)
    def item_completed(self, results, item, info):
        # 固定写法，获取图片路径，同时判断这个路径是否正确，如果正确，就放到 image_path 里
        image_path=[x["path"] for ok, x in results if ok]
        os.rename(self.IMAGES_STORE+"/"+image_path[0], self.IMAGES_
        STORE+"/ "+item["nick_name"]+".jpg")
        item["image_path"]=self.IMAGES_STORE+"/"+item["nick_name"]
        return item
```

6. 创建执行文件

在项目根目录下新建 main.py 文件，用于执行爬虫项目和进行调试。代码如下：

```
from scrapy import cmdline
cmdline.execute('scrapy crawl douyupic'.split())
```

11

执行 main.py 文件，可以看到本地目录中已经下载了斗鱼主播的头像，如图 11-8 所示。

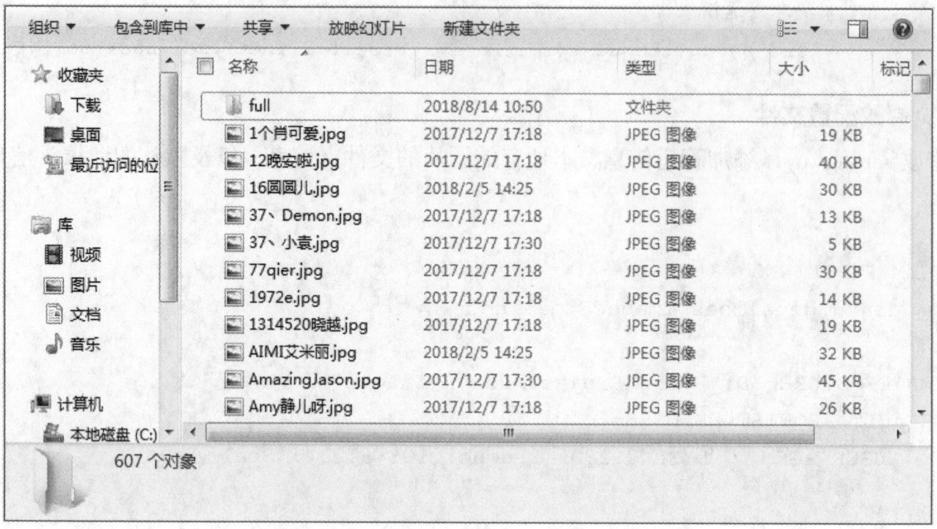

组织 ▾ 包含到库中 ▾ 共享 ▾ 放映幻灯片 新建文件夹

名称	日期	类型	大小
full	2018/8/14 10:50	文件夹	
1个肖可爱.jpg	2017/12/7 17:18	JPEG 图像	19 KB
12晚安啦.jpg	2017/12/7 17:18	JPEG 图像	40 KB
16圆圆儿.jpg	2018/2/5 14:25	JPEG 图像	30 KB
37、Demon.jpg	2017/12/7 17:18	JPEG 图像	13 KB
37、小袁.jpg	2017/12/7 17:30	JPEG 图像	5 KB
77qier.jpg	2017/12/7 17:18	JPEG 图像	30 KB
1972e.jpg	2017/12/7 17:18	JPEG 图像	14 KB
1314520晓越.jpg	2017/12/7 17:18	JPEG 图像	19 KB
AIMI艾米丽.jpg	2018/2/5 14:25	JPEG 图像	32 KB
AmazingJason.jpg	2017/12/7 17:30	JPEG 图像	45 KB
Amy静儿呀.jpg	2017/12/7 17:18	JPEG 图像	26 KB

收藏夹 下载 桌面 最近访问的位 库 视频 图片 文档 音乐 计算机 本地磁盘 (C:)

607 个对象

图 11-8 下载到本地的主播头像

小 结

本章介绍了 Scrapy 终端与核心组件，使得读者更进一步认识 Scrapy 框架。首先，讲解了 Scrapy 终端的启动和使用，并结合一个案例进行巩固，然后，讲解了 Scrapy 框架的一些核心组件，包括用于爬取和提取数据的 Spiders、用于后续处理数据的 Item Pipeline、用于防止反爬虫的下载中间件，以及用于定制 Scrapy 各组件行为的 Settings，最后结合一个斗鱼 App 爬虫案例，讲解了如何使用 Scrapy 框架爬取手机 App 的数据。

通过本章的学习，读者可以对 Scrapy 框架有更深的认识，可根据实际情况创建 Scrapy 项目，为后续进一步学习打下基础。

习 题

一、填空题

1. Scrapy shell 是一个交互式________，可在不启动爬虫的条件下尝试及调试爬取代码。
2. Scrapy 框架提供________作为爬虫的基类，所有自定义的爬虫必须从这个类派生。
3. 当 Item 数据被 Spiders 收集之后，会被传递到________。
4. 下载中间件是处于引擎和________之间的一层组件，多个下载中间件可以被同时加载运行。
5. 每个 Item Pipeline 组件都是一个独立的 Python 类，该类中的________方法必须实现。

二、判断题

1. 如果计算机上已经安装了 IPython，那么 Scrapy shell 会优先使用 IPython。 （ ）
2. 如果调用 process_request() 方法时返回 None，Scrapy 将停止调用该方法。 （ ）

3. Scrapy的代理IP、Uesr-Agent的切换都是通过Item Pipeline进行控制的。 （ ）
4. 在settings.py文件中，ITEM_PIPELINES项的值默认为空。 （ ）
5. 若ITEM_PIPELINES设置项的数值越大，则优先级越高。 （ ）

三、选择题

1. 关于Scrapy终端的说法中，正确的是（ ）。
   A. Scrapy shell是一个非交互式终端
   B. 在不启动爬虫的情况下，可以使用Scrapy shell调试爬取代码
   C. Scrapy shell可以用来测试正则表达式或CSS表达式
   D. Python终端和IPython共存的情况下，Scrapy shell会优先选择标准的Python终端
2. 下列关于Spiders爬取循环的描述中，错误的是（ ）。
   A. 当下载完毕返回时会生成一个Response，它会作为回调函数的返回值
   B. 如果回调函数返回一个Request，则该对象会经过Scrapy处理，下载相应的内容，并调用设置的回调函数
   C. 在回调函数中，可以使用解析器来分析网页内容，并根据分析的数据生成Item
   D. Spiders返回的item将被存到数据库或文件中
3. 下列选项中，包含了爬虫允许爬取的域名列表的是（ ）。
   A. parse　　B. name　　C. start_urls　　D. allowed_domains
4. 请阅读下列一个ITEM_PIPELINES配置项的样例：

```
ITEM_PIPELINES={
    'mySpider.pipelines.DemoPipeline': 300,
    'mySpider.pipelines.DemoJsonPipeline': 500,
    'mySpider.pipelines.DemoCSVPipeline': 700,
    'mySpider.pipelines.DemoMongoPipeline': 900,
}
```

   上述示例中，（ ）管道会优先执行？
   A. DemoMongoPipeline　　B. DemoCSVPipeline
   C. DemoJsonPipeline　　D. DemoPipeline
5. 下列设置项中，能够控制爬取网站使用的用户代理的是（ ）。
   A. PROXIES　　B. ITEM_PIPELINES
   C. USER_AGENT　　D. COOKIES_ENABLED

四、简答题

1. 什么是Scrapy终端？
2. 简述如何改变自定义管道的执行顺序？

五、编程题

在第10章课后习题的基础上，将爬取的数据使用自定义管道JsonWriterPipeline存储到JSON文档中。

11

第12章 自动爬取网页的爬虫 CrawlSpider

学习目标

◆明确 CrawlSpider 爬虫类的用途，可以创建使用 CrawlSpider 模板的爬虫。

◆掌握 CrawlSpider 类的原理，理解 CrawlSpider 类是如何工作的。

◆掌握 Rule 类的使用，能够运用该类制定爬虫的爬取规则。

◆掌握 LinkExtractor 类的使用，能够提取需要跟踪爬取的链接。

网页上的数据往往是分页显示的，要获取每个页面上的数据，可以通过分析网页的 URL 地址格式，然后手动更改 URL 的参数来实现。但其实，Scrapy 框架专门提供了一个 CrawlSpider 爬虫类用于全网站的自动爬取，它能够自动爬取具有一定规则的网站上的所有网页数据。下面就介绍 CrawlSpider 类的详细应用。

12.1 初识爬虫类 CrawlSpider

Scrapy 框架在 scrapy.spiders 模块中提供了 CrawlSpider 类专门用于自动爬取，CrawlSpider 类是 Spider 的派生类，Spider 类的设计原则是只爬取 start_url 列表中的网页，而 CrawlSpider 类定义了一些规则来提供跟进 link 的方便机制，对于从爬取的网页中获取 link 并继续进行爬取工作更适合。

通过下面的命令可以快速创建一个使用 CrawlSpider 模板的爬虫。

```
scrapy genspider -t crawl tencent tencent.com
```

其中，选项 -t 表示模板，crawl 表示模板的名称，使用该命令指定了爬虫创建时使用的模板为 crawl。

多学一招：Scrapy 框架的模板

Scapy 框架在创建项目和爬虫时都使用了模板，下面介绍这两种模板。首先是项目模板，先创建一个 Scrapy 项目，取名为 mycrawlprj，代码如下：

```
C:\Users\admin>scrapy startproject mycrawlprj
New Scrapy project 'mycrawlprj', using template directory 'c:\\users\\
admin\\appdata\\local\\programs\\python\\python36-32\\lib\\site-packages\\
scrapy\\templates\\project', created in:
    C:\Users\admin\mycrawlprj

You can start your first spider with:
    cd mycrawlprj
scrapy genspider example example.com
```

创建爬虫项目成功之后，控制台返回提示信息的第一行就是“使用模块创建项目”，说明该爬虫项目是通过模板创建的，模板的路径也在提示信息中指明（如本例中的地址为：C:\Users\admin\AppData\Local\Programs\Python\Python36−32\Lib\site−packages\scrapy\templates\project）。

该文件夹的目录结构如图 12−1 所示。

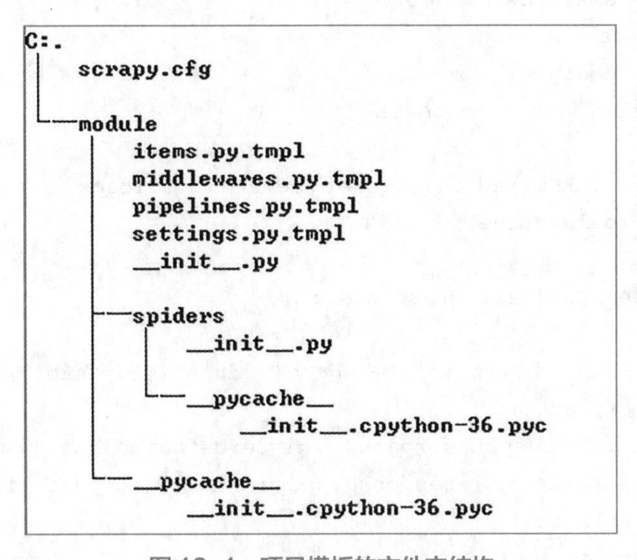

图 12−1　项目模板的文件夹结构

从图 12−1 可知，该模块指定了创建新爬虫项目时的默认文件结构和内容。知道了这个原理之后，就可以修改模板的设置，或者向模板文件中填充一些需要用到的值，例如，default_settings.py 文件中默认的 settings 键值对，这样每次使用时就不会在自己项目的 settings.py 中找不到相关的键值。如果处理一类的项目（如采集各种新闻网站），需要采集的字段（也就是 item）一样，那么 items.py 和 pipelines.py 文件就可以用模板构建，这样就不用每次都要自己手写。用户还可以在其中构造自己的模板文件，但是这样就需要修改 startproject.py 源代码文件中的 TEMPLATES_TO_RENDER 值。

下面就可以通过 scrapy genspider -l 命令查看该爬虫项目下拥有的爬虫模板，代码如下：

```
C:\Users\admin>scrapy genspider -l
Available templates:
  basic
  crawl
  csvfeed
  xmlfeed
```

从控制台返回的消息可知，爬虫一共有 4 个模板。如果想知道一种模板中是什么内容，可以使用命令 scrapy genspider -d template（如 crawl）进行查看。下列信息是使用该命令查看到的 CrawlSpider 模板的内容。

```
C:\Users\admin>scrapy genspider -d crawl
# -*- coding: utf-8 -*-
import scrapy
from scrapy.linkextractors import LinkExtractor
from scrapy.spiders import CrawlSpider, Rule
class $classname(CrawlSpider):
    name='$name'
    allowed_domains=['$domain']
    start_urls=['http://$domain/']
    rules=(
        Rule(LinkExtractor(allow=r'Items/'), callback='parse_item',
            follow=True),
    )
    def parse_item(self, response):
        i={}
        #i['domain_id']=response.xpath('//input[@id="sid"]/@value').
            extract()
        #i['name']=response.xpath('//div[@id="name"]').extract()
        #i['description']=response.xpath('//div[@id="description"]').
            extract()
        return i
```

在对几个模板熟悉以后就可以使用 scrapy genspider (-t template) name domain 创建 spider。如果不指定模板，则默认使用 basic 模板创建爬虫。

注意：这里的 name 不能使用项目的 name，也不能使用已存在的 spider 的 name，不然系统会报错。如果想覆盖以前的 spider，可以在 genspider 后加 --force 参数，则后面的 name 是被覆盖 spider 的 name。

还可以为框架添加自己设计的爬虫模板，爬虫模板的位置与项目模板文件夹并列，名称为 spiders。可以在爬虫模板中增加自己常用的方法，也可以设计一个简单的类框架，以适应所需要采集的页面规则。

12.2　CrawlSpider 类的工作原理

下面通过分析 CrawlSpider 类的实现代码，来探寻 CrawlSpider 自动爬取全站网页的原理。因为 CrawlSpider 继承了 Spider，所以具有 Spider 的所有函数，此外，它还定义了自己的若干属性和方法。CrawlSpider 类的新属性名为 rules，介绍如下：

rules 属性：一个包含一个或多个 Rule 对象的元组。每个 Rule 对爬取网站的动作定义了特定表现。Rule 对象在 12.3 节会进行介绍。如果多个 Rule 匹配了同一个链接，则根据它们在本属性中定义的顺序，使用第一个 Rule。

CrawlSpider 类还定义了若干方法，这些方法的名称和说明如表 12-1 所示。

表 12-1　CrawlSpider 类的方法

名　称	说　明
__int__()	负责初始化，并调用了 _compile_rules() 方法
parse()	该方法进行了重写，在实现体中直接调用方法 _parse_response()，并把 parse_start_url() 方法作为处理 response 的方法
parse_start_url()	该方法的主要作用是处理 parse 返回的 response，例如，提取出需要的数据等。该方法需要返回 item、request 或者它们的可迭代对象
_requests_to_follow()	该方法的作用是从 response 中解析出目标 url，并将其包装成 request 请求。该请求的回调方法是 _response_downloaded()，这里为 request 的 meta 值添加了 rule 参数。该参数的值是这个 url 对应 rule 在 rules 中的下标
_response_downloaded()	该方法是方法 _requests_to_follow() 的回调方法，其作用就是调用 _parse_response() 方法，处理下载器返回的 response，设置 response 的处理方法为 rule.callback() 方法
_parse_response()	该方法将 response 交给参数 callback 代表的方法去处理，然后处理 callback() 方法的 requests_or_item。再根据 rule.follow and spider._follow_links 来判断是否继续采集，如果继续，就将 response 交给 _requests_to_follow() 方法，根据规则提取相关的链接。spider._follow_links 的值是从 settings 的 CRAWLSPIDER_FOLLOW_LINKS 值获取到的
_compile_rules()	这个方法的作用就是将 rule 中的字符串表示的方法改成实际的方法，方便以后使用

当 CrawlSpider 爬虫运行时，首先由 start_requests() 方法（继承自 Spider 类）对 start_urls 中的每一个 url 发起请求（使用 make_requests_from_url() 方法，继承自 Spider 类）。网页请求发出后返回的 Response 会被 parse() 方法接收。在 Spider 中的 parse 需要定义，但 CrawlSpider 类中使用了 parse() 方法来解析响应。其代码如下：

```
def parse(self, response):
    return self._parse_response(response, self.parse_start_url,
        cb_kwargs={}, follow=True)
```

从上述代码可知，CrawlSpider 类的 parse() 方法直接调用了 _parse_response() 方法。

_parse_response() 方法用于处理 response 对象，它根据有无 callback、follow 和 self.follow_links 执行不同的操作。其源代码如下：

```
def _parse_response(self, response, callback, cb_kwargs, follow=True):
    # 如果传入了 callback，使用这个 callback 解析页面并获取解析得到的 request 或 item
      if callback:
        cb_res=callback(response, **cb_kwargs) or ()
        cb_res=self.process_results(response, cb_res)
        for requests_or_item in iterate_spider_output(cb_res):
          yield requests_or_item
    # 其次判断有无 follow，用 _requests_to_follow 解析响应是否有符合要求的 link
      if follow and self._follow_links:
        for request_or_item in self._requests_to_follow(response):
          yield request_or_item
```

其中，requests_to_follow 方法会获取 link_extractor 解析页面得到的 link（link_extractor.extract_links(response)），对 url 进行加工（process_links，需要自定义），对符合的 link 发起 Request。使用 .process_request(需要自定义) 处理响应。_requests_to_follow 方法的源代码如下所示。

```
def _requests_to_follow(self, response):
    if not isinstance(response, HtmlResponse):
        return
    seen=set()
    for n, rule in enumerate(self._rules):
      links=[lnk for lnk in rule.link_extractor.extract_links(response)
            if lnk not in seen]
      if links and rule.process_links:
          links=rule.process_links(links)
      for link in links:
          seen.add(link)
          r=self._build_request(n, link)
          yield rule.process_request(r)
```

在 _requests_to_follow() 方法中，使用了 set 类型来记录提取出的链接，这是因为 set 类型本身就有去重的功能。

那么 CrawlSpider 如何获取 rules 呢？

CrawlSpider 类会在 __init__() 方法中调用 _compile_rules() 方法，然后在其中浅复制 rules 中的各个 Rule 获取要用于回调（callback）、要进行处理的链接（process_links）和要进行的处理请求（process_request）。_compile_rules() 方法的源代码如下：

```
def _compile_rules(self):
    def get_method(method):
        if callable(method):
            return method
        elif isinstance(method, six.string_types):
            return getattr(self, method, None)
    self._rules = [copy.copy(r) for r in self.rules]
    for rule in self._rules:
        rule.callback = get_method(rule.callback)
        rule.process_links = get_method(rule.process_links)
        rule.process_request = get_method(rule.process_request)
```

通过分析 CrawlSpider 类的源代码，我们知道了 CrawlSpider 类的工作原理，对理解和使用 CrawlSpider 类都大有裨益。

12.3　通过 Rule 类决定爬取规则

CrawlSpider 类使用 rules 属性来决定爬虫的爬取规则，并将匹配后的 URL 请求提交给引擎。所以在正常情况下，CrawlSpider 不需要单独手动返回请求。

在 rules 属性中可以包含一个或多个 Rule 对象，每个 Rule 对象都对爬取网站的动作定义了某种特定操作，例如，提取当前相应内容里的特定链接，是否对提取的链接跟进爬取，对提交的请求设置回调函数等。如果包含了多个 Rule 对象，那么每个 Rule 轮流处理 Response。

每个 Rule 对象可以规定不同的处理 item 的 parse_item() 方法，但是一般不使用 Spider 类已定义的 parse() 方法。

如果多个 Rule 对象匹配了相同的链接，则根据规则在本集合中被定义的顺序，第一个会被使用。

Rule 类的构造方法定义如下：

```
class scrapy.spiders.Rule(
    link_extractor,
    callback=None,
    cb_kwargs=None,
    follow=None,
    process_links=None,
    process_request=None
)
```

Rule 类的构造方法一共有 6 个参数，对这些参数的详细介绍如下：

（1）link_extractor：是一个 Link Extractor 对象，用于定义链接的解析规则。

（2）callback：指定了回调方法的名称。从 link_extractor 中获取到链接时，该参数所指定的值作为回调方法。该回调方法必须接收一个 Response 对象作为其第一个参数，并且返回一个由 Item、Request 对象或者它们的子类所组成的列表。

注意：当编写爬虫规则时，避免使用 parse() 作为回调函数。由于 CrawlSpider 使用 parse() 方法来实现其逻辑，如果覆盖了 parse() 方法，crawl spider 将会运行失败。

（3）cb_kwargs：是一个字典，包含了传递给回调方法的参数，默认值是 None。

（4）follow：是一个布尔（boolean）值，指定了根据本条 rule 从 Response 对象中提取的链接是否需要跟进。如果 callback 参数值为 None，则 follow 默认值为 True，否则默认值为 False。

（5）process_links：指定回调方法的名称，该回调方法用于处理根据 link_extractor 从 Response 对象中获取到的链接列表。该方法主要用来过滤链接。

（6）process_request：指定回调方法的名称，该回调方法用于根据本 rule 提取出来的 Request 对象，其返回值必须是一个 Request 对象或者 None（表示将该 request 过滤掉）。

12.4 通过 LinkExtractor 类提取链接

LinkExtractor 类的唯一目的就是从网页中提取需要跟踪爬取的链接。它按照规定的提取规则来提取链接，这个规则只适用于链接，不适用于普通文本。

Scrapy 框架在 scrapy.linkextractors 模块中提供了 LinkExtractor 类专门用于表示链接提取类，但是用户也可以自定义一个符合特定需求的链接提取类，只需要让它实现一个简单的接口即可。

每个 LinkExtractor 都需要保护一个公共方法 extract_links()，该方法接收一个 Response 对象作为参数，并返回一个元素类型为 scrapy.link.Link 的列表。在爬虫工作过程中，链接提取类只需要实例化一次，但是从响应对象中提取链接时会多次调用 extract_links() 方法。

链接提取类一般与若干 rules 结合一起用于 CrawlSpider 类中，但是在其他与 CrawlSpider 类无关的场合也可以使用该类提取链接。

在 Scrapy 框架中默认的链接提取类是 LinkExtractor 类，它其实是对 scrapy.linkextractors.lxmlhtml.LxmlLinkExtractor 类的引用，所以这两个类是等价的。在 Scrapy 框架的早期版本中曾经出现过其他链接提取类，但是都被弃用了。

LinkExtractor 类的构造方法如下：

```
class scrapy.linkextractors.LinkExtractor(
    allow=(),
    deny=(),
    allow_domains=(),
    deny_domains=(),
    restrict_xpaths=(),
    tags=('a','area'),
    attrs=('href'),
    canonicalize=False,
```

```
    unique=True,
    process_value=None,
    deny_extensions=None,
    restrict_css=(),
    strip=True
)
```

上述构造方法包含了多个参数，其主要参数如下：

（1）allow：其值为一个或多个正则表达式组成的元组，只有匹配这些正则表达式的 URL 才会被提取。如果 allow 参数为空，则会匹配所有链接。

（2）deny：其值为一个或多个正则表达式组成的元组，满足这些正则表达式的 URL 会被排除不被提取（优先级高于 allow 参数）。如果 deny 参数为空，则不会排除任何 URL。

（3）allow_domains：其值是一个或多个字符串组成的元组，表示会被提取的链接所在的域名。

（4）deny_domains：其值是一个或多个字符串组成的元组，表示被排除不提取的链接所在的域名。

（5）restrict_xpaths：其值是一个或多个 Xpath 表达式组成的元组，表示只在符合该 Xpath 定义的文字区域搜寻链接。

（6）tags：用于识别要提取的链接标签，默认值为 ('a','area')。

（7）attrs：其值是一个或多个字符串组成的元组，表示在提取链接时要识别的属性（仅当该属性在 tags 规定的标签里出现时），默认值是 ('href')。

（8）canonicalize：表示是否将提取到的 URL 标准化，默认值为 False。由于使用标准化后的 URL 访问服务器与使用原 URL 访问得到的结果可能不同，所以最好保持使用它的默认值 False。

（9）unique：表示是否要对提取的链接进行去重过滤，默认值为 True。

（10）process_value：负责对提取的链接进行处理的函数，能够对链接进行修改并返回一个新值，如果返回 None 则忽略该链接。如果不对 process_value 参数赋值，则使用它的默认值 lambda x: x。

（11）deny_extensions：其值是一个字符串或者字符串列表，表示提取链接时应被排除的文件扩展名。例如，['bmp', 'gif', 'jpg',] 表示排除包含有这些扩展名的 URL 地址。

（12）restrict_css：其值是一个或多个 css 表达式组成的元组，表示只在符合该 css 定义的文字区域搜寻链接。

（13）strip：表示是否要将提取的链接地址前后的空格去掉，默认值为 True。

12.5　案例——使用 CrawlSpider 爬取腾讯社会招聘网站

这里使用腾讯社会招聘网页为例，讲解如何配合 rules 使用 CrawlSpider。图 12-2 所示为腾讯社会招聘网站的页面，可以看到，它的数据是分页显示的，每页显示 10 条数据，页数也很多，共计 200 多个。

职位名称	职位类别	人数	地点	发布时间
· MIG09-QQ浏览器首页feeds流产品经理	产品/项目类	1	深圳	2018-01-14
· 22090-天天快报-Android开发工程师(北京)	技术类	1	北京	2018-01-14
· 22090-天天快报-后台开发工程师（北京）	技术类	2	北京	2018-01-14
· 22090-天天快报-高级数据开发工程师（北京）	技术类	2	北京	2018-01-14
· 18797-游戏运营（深圳）	产品/项目类	1	深圳	2018-01-14
· 21090-射击类游戏商业化策划（深圳）	产品/项目类	1	深圳	2018-01-14
· 21090-射击类游戏运营项目经理（深圳）	产品/项目类	1	深圳	2018-01-14
· 18796-数据分析师（深圳）	产品/项目类	1	深圳	2018-01-14
· WXG06-114 微信支付后台策略安全工程师（深圳）	技术类	2	深圳	2018-01-14
· 23517-3D换装手游版本管理	产品/项目类	1	深圳	2018-01-14

图 12-2　腾讯社会招聘网站的页面

腾讯社会招聘网站的页面 URL 格式是 http://hr.tencent.com/position.php?&start=0，其中 start 参数后面的数字就是当页数据的起始序号。使用 CrawlSpider 类爬取腾讯社会招聘网页的步骤如下：

1. 分析网页上目标数据和页码链接的显示规则

从网站上提取每个招聘职位的职位名称、职位详细介绍链接、职位类别、人数、地点和发布时间等信息。首先分析目标数据的显示规则，使用浏览器显示网页的源代码，可以看到如图 12-3 所示的目标元素结构。

```
▷ <tr class="h">…</tr>
◢ <tr class="even">
  ◢ <td class="l square">
      <a href="position_detail.php?id=31007&keywords=&tid=0&lid=0"
      target="_blank">MIG09-QQ浏览器首页feeds流产品经理</a>
    </td>
    <td>产品/项目类</td>
    <td>1</td>
    <td>深圳</td>
    <td>2018-01-14</td>
  </tr>
◢ <tr class="odd">
  ▷ <td class="l square">…</td>
    <td>技术类</td>
    <td>1</td>
    <td>北京</td>
    <td>2018-01-14</td>
  </tr>
```

图 12-3　目标元素结构

除了目标数据的格式之外，还要分析网页上页码数据的链接地址，如图 12-4 所示。

```
<a href="javascript:;" class="noactive" id="prev">上一页</a>
<a class="active" href="javascript:;">1</a>
<a href="position.php?&start=10#a">2</a>
<a href="position.php?&start=20#a">3</a>
<a href="position.php?&start=30#a">4</a>
<a href="position.php?&start=40#a">5</a>
<a href="position.php?&start=50#a">6</a>
<a href="position.php?&start=60#a">7</a>
<a href="position.php?&start=70#a">...</a>
<a href="position.php?&start=2910#a">292</a>
<a href="position.php?&start=10#a" id="next">下一页</a>
```

图 12-4　页码数据的链接

2. 在 Scrapy shell 中验证 LinkExtractor 表达式的正确性

使用 LinkExtractor 表达式获取网页上的链接，为了保证 LinkExtractor 表达式的正确性，可以先使用 Scrapy shell 进行验证和测试。

首先打开终端，输入以下命令打开 Scrapy shell，访问腾讯社会招聘网站的第一页。

```
scrapy shell "http://hr.tencent.com/position.php?&start=0"
```

输入以下命令导入 LinkExtractor，创建 LinkExtractor 实例对象。

```
>>> from scrapy.linkextractors import LinkExtractor
>>> link_list = LinkExtractor(allow=r'start=\d+')
>>> link_list.extract_links(response)
[Link(url='http://hr.tencent.com/position.php?&start=10#a', text='2',
fragment=", nofollow=False),
 Link(url='http://hr.tencent.com/position.php?&start=20#a', text='3',
fragment=", nofollow=False),
 Link(url='http://hr.tencent.com/position.php?&start=30#a', text='4',
fragment=", nofollow=False),
 Link(url='http://hr.tencent.com/position.php?&start=40#a', text='5',
fragment=", nofollow=False),
 Link(url='http://hr.tencent.com/position.php?&start=50#a', text='6',
fragment=", nofollow=False),
 Link(url='http://hr.tencent.com/position.php?&start=60#a', text='7',
fragment=", nofollow=False),
 Link(url='http://hr.tencent.com/position.php?&start=70#a', text='...',
fragment=", nofollow=False),
 Link(url='http://hr.tencent.com/position.php?&start=2900#a', text='291',
fragment=", nofollow=False)]
>>> page_lx=LinkExtractor(allow=('position.php?&start=\d+'))
```

从输出可以看到，使用 LinkExtractor 提取出了页面上所有符合规则的链接，这些链接的地址与页面显示一致。

3. 使用 CrawlSpider 类自动爬取数据

下面使用 CrawlSpider 类实现自动爬取腾讯社会招聘网站上的所有目标数据。

首先打开终端，进入目标文件夹，使用以下命令创建一个 Scrapy 项目，项目名称是 Tencent。

```
D:\PythonProject\crawl>scrapy startproject Tencent
```

然后，进入该项目的 spiders 目录创建一个 CrawlSpider，取名为 tencent，命令如下：

```
scrapy genspider -t crawl tencent "tencent.com"
```

其中，-t 选项指定了使用的爬虫模板为 crawl。

然后，使用 PyCharm 打开该项目。编辑 items.py 文件，添加字段描述，代码如下：

```
import scrapy
class TencentItem(scrapy.Item):
    # 职位名称
    position_name=scrapy.Field()
    # 职位链接
    position_link=scrapy.Field()
    # 职位类别
    position_type=scrapy.Field()
    # 招聘人数
    person_number=scrapy.Field()
    # 工作地点
    work_location=scrapy.Field()
    # 发布时间
    publish_time=scrapy.Field()
```

编辑 tencent.py 文件，在 TencentSpider 类中添加代码，定义提取链接的 Rule 规则，使用 parse_item() 方法作为回调方法，然后在 parse_item() 方法里提取目标信息。代码如下：

```
from scrapy.linkextractors import LinkExtractor
from scrapy.spiders import CrawlSpider, Rule
from Tencent.items import TencentItem
class TencentSpider(CrawlSpider):
    name='tencent'
    allowed_domains=['tencent.com']
    start_urls=['http://hr.tencent.com/position.php?&start=0']
    rules=(
        # 提取匹配 'http://hr.tencent.com/position.php?&start=\d+' 的链接
        # 并使用 spider 的 parse() 方法进行分析，然后跟进链接
```

```
        Rule(LinkExtractor(allow=r'start=\d+'), callback='parse_item',
             follow=True),
    )
  def parse_item(self, response):
      node_list=response.xpath("//tr[@class='odd'] | //tr[@class='even']")
      for node in node_list:
          item=TencentItem()
          item['position_name']=node.xpath("./td[1]/a/text()").extract()[0]
          item['position_link']="http://hr.tencent.com/"+
              node.xpath("./td[1]/a/@href").extract()[0]
          try:
              item['position_type'] =node.xpath("./td[2]/text()").extract()[0]
          except:
              item['position_type']="NULL"
              item['person_number']=node.xpath("./td[3]/text()").extract()[0]
              item['work_location']=node.xpath("./td[4]/text()").extract()[0]
              item['publish_time']=node.xpath("./td[5]/text()").extract()[0]
              yield item
```

从上述定义的 CrawlSpider 类可以看出，它与 Spider 类不同的地方在于，在 CrawlSpider 类中需要定义 rules 属性，并且不能使用 parse() 方法作为回调方法。

编辑管道信息，打开 pipelines.py 文件，编辑管道 TencentPipeline 类，在该类的 open_spider() 方法中打开本地文件 tencent.json，在 process_item() 方法中将传入的 item 转成 json 格式，并存入该文件。在 close_spider() 方法中将该文件关闭。代码如下：

```
import json
class TencentPipeline(object):
    def open_spider(self,spider):
      self.f=open("tencent.json","w",encoding="utf-8")
    def process_item(self, item, spider):
      content=json.dumps(dict(item),ensure_ascii=False)
      self.f.write(content)
      return item
    def close_spider(self,spider):
      self.f.close()
```

然后，在配置文件中启用管道。打开 settings.py 文件，修改管道信息。代码如下：

```
ITEM_PIPELINES={
   'Tencent.pipelines.TencentPipeline': 300,
}
```

从该项目的实现可以看出，自动爬虫类 CrawlSpider 类不需要在代码中手动构建下一页的 URL，而是通过 Rule 规定的规则自动爬取网页上的特定链接。这种实现方式进一步简化了代码，并且爬虫受网页元素的影响也更少。即使网页的 UI 风格发生变化，只要 URL 的格式不变，爬虫就不需要更改。

下面在项目中添加一个新文件 main.py，用于执行爬虫。代码如下：

```
from scrapy import cmdline
cmdline.execute('scrapy crawl tencent'.split())
```

运行 main.py 文件，就能自动执行爬虫。然后，打开项目目录下生成的 tencent.json 文件，就可以看到从该网站上爬取的大量数据。

小　结

本章介绍了 Scrapy 框架中提供的 CrawlSpider 爬虫类，以及如何使用该类实现自动爬取全网站。首先，讲解了 CrawlSpider 的概念以及如何创建一个基于 CrawlSpider 模板的爬虫，然后讲解了 CrawlSpider 的工作原理，接着介绍了两个类：Rule 和 LinkExtractor，最后开发了一个使用 CrawlSpider 类爬取腾讯社会招聘网站的案例，在案例中对本章的知识点加以应用。

通过本章的学习，读者可以掌握 CrawlSpider 类的使用技巧，在工作中具有独当一面的能力。

习　题

一、填空题

1. scrapy.spiders 模块中提供了 CrawlSpider 类，专门用于________爬取全站网页。
2. rules 属性是一个包含一个或多个 Rule 对象的________。
3. CrawlSpider 爬虫运行时，通过________方法对 start_urls 中的每一个 url 发起请求。
4. CrawlSpider 类使用________属性来决定爬虫的爬取规则。
5. LinkExtractor 类的唯一目的就是从网页中提取需要________爬取的链接。

二、判断题

1. Rule 规则只适用于链接，不适用于普通的文本。（　　）
2. 用户既可以使用 LinkExtractor 类，也可以自定义符合特定需求的链接提取类。（　　）
3. 在爬虫工作的过程中，LinkExtractor 类需要被实例化很多次。（　　）
4. 如果包含了多个 Rule 对象，那么每个 Rule 会轮流处理 Response。（　　）
5. 由于 CrawlSpider 使用 parse() 方法来实现其逻辑，如果覆盖了 parse() 方法，CrawlSpider 将会运行失败。（　　）

三、选择题

1. 关于 CrawlSpider 类的说法中，错误的是（　　）。

   A. Spider 类是 CrawlSpider 的派生类

   B. CrawlSpider 类用于自动爬取网页

C. Spider 类只能爬取 start_url 列表中的网页

D. CrawlSpider 类定义了一些规则来提供跟进 link 的方便机制

2. 关于 CrawlSpider 的工作原理，描述正确的是（　　）。

A. 运行 CrawlSpider 爬虫，parse_start_url() 方法对 start_urls 中的每一个 URL 发起请求

B. 网页请求发出后返回的 Response 会被 parse_items() 方法接收

C. CrawlSpider 类中使用了 parse_items() 方法来解析响应

D. CrawlSpider 类的初始化方法中调用了 _compile_rules() 方法，该方法会浅拷贝 rules 中的各个 Rule，以获取回调函数、处理链接和请求

3. 下列选项中，用于决定爬虫爬取规则的是（　　）。

A. callback　　B. rules　　C. tags　　D. allow

4. 有关 Rule 类的描述中，错误的是（　　）。

A. 每个 Rule 对象都对爬取网站的动作定义了一些特定操作

B. 若爬虫中有多个 Rule 对象，则每个 Rule 会随机处理 Response

C. 每个 Rule 对象通常不使用定义好的 parse() 方法，而是自定义处理 Item 的方法

D. 如果多个 Rule 对象匹配了相同的链接，需要根据其被定义的顺序使用第一个

5. 下列 Rule 类构造方法的参数中，用于设置是否跟进链接的是（　　）。

A. callback　　B. process_links　　C. follow　　D. link_extractor

四、简答题

1. 比较 Spider 和 CrawlSpider 类，阐述它们有什么异同。

2. CrawlSpider 类是如何获取 rules 的？

五、编程题

在第 11 章编程题项目的基础上，将项目改为使用 CrawlSpider 类自动爬取。

第 13 章 Scrapy-Redis 分布式爬虫

学习目标

◆了解什么是 Scrapy-Redis，明确 Scrapy 和 Scrapy-Redis 的关系。

◆熟悉 Scrapy-Redis 的架构和运作流程，理解组件之间是如何通力合作的。

◆掌握 Scrapy-Redis 的主要组件，知道这些组件与 Scrapy 相比发生的变化，以及它们的作用。

◆会在不同的平台上独立搭建 Scrapy-Redis 开发环境。

◆理解分布式采用的策略，可以测试服务器端和爬虫端是否能远程连接。

◆掌握 Scrapy-Redis 的基本应用，可以在 Scrapy 项目的基础上实现分布式爬取。

Scrapy 是一个通用的网络爬虫框架，其功能相对比较完善，能够快速地编写一个简单的爬虫并运行。但是，这个框架不支持分布式，即无法在多台设备上同时运行。为了解决这个问题，Scrapy-Redis 提供了一些基于 Redis 数据库的组件，应用到 Scrapy 框架中，从而实现分布式爬取。本章将围绕 Scrapy-Redis 的知识进行详细讲解。

13.1 Scrapy-Redis 概述

所谓分布式爬虫，从字面意思上可以理解为集群爬虫。也就是说，当有多个爬虫任务时，可以用多台机器同时运行，速度更快、更高效。

Scrapy-Redis 是一些提供给 Scrapy 使用的组件，这些组件以 Redis 数据库为基础，便于实现 Scrapy 的分布式爬取。再次强调，Scrapy-Redis 仅仅只是一些组件，并非一个完整的框架。

下面区分一下 Scrapy 和 Scrapy-Redis 的关系。我们把 Scrapy 比作是一个工厂，用于生产出你想要的爬虫（Spider）；而 Scrapy-Redis 作为其他的厂商，它为了帮助工厂更好地实现某些功能（比如分布式爬虫）制造了一些新设备，以替换 Scrapy 工厂的原有设备。

13.2 Scrapy-Redis 的完整架构

图 13-1 所示为在 Scrapy 框架的基础上增加了 Scrapy-Redis 的架构图。

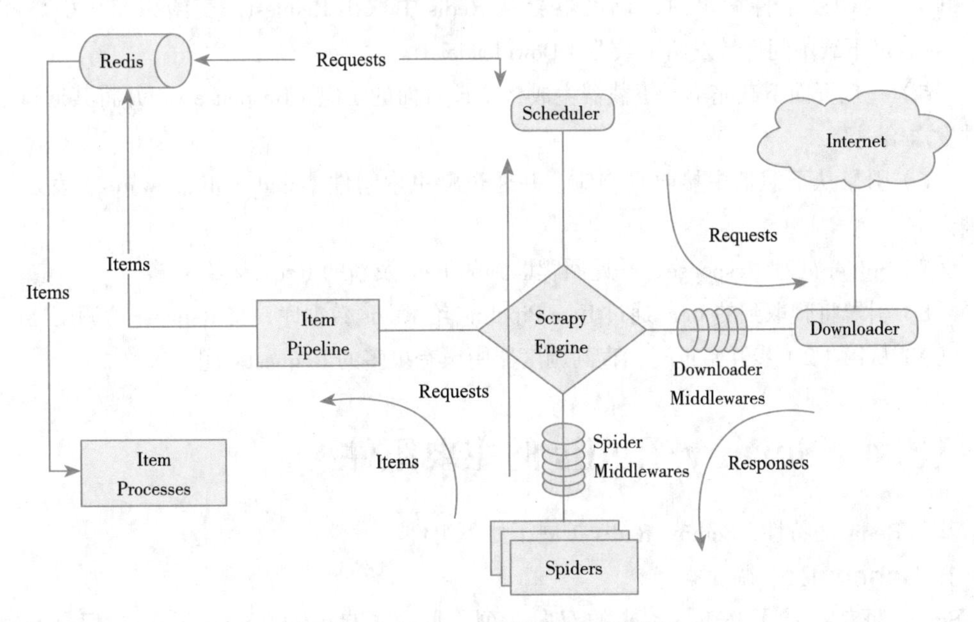

图 13-1 Scrapy-Redis 架构图

与之前的 Scrapy 架构图相比，图 13-1 所示的架构图在此基础上增加了 Redis 和 Item Processes。这两个组件的介绍如下：

（1）Redis（Remote Dictionary Server）：一个开源的、使用 ANSI C 语言编写的、支持网络交互的、可基于内存亦可持久化的 Key-Value 数据库，提供了多种语言的 API。注意，这个数据库只用作存储 URL，不关心爬取的具体数据，不要和前面介绍的 MongoDB 和 MySQL 产生混淆。

（2）Item Processes：Item 集群。

通过观察图 13-1 可知，利用上述这套机制，将用作爬虫请求的调度问题、去重问题，以及 Items 的存储，都交给 Redis 进行处理，这样不仅能保持之前的记录，而且允许爬虫产生中断。

因为每个主机上的爬虫进程都访问同一个 Redis 数据库，所以调度和判重都会统一进行管理，达到了分布式爬虫的目的。

13.3 Scrapy-Redis 的运作流程

基于 Scrapy-Redis 的运作流程如下：

（1）引擎（Scrapy Engine）向爬虫（Spiders）请求第一个要爬取的 URL。

（2）引擎从爬虫中获取到第一个要爬取的 URL，封装成请求（Request）并交给调度器

（Scheduler）。

（3）调度器访问 Redis 数据库对请求进行判重，如果不重复，就把这个请求添加到 Redis 中。

（4）当调度条件满足时，调度器会从 Redis 中取出 Request，交给引擎，引擎将这个 Request 通过下载中间件转发给下载器（Downloader）。

（5）一旦页面下载完毕，下载器生成一个该页面的响应（Response），并将其通过下载中间件发送给引擎。

（6）引擎从下载器中接收到响应，并通过爬虫中间件（Spider Middlewares）发送给爬虫处理。

（7）Spider 处理 Response，并返回爬取到的 Item 及新的 Request 给引擎。

（8）引擎将爬取到的 Item 通过 Item Pipeline 给 Redis 数据库，将 Request 给调度器。

（9）从第（2）步开始重复，直到调度器中没有更多的 Request 为止。

13.4 Scrapy-Redis 的主要组件

基于 Redis 的特性，Scrapy-Redis 扩展了如下组件。

1. Scheduler（调度器）

Scrapy 框架改造了 Python 本来的双向队列，形成了自己的 Scrapy Queue，但是 Scrapy 的多个爬虫不能共用待爬取队列 Scrapy Queue，无法支持分布式爬取。Scrapy-Redis 则把 Scrapy Queue 换成了 Redis 数据库，由一个 Redis 数据库统一存放要爬取的请求，便能让多个爬虫到同一个数据库中读取数据。

在 Scrapy 框架中，跟“待爬队列”直接相关的就是 Scheduler，它负责将新的请求添加到队列（加入 Scrapy Queue），以及取出下一个要爬取的请求（从 Scrapy Queue 中取出）。Scheduler 将待爬取队列按照优先级存储在一个字典结构内，例如：

```
{
    优先级 0 : 队列 0
    优先级 1 : 队列 1
    优先级 2 : 队列 2
}
```

在添加请求时，根据请求的优先级（访问 priority 属性）来决定该进入哪个队列，出队列时则按优先级较小的优先出列。为了管理这个高级的队列字典，Scheduler 需要提供一系列的方法，Scrapy 原来的 Scheduler 已经无法使用，换成使用 Scrapy-Redis 的 Scheduler 组件。

2. Duplication Filter（去重组件）

Scrapy 中使用集合实现请求的去重功能，它会把已经发送出去的请求指纹（请求的特征值）放到一个集合中，然后把下一个请求指纹拿到集合中比对。如果该指纹存在于集合中，则说明这个请求发送过；如果不存在，则继续操作。

Scrapy-Redis 中的去重是由 Duplication Filter 组件实现的，该组件利用 Redis 中 set 集合不重复的特性，巧妙地实现了这个功能。首先，Scrapy-Redis 调度器接收引擎传递过来的请求，然后将这个请求指纹存入 set 集合中检查是否重复，并把不重复的请求加入到 Redis 的请求队列中。

3. Item Pipeline（管道）

当爬虫爬取到 Item 数据时，引擎会把 Item 数据交给 Item Pipeline（管道），而管道再把 Item 数据保存到 Redis 数据库的 Item 队列中。

Scrapy-Redis 对 Item Pipeline 组件进行了修改，它可以很方便地根据键（Key）从 Item 队列中提取 Item，从而实现 Items Processes 集群。

4. Base Spiders（爬虫）

Scrapy-Redis 中的爬虫，不再使用 Scrapy 原有的 Spider 类表示，而是使用重写的 RedisSpider 类，该类继承了 Spider 和 RedisMixin 这两个类，其中 RedisMixin 是用来从 Redis 读取 URL 的类。

当生成一个 Spider 类继承自 RedisSpider 类时，调用 setup_redis() 函数，这个函数会去连接 Redis 数据库，当满足一定条件时，会设置如下两个信号：

（1）一个是爬虫端（可以是多个机器）空闲时的信号。这个信号交给引擎，由引擎去判断爬虫当下是否处于空闲状态。如果是空闲状态，就会调用 spider_idle() 函数，这个函数调用 schedule_next_request() 函数请求交给爬虫，保证爬虫一直是活动的状态，并且抛出 DontClose Spider 异常。

（2）另一个是抓到一个 Item 时的信号，这个信号依然会交给引擎判断，如果检测到确实爬取到 Item，则会调用 item_scraped() 函数，该函数会调用 schedule_next_request() 函数获取下一个请求。

13.5 搭建 Scrapy-Redis 开发环境

在准备使用 Scrapy-Redis 开发之前，需要按照如下要求为其配置开发环境：

（1）Python 的版本为 2.7 或 3.4+。

（2）Redis 版本 >=2.8。

（3）Scrapy 版本 >=1.0。

（4）redis.py：Python 跟 Redis 进行交互的组件，版本 >=2.10。

本节主要介绍如何安装 Redis 数据库，以及 Scrapy-Redis。注意，这里使用的 Scrapy-Redis 版本为 0.6.8。

13.5.1 安装 Scrapy-Redis

以 Windows 系统为例，在命令行终端中输入如下命令安装 Scrapy-Redis：

```
pip install scrapy-redis
```

安装完成后，若窗口中出现如图 13-2 所示的信息，则表示安装成功。

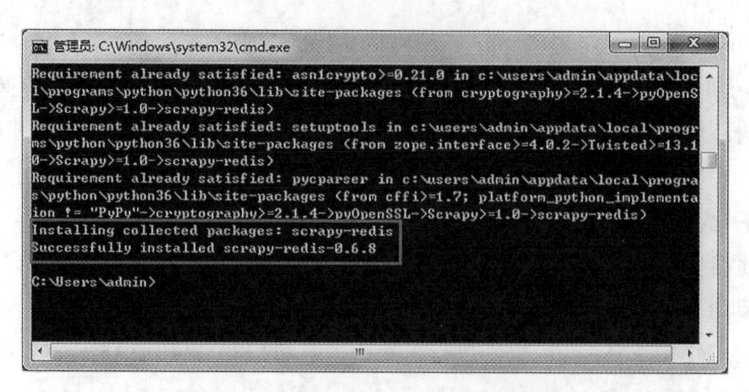

图 13-2　Scrapy-Redis 安装成功

13.5.2　安装和启动 Redis 数据库

在使用 Scrapy-Redis 之前，需要保证计算机系统中已经成功安装了 Redis 数据库。由于操作系统的不同，安装 Redis 的方式也不尽相同，这里分别介绍在 Windows 7、Linux、Ubuntu、Mac 系统下的安装方式。

Redis 官方并不支持 Windows 版本，原因是在服务器领域上 inux 已经得到了广泛应用。尽管如此，官网还是给出了微软提供的 git 库，地址如下：

```
https://github.com/MSOpenTech/redis/releases
```

1. Windows 7 系统下的安装

在浏览器访问网址 https://github.com/MSOpenTech/redis/tags，进入 GitHub 网站的下载 Redis 页面，其中包含了很多个版本。以最新版本为例，单击 win-3.2.100 打开其对应的详情页面，如图 13-3 所示。

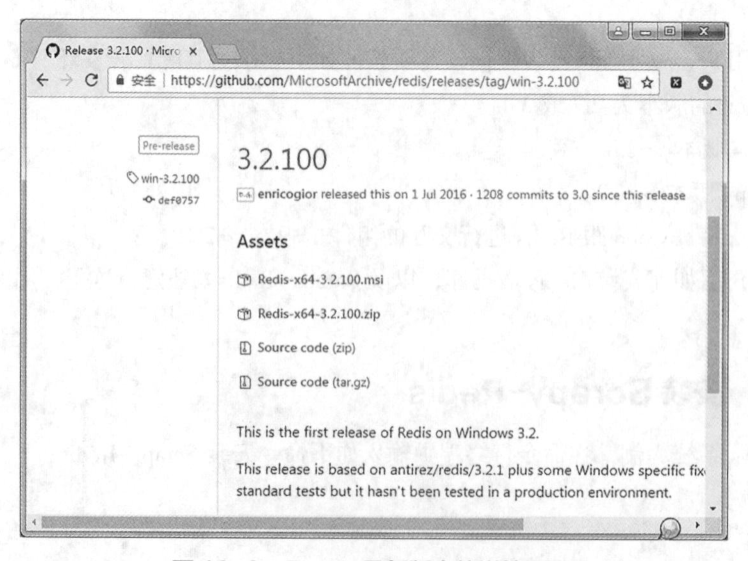

图 13-3　Redis 最新版本的详情页面

其中，Redis 数据库支持 32 位和 64 位，需要根据系统的实际情况进行选择。这里将 Redis-x64-3.2.100.zip 压缩包下载到 D 盘，解 压后重命名文件夹为 redis，如图 13-4 所示。

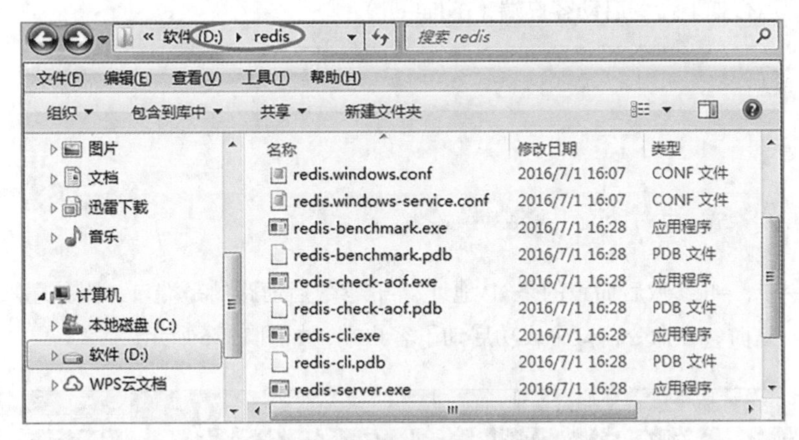

图 13-4 解压并重命名文件夹

打开命令提示符，使用 cd 命令切换目录至 Redis 所在的目录（本书中为 D:\redis），运行如下命令启动服务端（redis-server）：

```
redis-server.exe redis.windows.conf
```

或者

```
redis-server redis.windows.conf
```

上述命令的 redis.windows.conf 用于指定配置文件，表示按照该配置文件启动服务端，可以省略。如果省略，则会启动默认的 Redis 数据库，反之窗口会显示如图 13-5 所示的信息，表示 Redis 服务器端启动成功。

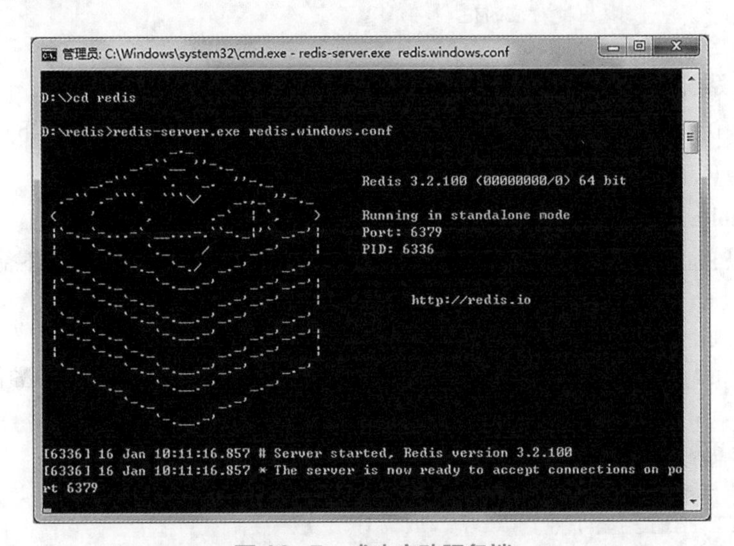

图 13-5 成功启动服务端

注意：可以把 redis 目录添加到系统的环境变量里面，免得以后再频繁地输入路径。

再次打开命令提示符，原来的窗口不要关闭，否则将无法访问服务端。同样，切换到 redis 所在的目录，运行如下命令启动客户端（redis–cli）：

```
redis-cli.exe -h 127.0.0.1 -p 6379
```

或者

```
redis-cli -h 127.0.0.1 -p 6379
```

上述命令中，–h 参数后面跟的是 IP 地址，–p 参数后面跟的是端口，服务端默认使用的端口号为 6379。这时，在命令窗口中成功启动了客户端，如图 13–6 所示。

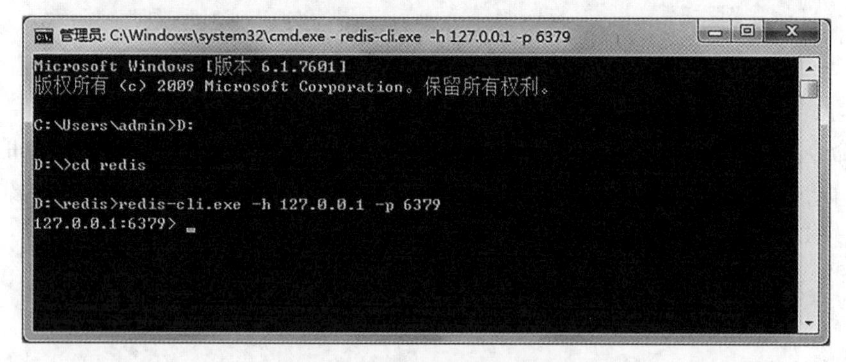

图 13–6　成功启动客户端

开启 Redis 客户端后，要想往数据库中添加一些键值对，可以使用如下命令进行设置和取值。具体如下：

```
set 键名值        # 设置键值对
get 键名          # 取出键对应的值
```

2. Linux 系统下的安装

在浏览器中访问网址 http://redis.io/download 进入 Redis 官网，可以看到如下两个版本：

（1）Stable (4.0)：稳定版本。

（2）Unstable：在需要测试最新功能或性能改进时才使用。

这里选择以 Stable 4.0.6 版本为例进行安装。打开终端命令窗口，输入如下命令进行下载和安装：

```
# 从指定的 URL 下载文件，若由于网络原因下载失败，则该命令会一直尝试，直到整个文件下载完毕
$ wget http://download.redis.io/releases/redis-4.0.6.tar.gz
# 给文件和目录创建备份
$ tar xzf redis-4.0.6.tar.gz
# 切换目录至 redis-4.0.6
```

```
$ cd redis-4.0.6
# 用于编译众多相互关联的源代码文件，以实现工程化管理
$ make
```

执行完上述命令以后，在 redis-4.0.6 目录下出现编译后的 Redis 服务程序 redis-server 和用于测试的客户端程序 redis-cli，它们均位于安装目录 src 下。

然后，在终端输入如下命令启动 redis-server 服务：

```
$ cd src
$ ./redis-server
```

上述方式启动 redis-server 使用的是默认配置，另外还能在命令中使用参数在 redis-server 启动时指定配置文件。命令如下：

```
$ cd src
$ ./redis-server redis.conf
```

启动 redis-server 服务后，切换到同样的目录下启动客户端程序 redis-cli，这样就可以测试客户端程序 redis-cli 和服务端程序 redis-server 的交互情况。例如：

```
$ cd src
$ ./redis-cli
redis> set test bar
OK
redis> get test
"bar"
```

3. Ubuntu 系统下的安装

在 Ubuntu 系统中，可使用如下命令安装 Redis 数据库：

```
$sudo apt-get update
$sudo apt-get install redis-server
```

等安装完成之后，在终端输入如下命令，启动 redis-server 服务：

```
$ redis-server
```

然后，再输入启动 redis-cli 客户端的命令。具体如下：

```
$ redis-cli
```

若启动成功，则会显示如下信息：

```
redis 127.0.0.1:6379>
```

上述提示信息中，127.0.0.1 是本机的 IP 地址，6379 是服务端口。接着，在终端输入 ping 命令，检查网络是否能连通，排除网络故障。具体如下：

```
redis 127.0.0.1:6379> ping
PONG
```

以上输出表明已经成功安装了 Redis。

4. Mac 系统下的安装

从 Redis 官网（网址为 http://redis.io/download）下载 4.0.6 版本到计算机上，然后可以将文件解压到 /usr/local 目录下。打开终端命令窗口，切换到目录 /usr/local/redis 下，输入如下命令进行编译测试：

```
$ sudo make test
```

如果出现如图 13-7 所示的信息，表示所有的测试成功，没有出现任何错误信息。

图 13-7　编译测试成功

然后，在终端输入如下命令，进行编译和安装：

```
$ sudo make install
```

按下【Enter】键后，显示如图 13-8 所示的安装信息。

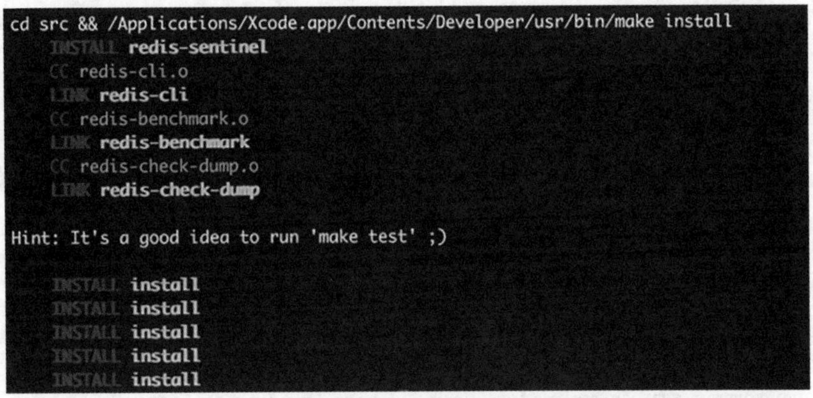

```
cd src && /Applications/Xcode.app/Contents/Developer/usr/bin/make install
    INSTALL redis-sentinel
    CC redis-cli.o
    LINK redis-cli
    CC redis-benchmark.o
    LINK redis-benchmark
    CC redis-check-dump.o
    LINK redis-check-dump

Hint: It's a good idea to run 'make test' ;)

    INSTALL install
    INSTALL install
    INSTALL install
    INSTALL install
    INSTALL install
```

图 13-8　测试通过

然后，在终端输入如下命令启动 redis-server：

```
$ redis-server
```

注意：安装完成后，复制一份 Redis 安装目录下的 redis.conf 文件到任意目录，建议保存到：/etc/redis/redis.conf（Windows 系统可以无需变动）。

13.5.3　修改配置文件 redis.conf

Redis 的配置文件位于其安装目录下，文件名为 redis.conf（Windows 系统下为 redis.windows.conf）。

在配置文件 redis.conf 中，默认绑定的主机地址是本机地址，即 bind 127.0.0.1。也就是说，当访问 Redis 服务时，只有本机的客户端可以连接，而其他的客户端无法通过远程连接到 Redis 服务。这样设置的目的在于，防止 Redis 服务暴露于危险的网络环境中，被其他机器随意连接。

但是，为了能让其他客户端远程连接到服务端的 Redis 数据库，读取里面的内容，需要在 redis.conf 文件中更改这个配置。

以 Windows 7 系统为例，使用文本编辑工具打开 redis.windows.conf 文件，将 bind 127.0.0.1 的配置改为 bind 0.0.0.0，如图 13-9 所示。

在图 13-9 所在的文件中，找到保护模式的设置部分，默认该选项的设置为 protected-mode yes，这里需要将其修改为 protected-mode no，也就是说取消保护模式。

多学一招：Redis 数据库桌面管理工具

为了能够直观地管理 Redis 数据，这里推荐一个 Redis 可视化工具：Redis Desktop Manager。这是一款功能非常强大的 Redis 桌面管理工具，是开源的软件，免费提供给用户使用，对 Windows、Mac 等多个平台都提供了快速的支持，操作简单，使用方便。下面以 Windows 7 平台为例，介绍如何使用这个工具。具体步骤如下：

（1）在浏览器输入网址 https://redisdesktop.com/download，访问官方网站进行下载。下载完成后，按照提示一步步进行安装，完成后进入软件的主界面，如图 13-10 所示。

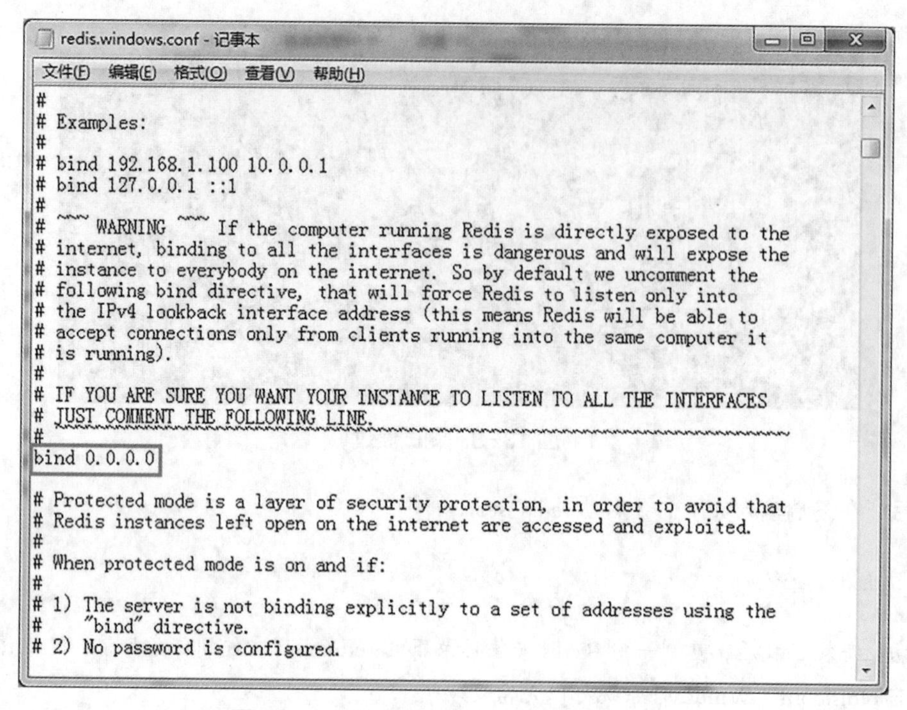

图 13-9 注释配置文件中绑定的主机地址

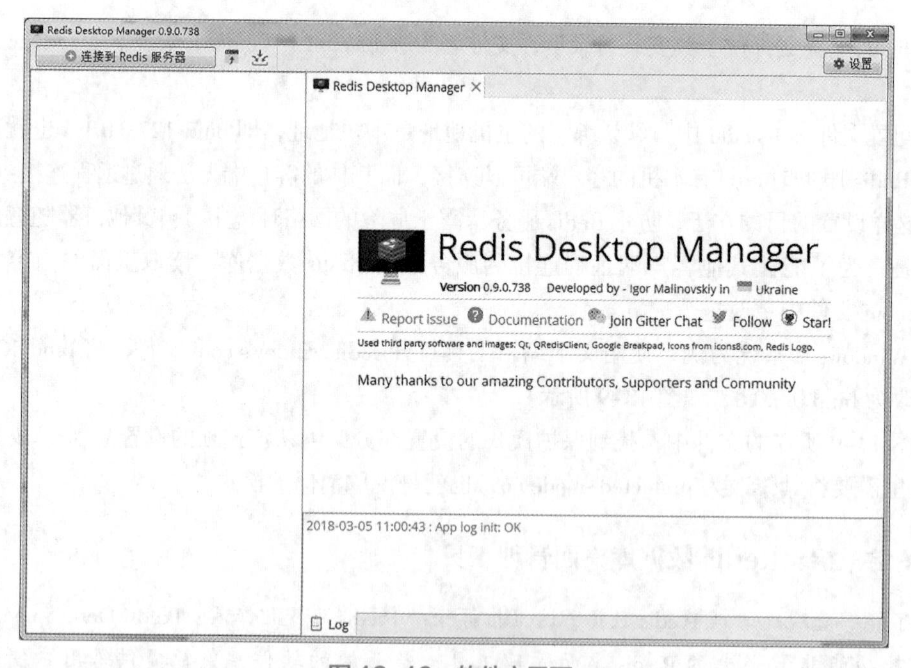

图 13-10 软件主界面

（2）创建一个 Redis 连接。单击图 13-10 中的“连接到 Redis 服务器”按钮，弹出“新连接设置”对话框。在对话框中，填写连接名称、Redis 数据库的主机 IP 及端口号，默认使用的端口号为 6379，填写好的界面如图 13-11 所示。

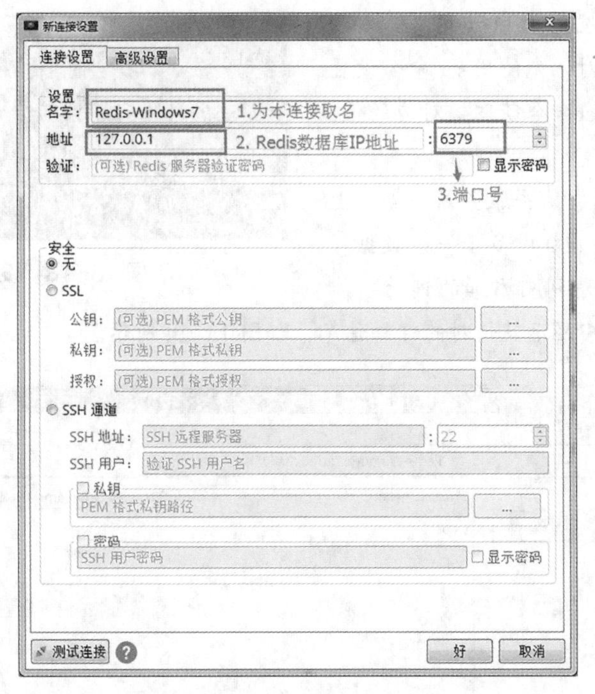

图 13-11　创建 Redis 连接

注意：如果使用的 Redis 数据库不在本地，应将地址改为 Redis 数据库主机的 IP 地址。

（3）单击“好”按钮保存该连接信息，左侧的导航窗口中可以看到新加的 Redis-Windows 7。如果想操作 Redis 服务，可右击服务器结点，选择 Console 命令，可以在窗口的右下角看到 Redis 服务的命令控制窗口，如图 13-12 所示。

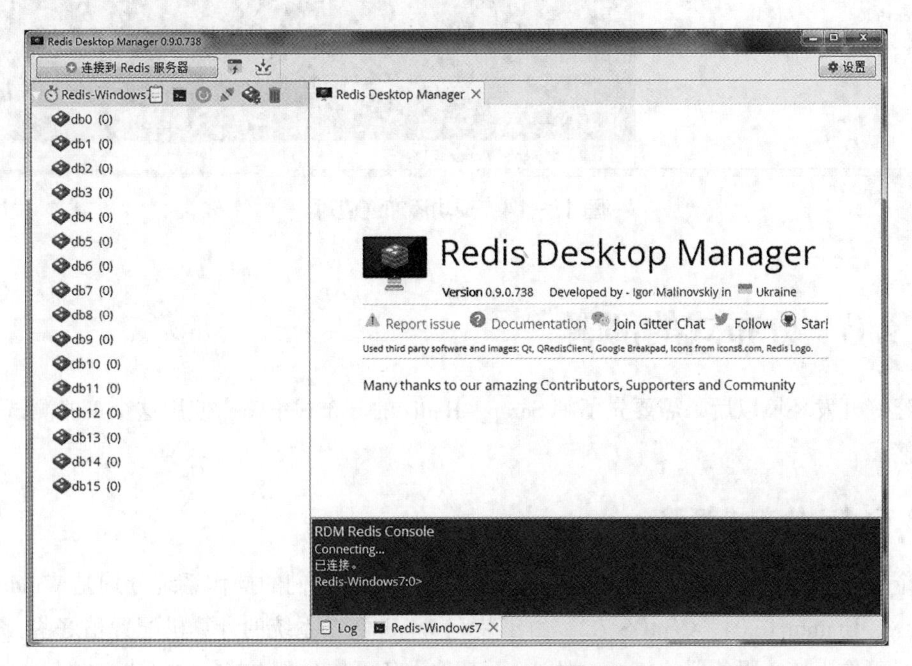

图 13-12　打开 Redis 服务控制台

13

（4）在打开的控制台中使用 set 和 get 命令设置和获取键值对。先使用 set 命令设置一个键值对，再使用 get 命令获取键对应的值，如图 13-13 所示。

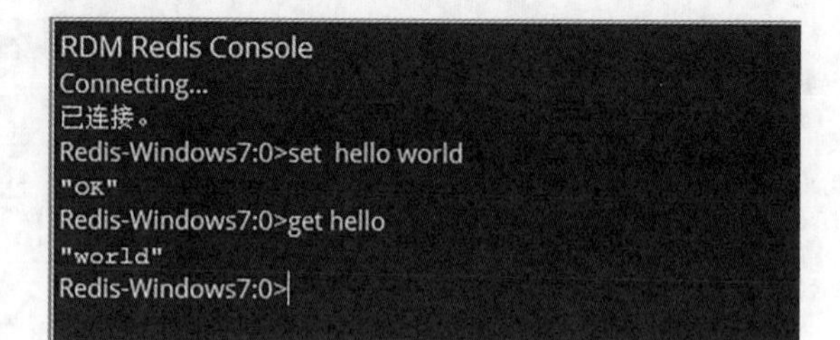

图 13-13　设置键值对

（5）设置成功后，右击服务器结点，选择 Reload 命令，发现 db0 中多了一条数据。展开 db0 结点，可以看到刚添加的键值对，选中后可在右侧面板中显示键值对的详细信息，如图 13-14 所示。

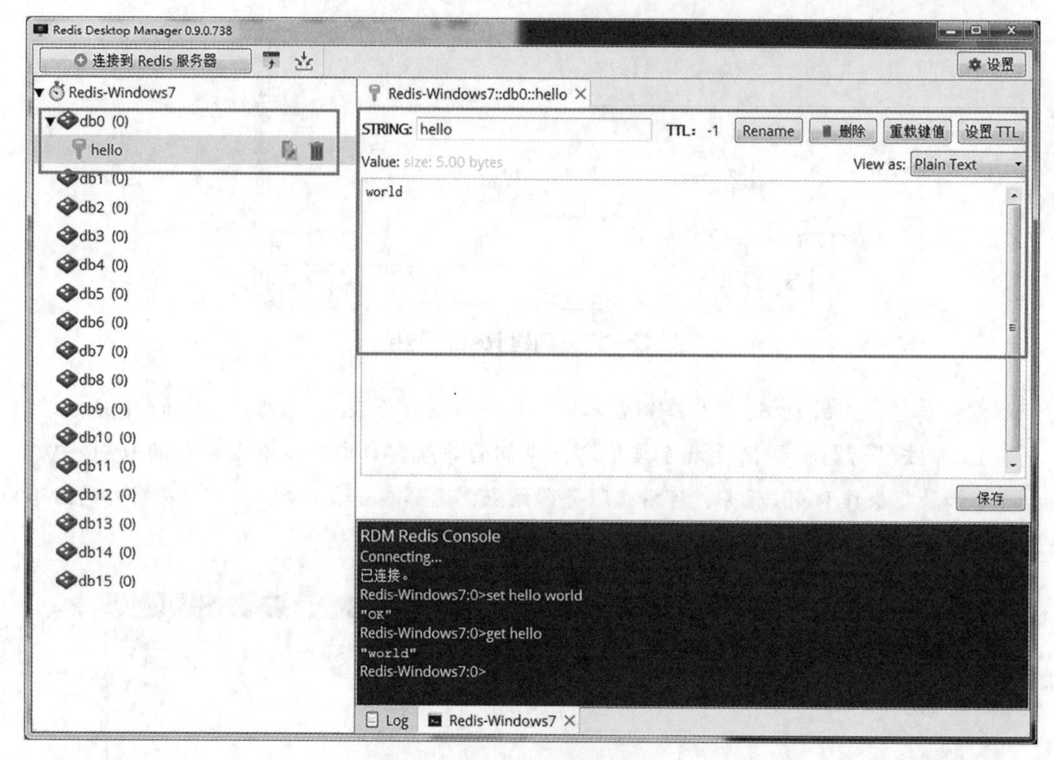

图 13-14　成功添加键值对

13.6　分布式的部署

搭建好开发环境以后，需要先了解 Scrapy-Redis 的分布式策略，使用这个策略测试是否能远程连接。

13.6.1　分布式策略

举个例子，假设现在用 4 台计算机完成分布式爬虫，它们的操作系统分别是 Windows 7、Mac OS X、Ubuntu 16.04、CentOS 7.2。由于装有 Windows 7 系统的计算机配置稍好些，所以这台计算机可作为核心服务器（Master 端），而其他设备可作为爬虫执行端（Slave 端）。具体分配情况如下：

1. Master 端：Windows 7 系统的计算机

在这台计算机上，搭建一个 Redis 数据库。这台计算机只需要负责对 URL 判重、分配请求，以及存储数据。

2. Slave 端：其他三台计算机

这些计算机负责执行爬虫程序，运行过程中提交新的请求给 Master 端。

基本的实现流程如图 13-15 所示。

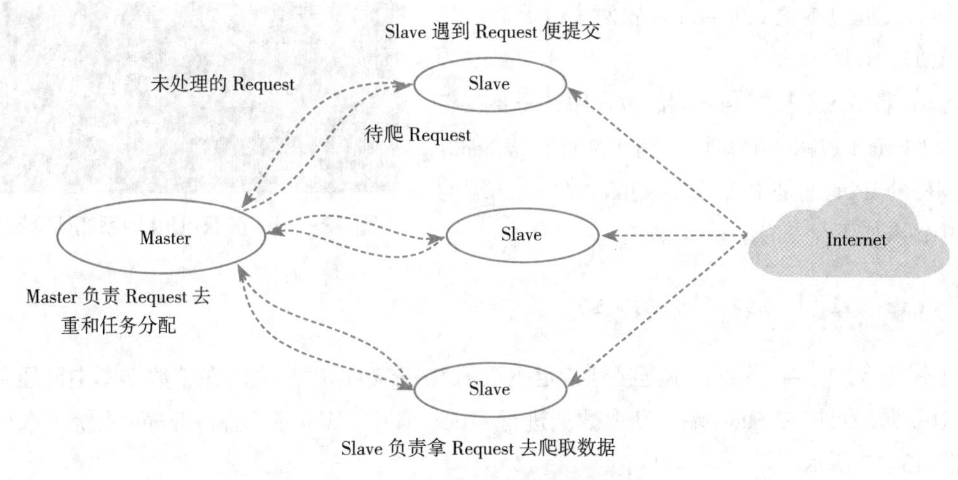

图 13-15　分布式爬虫的基本流程

图 13-15 描述的基本流程具体如下：

（1）Slave 端从 Master 端拿任务（Request、URL）进行数据爬取，它在爬取数据的同时，会将产生的新任务 Request 提交给 Master 端处理。

（2）Master 端只有一个 Redis 数据库，负责将未处理的 Request 去重和任务分配，将处理后的 Request 加入待爬取队列，并且存储爬取的数据。

Scrapy-Redis 默认使用的就是这种策略，即有一台核心服务器、若干台爬虫端。其中，每个 Slave 端的功能都是一样的，主要负责将网上返回的 Item 数据和 URL 提交给 Master 端管理。

注意：

（1）Slave 端提交的请求任务，并不是谁提交的任务就分配给谁执行，这些任务都会交给 Master 端进行分配，只要发现某台机器处于空闲状态，就会为其分配任务。

（2）Scrapy-Redis 调度的任务是 Request 对象，该对象中的信息量（包括 URL、回调函数、headers 等）比较大，极有可能降低爬虫的速度，并且占用 Redis 大量的存储空间。因此，如果要保证效率，就需要一定的硬件水平。

13.6.2　测试 Slave 端远程连接 Master 端

在进行分布式部署前，需要测试是否能够实现远程连接。

Master 端按照指定的配置文件启动 redis-server。例如，在装有 Windows 7 的计算机上，使用命令提示符（管理员）执行如下命令，并读取默认配置：

```
redis-server redis.windows.conf
```

启动 Redis 服务后，为了便于检测 Slave 端是否连接到 Redis 数据库，可以先使用如下命令启动本地的 redis-cli：

```
redis-cli
```

然后，通过本地 redis-cli 设置两个键值对，具体如图 13-16 所示。

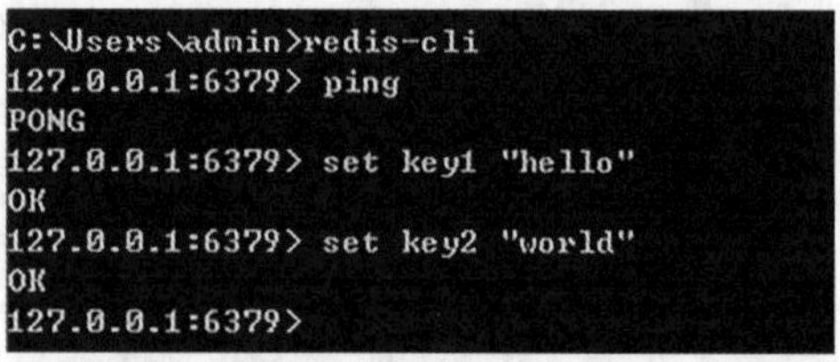

```
C:\Users\admin>redis-cli
127.0.0.1:6379> ping
PONG
127.0.0.1:6379> set key1 "hello"
OK
127.0.0.1:6379> set key2 "world"
OK
127.0.0.1:6379>
```

图 13-16　在 Redis 中添加两个键值对

Slave 端要想连接 Master 端的数据库，需要在启动时指明 Master 端的 IP 地址。例如，查看 Windows 7 计算机的 IP 地址是 192.168.199.108。在 Slave 端的终端中输入如下命令启动 redis-cli：

```
redis-cli -h 192.168.199.108
```

上述命令中，-h 参数表示连接到指定主机的 Redis 数据库。之前在该数据库中已经存入了键值对数据，可以在 Slave 端中获取数据进行测试。其中，Mac 系统和 Ubuntu 系统下取出的结果如图 13-17 所示。

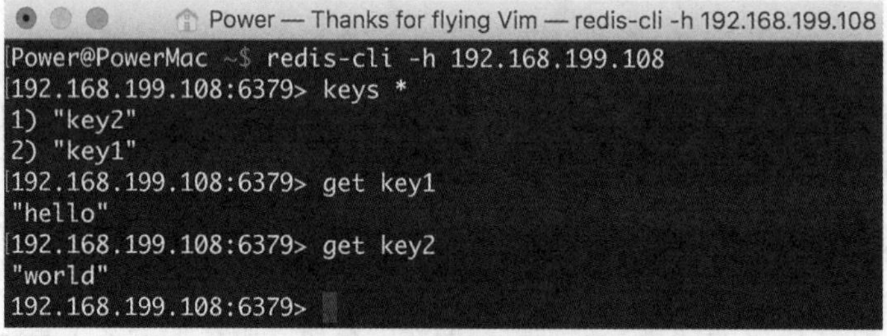

```
Power — Thanks for flying Vim — redis-cli -h 192.168.199.108
Power@PowerMac ~$ redis-cli -h 192.168.199.108
192.168.199.108:6379> keys *
1) "key2"
2) "key1"
192.168.199.108:6379> get key1
"hello"
192.168.199.108:6379> get key2
"world"
192.168.199.108:6379>
```

（a）Mac 系统取出的结果

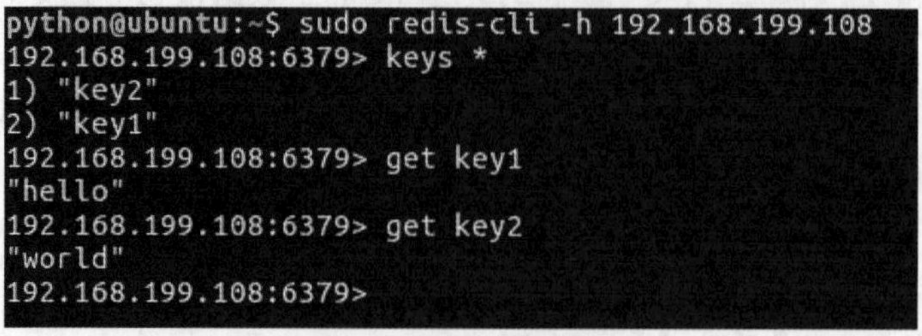

```
python@ubuntu:~$ sudo redis-cli -h 192.168.199.108
192.168.199.108:6379> keys *
1) "key2"
2) "key1"
192.168.199.108:6379> get key1
"hello"
192.168.199.108:6379> get key2
"world"
192.168.199.108:6379>
```

（b）Ubuntu 系统下取出的结果

图 13-17　Slave 端获取到数据

从图 13-17 中可以看到，Slave 端读取到了 Master 端的 Redis 数据库中的数据，代表能够连接成功，这表明可以实施分布式。值得一提的是，Slave 端无须启动 redis-server。

多学一招：查看计算机的 IP 地址

在 Windows 系统下，可使用如下命令查看 IP 地址：

```
ipconfig
```

输入命令按【Enter】键，可以看到 Windows IP 配置的具体信息。其中，“IPv4 地址”选项就是要找的 IP 地址，具体如下：

```
Windows IP 配置
以太网适配器 本地连接：
    连接特定的 DNS 后缀 . . . . . . . :
    本地链接 IPv6 地址 . . . . . . . . : fe80::8d8d:90f0:3afd:f945%11
    IPv4 地址 . . . . . . . . . . . . : 192.168.199.108
... 省略 N 行 ...
```

在 Mac 系统中，可以在终端中输入如下命令进行查看：

```
ifconfig | grep "inet"| grep -v 127.0.0.1
```

13.7　Scrapy-Redis 的基本使用

与 Scrapy 项目相比，Scrapy-Redis 只是替换了一些组件，以实现分布式爬虫。因此，可以先创建一个 Scrapy 项目，然后在项目中添加 Scrapy-Redis 组件的配置，再使用这些新的组件进行开发。下面借用第 10 章的案例（某网站的讲师信息），介绍如何一步步将 Scrapy 项目转换成 Scrapy-Redis 项目，在此过程中希望大家对 Scrapy-Redis 的基本使用有所了解。

13.7.1　创建 Scrapy 项目

首先创建一个 Scrapy 项目。打开终端，切换目录至 D:\PythonCode，并输入如下命令：

```
scrapy startproject mySpider
```

运行上述命令，在指定的目录下可以看到 mySpider 项目。为了方便管理，同样在 PyCharm 中打开该项目，创建好的文件和目录结构如图 13-18 所示。

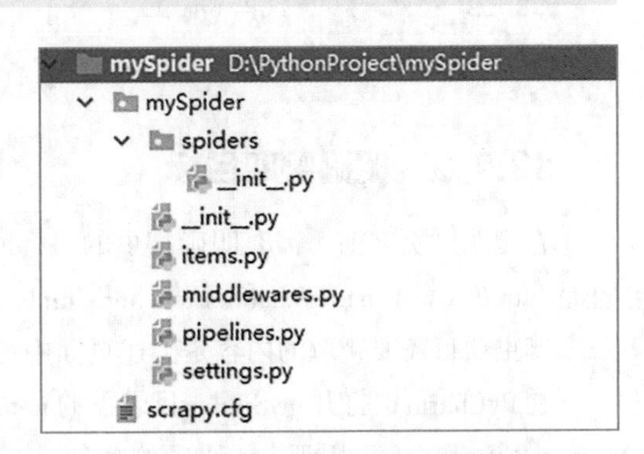

图 13-18　项目的文件结构

上述项目的 settings.py 文件中，默认定制了各个 Scrapy 组件的行为。需要在此基础上，增加对 Scrapy-Redis 组件的制定，主要设置内容包括：

1. DUPEFILTER_CLASS

DUPEFILTER_CLASS 用于检测和过滤重复请

求的类，默认为 scrapy.dupefilters.RFPDupeFilter。这里，必须使用 Scrapy-Redis 的去重组件，交由 Redis 数据库执行去重操作。该项目设置示例如下：

```
DUPEFILTER_CLASS = "scrapy_redis.dupefilter.RFPDupeFilter"
```

2. SCHEDULER

SCHEDULER 用于爬取网页的调度程序。这里，需要使用 Scrapy-Redis 的调度器，交由 Redis 分配请求。具体设置示例如下：

```
SCHEDULER="scrapy_redis.scheduler.Scheduler"
```

3. SCHEDULER_PERSIST

SCHEDULER_PERSIST 表示是否在 Redis 中保存用到的队列。这里无须清理 Redis 中使用的队列，允许项目在执行中暂停和暂停后恢复。此项目设置为：

```
SCHEDULER_PERSIST=True
```

4. ITEM_PIPELINES

ITEM_PIPELINES 包含要使用的项目管道及其顺序的字典，默认为空。这里需要将 Item 数据直接存到 Redis 数据库中，以供后续的分布式处理这些 Item 数据，所以可将此项目设置为：

```
ITEM_PIPELINES={
    'scrapy_redis.pipelines.RedisPipeline': 100
}
```

若不想让 Item 数据保存到 Redis 数据库中，则可以自己编写管道文件，将数据传递到管道中处理。

5. REDIS_HOST 和 REDIS_PORT

REDIS_HOST 和 REDIS_PORT 表示 Redis 服务器的主机 IP 地址和端口，默认读取的是本机的 Redis 数据库。这里需要明确指出读取哪个主机的 Redis 服务，以下是该设置项的样例：

```
REDIS_HOST='192.168.64.99'
REDIS_PORT=6379
```

13.7.2 明确爬取目标

在爬取网页之前，需要明确爬虫的目标网页。例如，爬取某个培训公司的讲师数据，其网址是 http://www.itcast.cn/channel/teacher.shtml，该网页中展示的信息如图 13-19 所示。

爬虫项目需要爬取的内容是上述页面中每个讲师的具体信息，包括姓名、级别、个人信息。

在 PyCharm 中打开 mySpider 目录下的 items.py 文件，分别给 MyspiderItem 类添加了 3 个属性：name、title 和 info，用于表示讲师的姓名、级别和个人信息。具体代码如下：

图 13-19　爬取的目标网站

```
import scrapy
class MyspiderItem(scrapy.Item):
    name=scrapy.Field()
    title=scrapy.Field()
    info=scrapy.Field()
```

13.7.3　制作 Spider 爬取网页

在 Scrapy-Redis 中，分别提供了两个爬虫类实现爬取网页的操作：RedisSpider、RedisCrawlSpider，它们都位于 scrapy_redis.spiders 模块中。其中，RedisSpider 是 Spider 的派生类，RedisCrawlSpider 是 CrawlSpider 类的派生类，它们默认已经拥有了父类中的成员。此外，它们还定义了自己的若干属性。

1. redis_key

redis_key 表示 Redis 数据库从哪里获取起始网址，它是一个队列的名称，相当于 start_urls。项目启动时，不会立即执行爬取操作，而是停在原地等待命令。例如，现在有 5 台机器，每台机器都已经把项目启动起来，它们都等待着 redis_key 指令，将第一批请求给它们执行，这样就做到了任务统一调度。

redis_key 的一般命名格式如下：

```
爬虫名（小写）: start_urls
```

redis_key 的示例如下：

```
redis_key='itcast:start_urls'
```

13

有时，需要将爬取到的 URL 存放在远程的 Redis 数据库中，所以一般有如下操作：

```
redis=Redis(host=REDIS_HOST, port=REDIS_PORT, db=REDIS_DB,
      password=REDIS_PASSWD)
# spider:start_urls 是 Redis 中存放 url 的队列名称
redis.lpush('spider:start_urls', self.url + u)
```

连接到数据库存放 URL，这样可以保证不断有 URL 添加，爬虫能够一直继续下去。

2. allowed_domains

这个属性既可以按照 Spider 中原有的写法，直接给出爬虫搜索的域名范围，也可以动态获取域名。例如，redis_key 的值为 hr.tencent.com，allowed_domains 属性能自动获取到这个域名，将其作为允许的域名范围。具体设置如下：

```
def __init__(self, *args, **kwargs):
   domain=kwargs.pop('domain', '')
   self.allowed_domains=filter(None, domain.split(','))
   super(当前类名, self).__init__(*args, **kwargs)
```

两种设置使用哪种都可以，可任选其一。

在 mySpider 项目中，创建一个用于编写爬虫的文件，命名为 itcast，爬取域的范围为 itcast.cn。在终端中切换目录至 spiders，输入如下命令：

```
scrapy genspider itcast "itcast.cn"
```

运行上述命令，PyCharm 的 spiders 目录下增加了 itcast.py 文件。在该文件中，默认生成的类代码中已经继承了 scrapy.Spider 类。为了能让其具有 Scrapy-Redis 的功能，需要把继承的父类修改为 RedisSpider，另外还要删除该文件中自带的 start_urls，增加 redis_key 属性的设置。具体代码如下：

```
# -*- coding: utf-8 -*-
import scrapy
from scrapy_redis.spiders import RedisSpider
class ItcastSpider(RedisSpider):
    name = 'itcast'
    allowed_domains = ['itcast.cn']
    redis_key = 'itcast:start_urls'
    def parse(self, response):
        pass
```

接下来就可以解析网页了。在 parse() 方法中，将得到的数据封装成一个 MyspiderItem 对象，每个对象保存一个讲师的信息，然后将所有的对象保存在一个列表 items 里。代码如下：

```
def parse(self, response):
    items=[] # 存放老师信息的集合
    for each in response.xpath("//div[@class='li_txt']"):
        # 将我们得到的数据封装到一个'MyspiderItem'对象
        item=MyspiderItem()
        # extract 方法返回的都是 Unicode 字符串
        name=each.xpath("h3/text()").extract()
        title=each.xpath("h4/text()").extract()
        info=each.xpath("p/text()").extract()
        # XPath 返回的是包含一个元素的列表
        item["name"]=name[0]
        item["title"]=title[0]
        item["info"]=info[0]
    items.append(item)
    # 返回数据，不经过 pipeline
    return items
```

之前在项目的 mySpider/items.py 目录下定义了 MyspiderItem 类，需要将该类引入到 itcast.py 文件中。代码如下：

```
from mySpider.items import MyspiderItem
```

13.7.4　执行分布式爬虫

程序编写完成以后，就可以执行分布式爬虫。

首先，需要在 Master 端启动 redis-server。例如，在 Windows 7 系统下，进入 Redis 的安装目录，然后在命令提示符中执行如下命令：

```
redis-server redis.windows.conf
```

将前面创建的 mySpider 项目复制到所有的 Slave 端。打开终端，切换目录至 spiders 目录下，运行爬虫。例如，在 Mac 端运行如下命令运行爬虫：

```
scrapy runspider itcast.py
```

注意：可以随机选择任一个 Slave 端启动，不用区分先后顺序。

此时，所有的 Slave 端计算机均处于等待指令的状态。在 Master 端的另一个终端中启动 redis-cli，之后使用 lpush 命令推出一个 redis_key。具体如下：

```
lpush itcast:start_urls http://www.itcast.cn/channel/teacher.shtml
```

爬虫启动，所有的 Slave 端设备开始爬取数据，并保存到 Redis 数据库中。打开 Redis Desktop

Manager 工具，可以看到保存至 Redis 中的数据。

13.7.5 使用多个管道存储

在 Scrapy-Redis 项目中，同样可以定义多个管道，并让这些管道按照定义的顺序依次处理 Item 数据。打开创建的 pipelines.py 文件，其内部还没有设置任何内容，在该文件中，自定义多个管道类，每个独立的管道类代码如下：

1. MyspiderCSVPipeline 类

scrapy.exporters 提供了导出数据的功能，它使用 ItemExporter 来创建不同的输出格式，如 XML、CSV。针对不同的文件格式，Scrapy 专门提供相应的内置类分别进行处理，其中，CsvItemExporter 类表示用于输出 csv（逗号分隔值）文件格式的读写对象。

要想使用 CsvItemExporter 类，需要使用如下方法进行实例化：

```
__init__(self, file, include_headers_line=True, join_multivalued=',', **kwargs)
```

上述参数的含义如下：

- file：表示文件。
- include_headers_line：启动后，ItemExporter 会输出第一行为列名，列名从 BaseItemExporter.fields_to_export 或第一个 item fields 获取。
- join_multivalued：将用于连接多个值的 fields。

创建完 CsvItemExporter 类对象后，必须按照如下 3 个步骤使用：

（1）调用 start_exporting() 方法以标识输出过程的开始。

（2）对要导出的每个项目调用 export_item() 方法。

（3）调用 finish_exporting() 方法以标识输出过程的结束。

按照上述要求编写 MyspiderCSVPipeline 类，具体代码如下：

```
from scrapy.exporters import CsvItemExporter
class MyspiderCSVPipeline(object):
    def open_spider(self, spider):
        # 创建 csv 格式的文件
        self.file=open("itcast.csv","w")
        # 创建 csv 文件读 / 写对象，将数据写入到指定的文件中
        self.csv_exporter=CsvItemExporter(self.file)
        # 开始执行 item 数据读写
        self.csv_exporter.start_exporting()
    def process_item(self, item, spider):
        # 将 item 数据写入到文件中
        self.csv_exporter.export_item(item)
        return item
    def close_spider(self, spider):
        # 结束文件读 / 写操作
```

```
        self.csv_exporter.finish_exporting()
        # 关闭文件
        self.file.close()
```

2. MyspiderRedisPipeline 类

此管道负责将 Item 数据写入到 Redis 数据库中。在 Python 中，提供了用于操作 Redis 数据库的第三方模块 redis，所以要先在 pipelines.py 文件中导入该模块：

```
import redis
```

redis 模块提供了两个类：Redis 和 StrictRedis，用于实现操作 Redis 数据库的命令。其中，StrictRedis 用于实现大部分官方的命令；Redis 是 StrictRedis 的子类，用于向后兼容旧版本的 redis-py。

在使用 Redis 之前，可以使用如下方式创建一个 Redis 数据库的连接：

```
redis_cli=redis.Redis(host="192.168.64.99", port=6379)
```

MyspideriRedisPipeline 类的实现代码如下：

```
import redis
import json
class MyspiderRedisPipeline(object):
    def open_spider(self, spider):
        self.redis_cli=redis.Redis(host="192.168.64.99", port=6379)
    def process_item(self, item, spider):
        content=json.dumps(dict(item), ensure_ascii=False)
        self.redis_cli.lpush("Myspider_List", content)
        return item
```

上述定义中，在 open_spider()（开始爬虫）方法中，创建了一个 Redis 数据库的连接 redis_cli。在 process_item() 方法中，调用 json 模块的 dumps() 函数，将 Item 数据转换成字符串格式，之后调用 lpush() 方法将数据写入到指定的 Redis 数据库中，并以列表的形式存储。

3. MyspiderMongoPipeline 类

此管道用于将 Item 数据保存到 MongoDB 数据库中。因此，需要创建一个 MongoDB 数据库的连接，在这之前要先导入操作 MongoDB 数据库的模块，代码如下：

```
import pymongo
```

MyspiderMongoPipeline 类的具体代码如下：

```
class MyspiderMongoPipeline(object):
    def open_spider(self, spider):
```

13

```
        self.mongo_cli=pymongo.MongoClient(host="127.0.0.1", port=27017)
        self.db=self.mongo_cli["itcast"]
        self.sheet=self.db['itcast_item']
    def process_item(self, item, spider):
        self.sheet.insert(dict(item))
        return item
```

在上述代码中，开始爬虫时，创建了一个数据库连接 mongo_cli，再创建了一个数据库 db 和列表 sheet。在 process_item() 方法中，调用 insert() 方法将 Item 数据以字典的形式存入到 sheet 列表中。

打开 settings.py 文件，启动上述自定义的这些管道组件，ITEM_PIPELINES 配置项的设置如下：

```
ITEM_PIPELINES={
    'Myspider.pipelines.MyspiderCSVPipeline':200,
    'Myspider.pipelines.MyspiderRedisPipeline':300,
    'Myspider.pipelines.MyspiderMongoPipeline':400,
    'scrapy_redis.pipelines.RedisPipeline':900
}
```

数值越低，管道的优先级越高，所以上述这些管道的执行顺序是自上而下的（MyspiderCSVPipeline-> MyspiderRedisPipeline->MyspiderMongoPipeline）。

注意：如果指定了 scrapy_redis 提供的管道，一般给定的数值会偏大，这样可以保证其是最后执行的。

执行程序，Item 数据分别交由上述的每个管道进行处理，将爬虫数据分别保存到 CSV 文件、Redis 数据库和 MongoDB 数据库中。

13.7.6 处理 Redis 数据库中的数据

通过分布式爬虫爬取的网页数据，默认会全部保存在 Redis 数据库中。每次启动 Redis 库时，都会将本机之前存储的数据加载到内存中。如果数据信息很大，则内存消耗会比较严重。因此，需要将数据从 Redis 数据库中取出来，另外对其进行持久化存储。

一般来说，数据的持久化存储有两种方式：MongoDB 和 MySQL。由于 Python 和 MongoDB 的交互比较便捷，所以这里选择以 MongoDB 进行存储。

为了达到这个目的，可以额外编写一个脚本，单独负责将 Redis 中的数据转移到 MongoDB 中。这个脚本可以跟爬虫同步执行，它不会受到 Scrapy 框架的影响，只是单纯地从 Redis 数据库中取数据。

创建一个 Python File 文件，取名为 process_itcast_profile。该文件的具体代码如下：

```
# -*- coding: utf-8 -*-
import json
import redis
```

```
import pymongo
def main():
    # 指定 Redis 数据库信息
    redis_cli=redis.Redis(host='192.168.88.94', port=6379, db=0)
    # 指定 MongoDB 数据库信息
    mongo_cli=pymongo.MongoClient(host='127.0.0.1', port=27017)
    # 创建数据库名
    db=mongo_cli['itcast']
    # 创建表名
    sheet=db['itcast_data']
    while True:
        # FIFO 模式为 blpop，LIFO 模式为 brpop，获取键值
        source, data=redis_cli.blpop(["itcast:items"])
        item=json.loads(data)
        sheet.insert(item)
        try:
            print u"Processing: %(name)s <%(link)s>"%item
        except KeyError:
            print u"Error procesing:%r"%item
if __name__ == '__main__':
    main()
```

上述代码中，在 main() 函数中分别创建了 Redis 和 MongoDB 数据库的连接，然后创建了数据库和表，接着按照先进先出的模式，使用 while 循环一直从 Redis 中取数据。

取到的数据是 itcast:items，冒号前面是爬虫名，冒号后面是爬虫数据，对应着 Redis 中的数据 itcast:items。

blpop() 方法返回两个值：source 和 data。其中，source 表示爬虫名，data 表示 Item 数据。data 是一个字典，需要通过 json 模块将其转换为 Python 格式后，插入到 MongoDB 中。

最后，在程序的入口中调用 main() 函数。

在终端使用如下命令启动 MongoDB，具体如下：

```
sudo mongod
```

运行上述程序，可以看到 Redis 数据库中的数据已经转移到 MongoDB 中。

值得一提的是，这个脚本和爬虫项目是不冲突的，只要 Redis 中存入一条数据，就将其取出来插入到 MongoDB 中。因此，在爬虫启动后，这个脚本会在后台单独运行，无须管它何时结束，只要 Redis 中没有数据了，就会让它自己关闭。

13.8 案例——使用分布式爬虫爬取百度百科网站

百度百科是百度公司推出的一部内容开放、自由的网络百科全书平台，旨在创造一个涵盖

所有领域知识、服务所有互联网用户的中文知识性百科全书。

百度百科网站的数据量非常大，适宜使用分布式爬虫进行爬取。下面就使用 Scrapy-Redis 爬取百度百科网站上每个词条的统计信息，让用户对分布式爬虫的使用有更深入的体会。

13.8.1 创建 Scrapy 项目

使用 Scrapy-Redis 开发的第一步是创建工程项目。打开命令终端，在 D:\PythonProject 目录下使用如下命令新建一个项目 baike。命令如下：

```
scrapy startproject baike
```

运行成功后，在 D:\PythonProject 目录中找到创建好的项目 baike。在 PyCharm 中打开这个项目，创建好的文件和目录结构如图 13-20 所示。

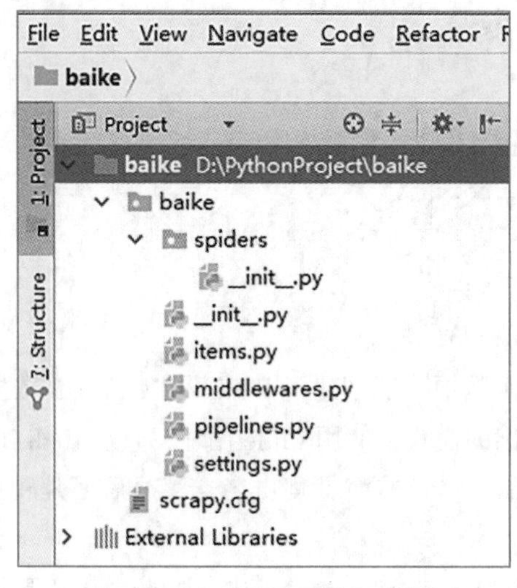

图 13-20 创建好的项目结构

打开 settings.py 文件，在该文件中增加 Scrapy-Redis 组件的配置。具体设置如下：

```
# -*- coding: utf-8 -*-
# 1.（必须）使用 scrapy_redis 的去重组件，在 Redis 数据库中做去重
DUPEFILTER_CLASS="scrapy_redis.dupefilter.RFPDupeFilter"
# 2.（必须）使用 scrapy_redis 的调度器，在 Redis 中分配请求
SCHEDULER="scrapy_redis.scheduler.Scheduler"
# 3.（必须）在 Redis 中保持 scrapy-redis 用到的各个队列
# 从而允许暂停和暂停后恢复，也就是说不清理 Redis 队列
SCHEDULER_PERSIST=True
# 4.（必须）通过配置 RedisPipeline 将 Item 写入 key 为 spider.name : items 的
# Redis 的 list 中，供后面的分布式处理 item，这个已经由 scrapy-redis 实现，
# 不需要写代码，直接使用即可
ITEM_PIPELINES={
```

```
    'scrapy_redis.pipelines.RedisPipeline': 100
}
# 5. （必须）指定 Redis 数据库的连接参数
REDIS_HOST='127.0.0.1' # 需要更改为服务器的 IP 地址
REDIS_PORT=6379
```

在上述配置文件中，REDIS_HOST 和 REDIS_PORT 配置信息设置的是 Redis 数据库的主机地址和端口。这里设置的是本机地址，如果 Redis 数据库安装在非本地的计算机上，则需要将这两个参数更改为 Redis 数据库所在主机的地址和端口。

此外，还应该为爬虫设置一个 USER_AGENT，伪装成浏览器来访问网站。将 USER_AGENT 设置进行如下修改：

```
USER_AGENT='Mozilla/5.0 (Windows NT 10.0; WOW64) AppleWebKit/537.36 (KHTML, like Gecko) Chrome/59.0.3071.86 Safari/537.36'
```

不再读取 Robot 协议，将 ROBOTSTXT_OBEY 项目设置为：

```
ROBOTSTXT_OBEY=False
```

13.8.2 分析爬虫的目标

在浏览器输入网址 https://baike.baidu.com 访问百度百科的网站，可在页面下方看到分类信息，如图 13-21 所示。

图 13-21 显示的分类信息

通过查看源代码可以看到，分类信息的 URL 格式如下：

```
<a href="/fenlei/历史人物" target="_blank">历史人物</a>
```

而单个词条在源代码中的 URL 格式如下：

```
<a class="title nslog:7450" href="/view/1583728.htm" target="_blank">松下观瀑图</a>
```

输入网址“https://baike.baidu.com/item/ 象棋”进入“象棋”词条对应的网页，可以看到该词条的详细内容。我们要采集的信息都在词条页面，包括词条的标题、点赞数、转发数和其他统计信息，如图 13-22 和图 13-23 所示。

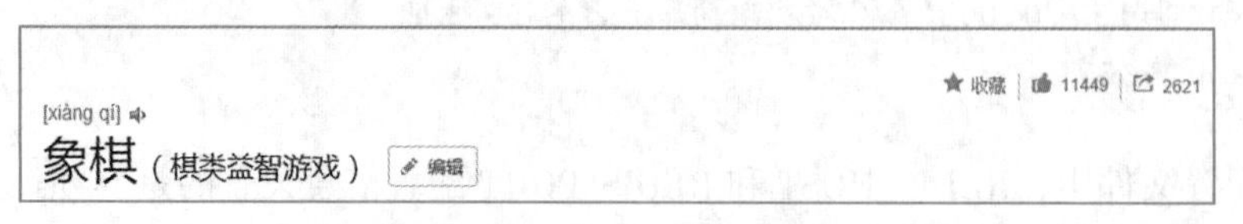

图 13-22　词条的标题、点赞和转发数

词条统计
浏览次数：3734536次
编辑次数：239次历史版本
最近更新：2017-06-24
创建者：xxxzzjj

图 13-23　词条的统计信息

下面就使用表 13-1 将目标数据和字段名称一一列出。

表 13-1　公司详情页面每个板块的爬取信息

编　号	爬取信息	字段名称
1	词条标题	title
2	词条链接	url
3	浏览次数	browse_count
4	编辑次数	edition_num
5	最新更新时间	last_update_time
6	创建者名称	creater_name
7	文本字数	words_count
8	点赞数	vote_count
9	转发数	share_count
10	词条的 ID	lemma_id

明确了爬取目标之后，就可以创建实体类。在 PyCharm 中打开 items.py 文件，可以看到 Scrapy 框架已经在 items.py 文件中自动生成了继承自 scrapy.Item 的 BaikeItem 类。在 BaikeItem 类中，把上述字段名称转换为属性。具体代码如下：

```
import scrapy
class BaikeItem(scrapy.Item):
    # 词条标题
```

```
    title=scrapy.Field()
    # 词条链接
    url=scrapy.Field()
    # 浏览次数
    browse_count=scrapy.Field()
    # 编辑次数
    edition_num=scrapy.Field()
    # 最新更新时间
    last_update_time=scrapy.Field()
    # 创建者名称
    creater_name=scrapy.Field()
    # 文本字数
    words_count=scrapy.Field()
    # 点赞数
    vote_count=scrapy.Field()
    # 转发数
    share_count=scrapy.Field()
    # 词条的ID
    lemma_id = scrapy.Field()
```

13.8.3 制作Spider爬取网页

制作爬虫一般分为3个步骤：创建爬虫、爬取网页、提取数据，下面按照这3个步骤逐一实现。

1. 创建爬虫

打开命令终端，切换目录至D:\PythonProject\baike\baike\spiders下，输入如下命令创建一个爬虫文件baike_crawl_spider.py，爬取域的范围为baike.baidu.com。

```
scrapy genspider -t crawl baike_crawl_spider  baike.baidu.com
```

运行上述命令，提示在指定的目录成功创建了文件，如图13-24所示

```
D:\PythonProject\baike\baike\spiders>scrapy genspider -t crawl baike_crawl_spide
r baike.baidu.com
Created spider 'baike_crawl_spider' using template 'crawl' in module:
  baike.spiders.baike_crawl_spider
```

图13-24 提示文件创建成功

2. 爬取网页

打开baike_crawl_spider.py文件，该文件内已默认创建了继承自CrawlSpider类的BaikeCrawlSpiderSpider，负责爬取网页中有用的数据。这里，让BaikeCrawlSpiderSpider继承自RedisCrawlSpider类，以RedisCrawlSpider为例介绍如何使用RedisCrawlSpider自动爬取网页中的数据。最终baike_crawl_spider.py文件中的代码如下：

```
# -*- coding: utf-8 -*-
from scrapy.linkextractors import LinkExtractor
from scrapy.spiders import CrawlSpider, Rule
from scrapy_redis.spiders import RedisCrawlSpider
import scrapy
class BaikeCrawlSpiderSpider(RedisCrawlSpider):
    name='baike_crawl_spider'
    allowed_domains=['baike.baidu.com']
    start_urls=['http://baike.baidu.com/']
    rules=(Rule(LinkExtractor(allow=r'Items/'), callback='parse_item',
    follow=True),
    )
    def parse_item(self, response):
        i={}
        return i
```

接着，将上述代码中的 start_urls 注释或者删除，增加 redis_key 的设置，并制定爬取的规则。具体代码如下：

```
redis_key='BaikeCrawlSpider:start_urls'
rules=(
    # 获取分类链接
    Rule(LinkExtractor(allow=r'fenlei/'),follow=True),
    # 获取每一个条目的链接
    Rule(LinkExtractor(allow=r'view/'),callback='parse_item',follow=True),
)
```

上述编写的爬虫规则，使用 parse_item() 方法作为回调函数，一旦有返回的响应数据，就会交由 parse_item() 方法进行处理。

3. 提取数据

用于从网页中提取数据的技术有很多，这里使用 XPath 技术和正则表达式相结合。所以首先导入 re 模块，代码如下：

```
import re
```

打开“象棋”词条对应的网页，右击“象棋”名称，选择“检查”命令，打开其周围的 HTML 结构，具体如下：

```
<div id="fmp_flash_div" style="position:absolute; left:-9999px;">
<audio id="audio"  src=""></audio>
</div>
<h1 >象棋</h1>
```

```
<h2>（棋类益智游戏）</h2>
```

为了确保搜索的结点的正确性，可以先在 Scrapy shell 或 IPython 中进行测试，只要发送一次请求就能够一直拿到返回的 Response，避免频繁发送请求测试的烦琐。例如，在 Scrapy shell 中使用 XPath 获取上述词条名称对应的文本，即按照结构取出标签 <h1> 中的文本，可以使用如下代码实现：

```
# 词条名称
title=response.xpath('//h1//text()').extract_first()
```

经过对结点路径逐个测试后，来到 BaikeCrawlSpiderSpider 类，在 parse_item() 方法中，添加筛选各个结点的方法。首先获取词条名称和链接地址，然后创建 BaikeItem 对象，保存到该对象的对应属性中。代码如下：

```
from baike.items import BaikeItem
import requests
import json
def parse_item(self, response):
    item=BaikeItem()
    # 词条名称
    title=response.xpath('//h1//text()').extract_first()
    item['title']=title
    # 词条的链接地址
    item['url']=response.request.url
```

然后获取词条统计部分，代码如下：

```
# 词条统计部分
data_block=response.xpath('//dd[@class=" description" ]')
# 词条的浏览次数
item['browse_count']=data_block.xpath('.//li[1]/span/text()').extract_first()
# 词条的编辑次数
edition_unm=data_block.xpath('.//li[2]/text()').extract_first()
item['edition_num']=re.findall(r'(\d+)', edition_unm)[0]
# 词条的最新更新时间
item['last_update_time']=data_block.xpath('.//li[3]/span/text()').extract_
                          first()
# 词条的创建者名称
item['creater_name']=data_block.xpath('.//li[4]/a/text()').extract_first()
# 词条文本词数
words=response.xpath('string(//div[@class=" main-content" ])').extract_first()
item['words_count']=len(re.sub(r'\s', "", words))
```

13

最后是词条 ID、转发数和点赞数。要注意的是，使用词条的 URL 访问得到的 Response 内容中并不包含词条的转发数和点赞数。为了获取转发数和点赞数，需要使用以下 URL 再次发送请求：

```
https://baike.baidu.com/api/wikiui/sharecounter?lemmaId=30665&method=get
```

上述 URL 中，30665 就是该词条的 ID。

获取词条 ID、转发数和点赞数的代码如下：

```
# 获得 lemmaId
lemma_id_href=response.xpath(r'//div[1]/dl[2]/dd/div[1]/a/@href')[1].
             extract()
# lemmaId: /wikiui/doubt?lemmaId=2890755&fr=lemma
pattern=re.compile(r'/wikiui/doubt\?lemmaId=(\d+)&fr=lemma')
m=pattern.match(lemma_id_href)
lemma_id=m.groups()[0]
url='https://baike.baidu.com/api/wikiui/sharecounter?lemmaId=' +
                                    str(lemma_id) + '&method=get'
headers={"User-Agent":"Mozilla/5.0 (Windows NT 10.0; Win64; x64)
  AppleWebKit/537.36 (KHTML, like Gecko)Chrome/54.0.2840.99
  Safari/537.36"}
response=requests.get(url, headers=headers)
data=json.loads(response.content)
# 转发数
shareCount=data['shareCount']
# 点赞数
likeCount=data['likeCount']
item['lemma_id']=lemma_id
item['vote_count']=likeCount
item['share_count']=shareCount
return item
```

13.8.4 执行爬虫

这里使用 3 台安装 Windows 7 系统的计算机进行测试。其中，1 台计算机作为 Master 端，2 台计算机作为 Slave 端。

在 Master 端中，首先在一个终端窗口中启动 redis-server，可使用如下命令：

```
redis-server redis.windows.conf
```

然后打开另一个终端窗口，使用如下命令启动 redis-cli：

```
redis-cli -h 127.0.0.1
```

上述命令中使用了本机的 IP 地址，因为 Redis 数据库安装在本地。

将 baike 项目复制到 Slave 端中（确认将 Redis 数据库的 IP 地址更改为 Master 端的 IP 地址），在 Slave 端的终端窗口使用如下命令启动 baike_crawl_spider 爬虫：

```
scrapy crawl baike_crawl_spider
```

此时，Slave 端的爬虫并不会马上爬取数据，而是处于等待状态，如图 13-25 所示。

```
D:\PythonProject\baike\baike\spiders>scrapy crawl baike_crawl_spider
2018-03-12 17:48:04 [scrapy.utils.log] INFO: Scrapy 1.4.0 started (bot: baike)
2018-03-12 17:48:04 [scrapy.utils.log] INFO: Overridden settings: {'BOT_NAME': '
baike', 'DUPEFILTER_CLASS': 'scrapy_redis.dupefilter.RFPDupeFilter', 'NEWSPIDER_
MODULE': 'baike.spiders', 'SCHEDULER': 'scrapy_redis.scheduler.Scheduler', 'SPID
ER_MODULES': ['baike.spiders']}
2018-03-12 17:48:04 [scrapy.middleware] INFO: Enabled extensions:
['scrapy.extensions.corestats.CoreStats',
 'scrapy.extensions.telnet.TelnetConsole',
 'scrapy.extensions.logstats.LogStats']
2018-03-12 17:48:04 [baike_crawl_spider] INFO: Reading start URLs from redis key
 'BaikeCrawlSpider:start_urls' (batch size: 16, encoding: utf-8
2018-03-12 17:48:05 [scrapy.middleware] INFO: Enabled downloader middlewares:
['scrapy.downloadermiddlewares.httpauth.HttpAuthMiddleware',
 'scrapy.downloadermiddlewares.downloadtimeout.DownloadTimeoutMiddleware',
 'scrapy.downloadermiddlewares.defaultheaders.DefaultHeadersMiddleware',
 'scrapy.downloadermiddlewares.useragent.UserAgentMiddleware',
 'scrapy.downloadermiddlewares.retry.RetryMiddleware',
 'scrapy.downloadermiddlewares.redirect.MetaRefreshMiddleware',
 'scrapy.downloadermiddlewares.httpcompression.HttpCompressionMiddleware',
 'scrapy.downloadermiddlewares.redirect.RedirectMiddleware',
 'scrapy.downloadermiddlewares.cookies.CookiesMiddleware',
 'scrapy.downloadermiddlewares.httpproxy.HttpProxyMiddleware',
 'scrapy.downloadermiddlewares.stats.DownloaderStats']
2018-03-12 17:48:05 [scrapy.middleware] INFO: Enabled spider middlewares:
['scrapy.spidermiddlewares.httperror.HttpErrorMiddleware',
 'scrapy.spidermiddlewares.offsite.OffsiteMiddleware',
 'scrapy.spidermiddlewares.referer.RefererMiddleware',
 'scrapy.spidermiddlewares.urllength.UrlLengthMiddleware',
 'scrapy.spidermiddlewares.depth.DepthMiddleware']
2018-03-12 17:48:05 [scrapy.middleware] INFO: Enabled item pipelines:
['scrapy_redis.pipelines.RedisPipeline']
2018-03-12 17:48:05 [scrapy.core.engine] INFO: Spider opened
2018-03-12 17:48:05 [scrapy.extensions.logstats] INFO: Crawled 0 pages (at 0 pag
es/min), scraped 0 items (at 0 items/min)
2018-03-12 17:48:05 [scrapy.extensions.telnet] DEBUG: Telnet console listening o
n 127.0.0.1:6024
```

图 13-25 Slave 端处于等待状态

将 2 个 Slave 端的爬虫程序开启以后，在 Master 端刚启动的 Redis 客户端窗口中，使用 lpush 命令发布要爬取的初始 URL。命令如下：

```
redis-cli > lpush BaikeCrawlSpider:start_urls http://baike.baidu.com/
```

上述命令执行完毕以后，就可以看到 Slave 端的爬虫程序开始爬取数据。

打开 Redis 桌面管理工具，可以看到最终爬取的结果如图 13-26 所示。

值得一提的是，有时程序可能会因为有些结点的信息为空而出现报错信息，这时可以对其进行单独处理，使用 try...except 语句尝试捕获或者 if 语句判断，如果获取到了结点信息，则直接用变量保存，否则就以 NULL 或者空字符串进行处理。

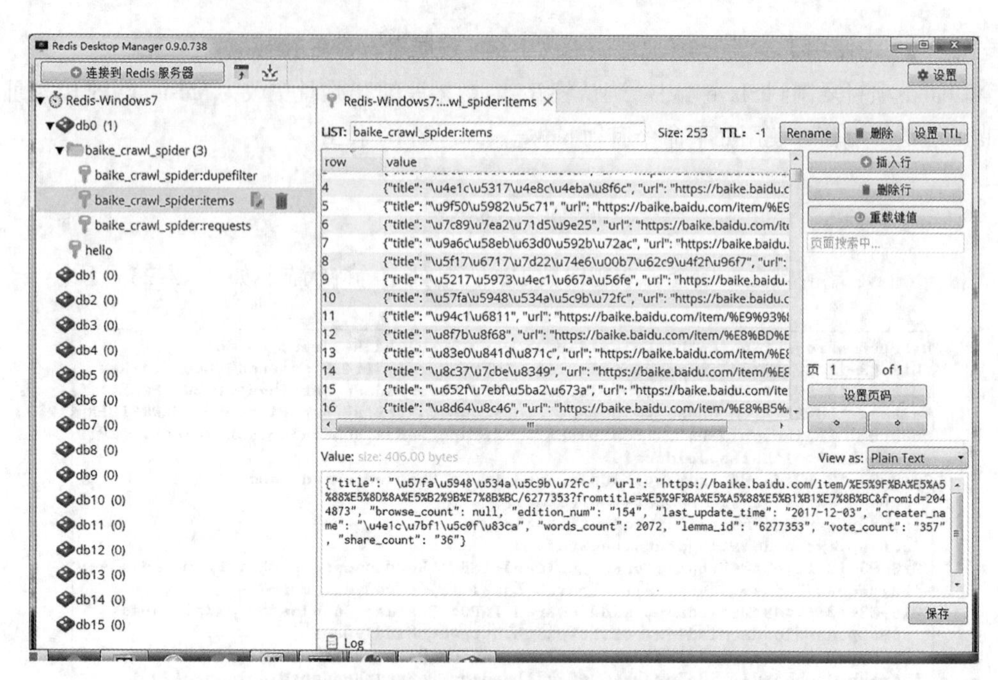

图 13-26 Redis 数据库爬到的数据

另外，在提取数据时，有些标签的属性值内容是不同的，例如 class="webTink" 和 class="weblink" 很容易混淆。如果在查找结点时遇到这种情况，就只能向上一级查找父结点。

小 结

本章主要介绍了 Scrapy-Redis 组件的相关知识，包括完整架构、运作流程、主要组件，以及如何搭建 Scrapy-Redis 的开发环境，如何部署分布式爬虫，Scrapy-Redis 的基本使用，并结合这些知识点开发了一个使用 Scrapy-Redis 爬取百度百科网站的案例。通过本章的学习，可明白 Scrapy-Redis 实现分布式爬虫采用的策略和原理，以便后续在实际开发中能更高效率地爬取有用的网页。

习 题

一、填空题

1. 分布式爬虫是指多个爬虫任务可以用多台机器________运行。
2. Scrapy-Redis 是基于________的 Scrapy 组件，能够让 Scrapy 框架支持分布式。
3. Scheduler 把待爬取队列按照优先级建立了一个________结构。
4. Scrapy-Redis 中提供了两个爬虫类实现爬取网页的操作，分别是________和 RedisCrawlSpider。
5. Scrapy 专门提供了 CsvItemExporter 类来输出________格式的文件。

二、判断题

1. 由于每个爬虫都访问同一个 Redis 数据库，对调度和判重的工作统一进行了管理，所以

达到了分布式爬虫的目的。（ ）

2. 如果Master端在分配任务时发现某个Slaver端处于空闲状态，就会分配任务给它。（ ）

3. 分布式爬虫只能动态地获取爬虫可搜索的域名范围。（ ）

4. 一般使用scrapy_redis提供的管道时，给定的数值会偏小，这样才能保证其是最后执行的。（ ）

5. 如果不想将Item数据保存到Redis数据库中，则可以自己编写管道文件进行处理。（ ）

三、选择题

1. 有关Scrapy和Scrapy-Redis的说法中，错误的是（ ）。
   A. Scrapy是一个通用的爬虫框架，不支持分布式爬虫
   B. Scrapy-Redis提供了一些以Redis为基础的组件
   C. Scrapy-Redis只是一些组件，而不是一个完整的框架
   D. Scrapy-Redis是一个支持分布式爬虫的框架

2. 下列有关redis_key的写法中，正确的是（ ）。
   A. redis_key='demo: url'　　B. redis_key='demo start_urls'
   C. redis_key='demo: start_urls'　　D. redis_key='demo url'

3. 请阅读下面一段示例程序：

```
redis-server redis.conf
```

   有关上述代码的描述中，正确的是（ ）。
   A. 上述命令用于启动Redis客户端
   B. 按照redis.conf指定的配置文件，启动Redis服务端
   C. redis.conf配置文件是不能省略的
   D. 如果省略配置文件，那么将无法启动Redis数据库

4. Redis服务端默认使用的端口号为（ ）。
   A. 6379　　B. 6378　　C. 6739　　D. 6738

5. 下列设置项中，可以将Item数据存到Redis数据库中的是（ ）。
   A. DUPEFILTER_CLASS="scrapy_redis.dupefilter.RFPDupeFilter"
   B. SCHEDULER_PERSIST = True
   C. ITEM_PIPELINES = {'scrapy_redis.pipelines.RedisPipeline': 100}
   D. REDIS_PORT = 6379

四、简答题

1. 什么是分布式爬虫？

2. 简述分布式爬虫的基本流程。

五、编程题

在第12章编程题的基础上，将爬虫项目改为分布式爬虫。